高性能计算技术丛书

Problem-solving in High Performance Computing

A Situational Awareness Approach with Linux

高性能计算的问题解决之道

Linux态势感知方法、实用工具及实践技巧

[美] 伊戈尔·卢布希斯（Igor Ljubuncic） 著

张文力 译

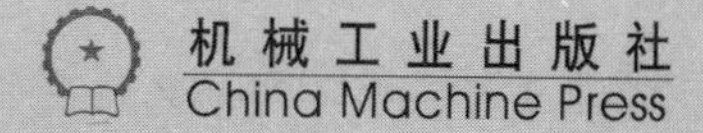

机械工业出版社
China Machine Press

图书在版编目（CIP）数据

高性能计算的问题解决之道：Linux 态势感知方法、实用工具及实践技巧 /（美）伊戈尔·卢布希斯（Igor Ljubuncic）著；张文力译．—北京：机械工业出版社，2018.1
（高性能计算技术丛书）
书名原文：Problem-solving in High Performance Computing: A Situational Awareness Approach with Linux

ISBN 978-7-111-58978-5

I.高… II.①伊… ②张… III. Linux 操作系统 - 程序设计 IV. TP316.89

中国版本图书馆 CIP 数据核字（2018）第 011390 号

本书版权登记号：图字 01-2016-3496

ELSEVIER
Elsevier (Singapore) Pte Ltd.
3 Killiney Road, #08-01 Winsland House I, Singapore 239519
Tel: (65) 6349-0200; Fax: (65) 6733-1817

Problem-solving in High Performance Computing: A Situational Awareness Approach with Linux
Igor Ljubuncic

ISBN-13: 978-0-12-801019-8

This translation of Problem-solving in High Performance Computing: A Situational Awareness Approach with Linux by Igor Ljubuncic was undertaken by China Machine Press and is published by arrangement with Elsevier (Singapore) Pte Ltd.

Problem-solving in High Performance Computing: A Situational Awareness Approach with Linux by Igor Ljubuncic 由机械工业出版社进行翻译，并根据机械工业出版社与爱思唯尔（新加坡）私人有限公司的协议约定出版。

《高性能计算的问题解决之道：Linux 态势感知方法、实用工具及实践技巧》(张文力 译)

ISBN: 978-7-111-58978-5

高性能计算的问题解决之道

Linux 态势感知方法、实用工具及实践技巧

出版发行：机械工业出版社（北京市西城区百万庄大街 22 号 邮政编码：100037）
责任编辑：曲 熠　　责任校对：李秋荣
印　　刷：北京市荣盛彩色印刷有限公司　　版　　次：2018 年 3 月第 1 版第 1 次印刷
开　　本：186mm×240mm 1/16　　印　　张：16.75
书　　号：ISBN 978-7-111-58978-5　　定　　价：79.00 元

凡购本书，如有缺页、倒页、脱页，由本社发行部调换
客服热线：（010）88379426 88361066　　投稿热线：（010）88379604
购书热线：（010）68326294 88379649 68995259　　读者信箱：hzit@hzbook.com

The Translator's Words 译者序

高性能计算已成为继理论科学和实验科学之后科学研究的第三大支柱，越来越多的科学发现和工程设计成果都依赖于高性能计算系统。高性能计算已经全面应用到国家安全、政府决策、科学研究、工业设计等诸多层面，典型应用包括生物工程、新药研制、石油物探、运载器设计(航空航天、舰船、汽车)、材料工程、核爆模拟、尖端武器制造、密码研究和各类大规模信息处理等。各国正在积极研制的E级（每秒百亿亿次）计算系统有望在2020～2022年出现。近几年来，以电子商务、微信为代表的互联网服务使得万众受益，大规模系统是这些服务的核心基础设施，而系统平均无故障时间（Mean Time To Failure，MTTF）则会随节点数增加而显著降低。互联网服务系统往往包含数以千计的磁盘和服务器，在这种情况下，即便不计成本地使用MTTF达到4年的设备，在一个拥有1000个节点的集群中，也会每周发生近5次故障。若适当考虑成本因素而采用MTTF为两年的设备，每周的故障次数将达到近10次。故障停机对互联网服务企业直接意味着巨额损失，大规模IT系统需要更好的设计和管理来处理更频繁的故障。

工欲善其事，必先利其器。基于Linux态势感知方法来解决高性能计算的问题，是本书的一个创造性尝试。正如作者所说，在解决大系统问题时，没有通盘战略，你可能会编写一些脚本或者花很长时间盯着日志在屏幕上滚动，你可能会绘制图表来显示数据趋势，你可能会向同事请教他们领域的问题，你可能会参与或领导特别工作组试图解决危急问题或恢复供电，但在最后，就像拼图一样，没有一个统一的方法能解决所有的问题。在诸如大型数据中心、云平台架构和高性能的环境中，大型部署管理是一项非常微妙的任务，它需要大量的经验、努力和对技术的理解来创造一个成功而高效的工作流程。所谓态势感知的问题解决方法，是借鉴自科学领域的一种方法，试图用数学来代替人的直觉，使用统计工程和实验设计以对抗混乱，系统地、循序渐进地工作，努力找到一种统一的方法用于解决同类问题。作者分享了多年来为基于英特尔的系统开发解决方案的经验，即如何在涉及数千台服务器、数十万个核、分布式数据中心和PB级共享数据的环境下排除故障，他的经验涵盖全栈，从识别问题、理解问题到再现问题，再到使用系统化的自上而下的方法来解决问题。自始至终，本书提供了独特的实践中的例子，强调了高性能计算机系统的规模和操作复杂性。

本书共11章。前6章主要介绍在解决高性能计算问题方面遇到的一些纯技术性问题，后5章侧重于扩展技能和理解，介绍一种完整的整体态势感知方法，深入数学模型和最佳实践，以及监控和配置管理，这使我们更有信心应对新的挑战。

第1章介绍了一种可以说是在数据中心应该如何解决问题的近乎方法论的观点。

第2章讨论解决问题和研究的基本方法，专门介绍在研究中可能会遇到的一些常见的陷阱。

第3章围绕着解决问题使用的一些常见应用程序和工具，比如ps、top、vmstat、iostat等，建立起报告的症状与软硬件资源的实际行为之间的联系。

第4章讲述进程空间和内核，为了使用工具来揭示任务结构和操作系统本身，我们需要对底层构建模块有更深入的了解。

第5章专注于深入分析和刻画（profile）应用程序，以及分析内核本身，通过使用不同的工具为问题创建一个更完整的多维画面，并提出相关的解决方案。

第6章进一步讨论内核崩溃分析和内核调试器的使用。包含研究过程中最复杂的部分，从Kdump实用程序的设置开始，然后是深入的内核崩溃分析，最后是kdb工具的简要概述。

第7章关于问题的解决形成了一个具有多层工具和实践的完整原则。首先以实用的方式组织数据，然后与供应商和行业进行内部和外部接洽。随着问题的解决，一个复杂的周期（包括测试、验证和分阶段实施）将在几个关键组件上帮助你做出正确的决定。

第8章详细阐述了建立稳健有效的监测环境的考虑因素、方法和工具。解决问题的下一个步骤是确保我们能在数据中发现规律，将它们关联到产生数据的源代码，并试图在第一时间阻止问题出现。

第9章介绍环境变化和控制环境的后续过程。我们的关键工具是版本控制和配置管理软件。

第10章通过几个实际的例子说明如何在合适的时候做出必要的调整，调整环境与需求相匹配，并提供必要的操作灵活性，从而避免之后不得不工作在“救火”模式。

第11章总结全书，通过解决问题、在研究中使用系统化的方法，尝试避免工作过程中的经典错误和陷阱。

对于每一章内容，作者都力争以最小的篇幅介绍更多的知识，从工具和工具间对比到基本使用、基础实例、高级实例，层层深入，系统全面。作者运用形象的表达，生动地讲解原本枯燥的知识，能够让读者保持持久的学习热情。比如第 6 章的内核 Kdump 调试部分，内核崩溃所产生的转储（dump）文件可以对调试工作产生难以想象的巨大影响，但随着作者的介绍，你可以进行故意崩溃，可以进行回溯，可以通过异常信号快速定位 bug，让读者深刻领略了 Linux 内核的魅力。纸上得来终觉浅，绝知此事要躬行。在复杂的环境中，比如在一个大规模的履行关键使命的数据中心，要想真正掌握解决问题的方法和技巧，还需要不断实践本书方法并认真地研究系统问题。

本书由中国科学院计算技术研究所张文力博士翻译完成。首先，我要感谢机械工业出版社曲熠编辑的邀请，感谢她的信任、支持和理解。其次，感谢实验室主任陈明宇研究员的支持，感谢课题组的宋辉和梁冬协助完成部分章节的初稿，还要感谢宋纪涛的校译与润色。在此书翻译过程中，我带领团队承担着国家和中国科学院重要研究课题和项目，以及华为公司的数据中心合作项目等，由于任务繁重，翻译工作主要在休息时间完成，感谢我的家人、幼子在此过程中给予的配合、理解和大力支持。

关于此书的翻译工作，译者已尽最大的努力完善，如有不尽之处敬请批评指正。总之，这是一次宝贵的体验！

张文力

2017 年 11 月

前　言 *Preface*

我花了大部分的Linux职业生涯在数着成千上万的服务器，就像一个音乐家盯着乐谱能看到在和声中隐藏的波形。过了一段时间，我开始了解数据中心的工作模式和行为。它们就像活着、会呼吸一般，有自己的跌宕起伏、周期和不同寻常。它们远不止是简单的叠加，当你把人作为元素添加到方程中，更是变得不可预知。

在诸如大型数据中心、云平台架构和高性能的环境中，大型部署管理是一项非常微妙的任务。它需要大量的经验、努力和对技术的理解来创造一个成功而高效的工作流程。未来的愿景和经营战略也是需要的。但在相当多的时候，其中某一个重要部分是缺失的。

在解决问题时，没有通盘战略。

本书是我的一个创造性尝试。那些年，在我设计解决方案和产品致力于使我掌控的数据中心变得更好、更强大且更高效的时候，也暴露了我在解决问题上的根本差距。人们很难完全理解这意味着什么。是的，它涉及工具和非法侵入系统。你可能会编写一些脚本，或者花很长时间盯着日志在屏幕上滚动。你可能会绘制图表来显示数据趋势。你可能会向同事请教他们领域的问题。你可能会参与或领导特别工作组试图解决危急问题和恢复供电。但在最后，就像拼图一样，没有一个统一的方法能解决所有的问题。

态势感知的问题解决方法借鉴自科学领域，它试图用数学来代替人的直觉。我们将使用统计工程和实验设计以对抗混乱。我们会慢慢地、系统地、一步一步地工作，努力找到一种统一的方法用于解决同类问题。我们关注打破数据神话，摆脱一些波及数据中心的偏见和传统。然后，我们将把系统故障排除的艺术转化为产品。这可能听起来很残酷，艺术将按重量出售，但当你深入阅读本书的时候，其中的必要性就变得显而易见。你的那些不自在，在原本无论接触监控、变化控制和管理、自动化以及其他哪怕是最好的实践都会有的不自在，统统将会慢慢融入现代数据中心。

最后同样重要的是，请不要忘记我们尽一切努力去研究和解决问题的初衷——乐趣和好奇心，这正是让我们成为工程师和科学家的真正原因，正是让我们热爱数据中心技术编织的混乱、忙碌而又疯狂的世界的原因。

快来和我们一路同行吧。

Igor Ljubuncic

致　谢 *Acknowledgements*

写这本书的时候，我会偶尔离开办公桌，四处与人交谈。他们的意见和建议帮助塑造了这本书，使它拥有更漂亮的形式。因此，我要感谢 Patrick Hauke 确保这个项目最终完成，感谢 David Clark 编辑书稿并调整句子段落，感谢 Avikam Rozenfeld 提供有用的技术反馈和理念，感谢 Tom Litterer 在正确的方向上做正确的引导，最后同样重要的是，感谢其他那些在英特尔的聪明而又努力工作的人。

女士们，先生们，请允许我脱帽致敬。

Igor Ljubuncic

Contents 目　录

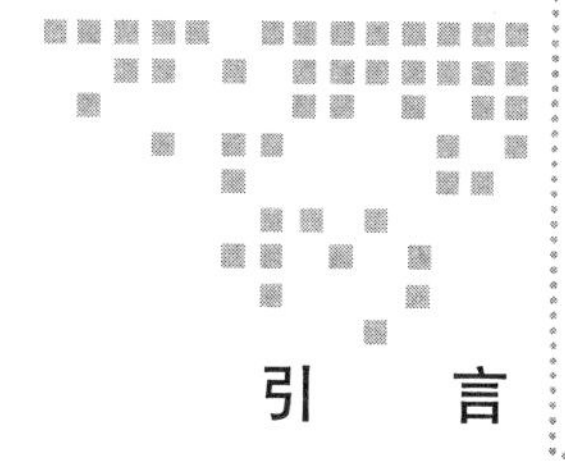

引　言
数据中心与高端计算

数据中心一览

如果你正想给数据中心定个调，找一种通俗的说法，那么不妨称它们为现代化电厂。它们是老旧的、乌黑的煤炭工厂的等价物，这些工厂曾经帮助19世纪中期具有开创精神的年轻实业家获得比当地村庄的商人更丰厚的收益。工厂和工人是那个时代的无名英雄，他们在幕后默默无闻地辛勤劳作，却是19世纪风靡世界的工业革命中真正的中坚力量。

快进150年，一场类似的革命正在发生。伴随着所有相关的困难、嗡嗡声和真正的技术挑战，世界正从模拟的状态朝着数字化方向转换。其中，正是数据中心承载着互联网的动力室、搜索的心脏地带、成就大数据之所谓“大”的这些重要角色。

现代数据中心布局

实际上，如果要探讨数据中心的设计细节和所有基础部件，我们将需要半打书把这一切写下来。此外，由于这只是一个引子，一道开胃菜，因此我们将只简单地接触这一领域。在本质上，它归结为三个主要部分：网络、计算和存储。无限长的线缆、数千的硬盘、怒然全速运行的中央处理器（CPU），它们共同服务着每秒上亿万的请求。但单靠这三大支柱尚不足以支撑一个数据中心，还有更多的组成部分。

如果你想做一个类比，可以想象一下航空母舰。第一个闪过我脑海的是，汤姆·克鲁斯驾着他的F-14起飞，背景播放着肯尼·洛金斯的《危险区》。而太容易忽略的事实是，起飞操作的背后有成千上万的航空乘务员、技工、技师、电工和其他专家。我们几乎太容易忘记，是一层楼一层楼的基础设施和车间，以及在它最核心的IT中心，共同精心策划了这全部的场景。

数据中心有点类似于巡逻海洋的 10 万吨级的庞然大物。它们有自己的组成部分，但每部分都需要沟通和共同协作。这就是为什么当你谈论数据中心概念的时候，冷却和功率密度之类的概念与可能使用的处理器和磁盘类型同样关键。远程管理、设施安全、灾难恢复、备份——所有这些都几乎不在列表上，但当系统规模扩展得越大时，这些就显得越发地重要。

欢迎来到 BORG，抵抗是徒劳的

在过去的几年中，我们看到一个趋势，包括计算部件在内的陈旧配置正在走向标准化。像其他技术一样，数据中心已经达到了一个点，它再也不能独善其身，这个世界不能容忍一百个不同版本的数据中心。类似于其他技术的融合，例如网络协议、浏览器的标准以及从某种程度而言的媒体标准，作为一个整体的数据中心也正在走向标准化。例如，开放数据中心联盟（Open Data Center Alliance，ODCA）是一个成立于 2010 年的协会，致力于推动可以共同使用的解决方案和服务——标准——在整个行业的采纳。

在这样的现实下，流连于自定义的车间就有如逆水游泳。迟早，不是你就是河流准得放弃。但仅仅拥有一个数据中心是远远不够的。这也是本书存在的一部分原因——在庞大的、独一无二的高性能配置中，针对数据中心解决问题并创造解决方案，这是未来不可避免的。

那就是力量

在深入任何战术问题之前，我们需要讨论策略。在一台家用电脑上和在数据中心做同类工作远没有可比性。尽管技术是几乎相同的，但你以前总结的所有注意事项——以及你的本能——都是完全错误的。

高性能计算的开始和结束是按比例扩展的，能力以可持续的方式稳步增长，却不会造成成本以指数方式成倍增加。这一直是一个具有挑战性的任务，很多时候，企业的业务一旦无限制膨胀，就不得不牺牲增长。迫使放缓速度的因素往往是不起眼的东西——电源、物理空间，经常不是那些直接的或可见的考虑因素。

企业与 Linux

我们所面临的另一个挑战是转变，从经典业务的传统模式到来势汹汹、快节奏且不断变化的云的转变。再一次，这不是一个技术问题。它是关于那些已经在 IT 行业摸爬滚打多年的人，他们正经历着眼前这突如其来的变化。

经典的办公室

一直以来，让上班族使用软件、与同事和合作伙伴进行沟通、发送电子邮件和聊天已

经成为互联网的一个重要职能。不过，这样的办公室是一个死气沉沉的、枯燥的环境。变革和增长的需求是有限的。

Linux 计算环境

数据中心业务的下一个发展阶段是 Linux 操作系统的创建。它一举实现了之前无法具备的全线交付能力。相对于昂贵的大型机设置，它只需要负担得起的成本费用。它降低了许可成本，并且产品基本上开源的本质允许更广泛的社会人士参与并修改软件。最重要的是，它也提供了规模扩展的可能，从最小的配置到巨大的超级计算机，几乎可以轻而易举地实现对两种场景的适应。

尽管 Linux 发行版本有些混乱，提供了各种也许永远不会流行的版本，但是内核基本上保持标准化，并允许企业基于此拓展自身需求。除了机会之外，也有在行业看法上的巨大转变，以及变化的速度，都可以让行业专家们淋漓尽致地发挥。

Linux 云

现在，我们看到在数据中心演变中的第三次迭代。这是从产品使能者的角色到产品本身的转移。数据的普遍性体现在物联网的概念以及一个事实上，即现代（和在线）经济的很大一部分通过数据搜索驱动，已经将数据中心转换为业务逻辑的有机组成部分。

“云”这个词就用来形容这种转变，但它不仅仅是在世界的某个地方拥有免费可用的计算资源，并且可以通过门户网站来访问。基础设施已经变成一种服务（IaaS），平台已经成为一种服务（PaaS），应用运行在非常复杂的、模块化的云堆栈上，与底层的基础材料几乎没有区别。

在这个新世界的核心地带，有 Linux，及其系统管理员过去从来不必处理的问题，以及不同规模的全新一代的挑战和问题。有些问题可能是相似的，但是时间因素发生了巨大变化。如果你曾一度负担得起以自己的节奏开展本地系统的研究，那么你再也不能负担得起在云系统上这样做。比如正常运行时间、可用性和价格等概念有了不同的思维模式，需要不同的工具来测量。更糟糕的是，速度和硬件的技术能力已经接近了极限，科学和大数据无情地推动着高性能计算市场。作为疑难解答专家，你的旧技能有待实践检验。

10000 个 1 不等于 10000

利用态势感知的方法解决问题之所以重要的最主要原因是，线性增长带来指数的复杂性。单个主机上运行良好的工具要么不适合大规模部署，要么不具备跨系统使用的能力。那些完全适合慢节奏的方法，即本地设置方面在现代世界的高性能竞技中则可能彻底处于劣势。

问题的非线性扩展

一方面，更大的环境变得更为复杂，仅仅因为它们拥有数量更多的组成部分。以典型的硬盘举个例子。总体而言，设备的平均故障间隔时间（MTBF）可达大约 900 年。这听起来像一个非常安全的赌注，你更有可能使用一块磁盘几年后让它自然退役而见不到故障。但是，如果你有一千块磁盘，并且它们共同服务于一个更大的生态系统，那么平均故障间隔时间缩短到约 1 年，突然，你从未明确处理过的问题成为日常议程的一部分。

另一方面，大环境还需要额外的考虑因素，比方涉及电源、制冷、物理布局和数据中心过道与机架的设计、网络互联互通以及边缘设备的数量。突然，当把系统看作一个整体时，一些在较小的规模下从未有过的新的依赖关系出现了，曾经有过的问题被放大或变得显著。你解决问题时可能需要考虑的事情也随之变化。

大数定律

我们太容易忽视，在大量累积的情况下到底多少影响较小、看似难以察觉的变化可以在更大的系统上产生作用。如果你曾优化过单台 Linux 主机上的内核，知道整体性能仅会提高约 2% ~ 3%，你将几乎不会付出好几个小时的阅读和测试。但如果你有 1 万台服务器，可以通过倒腾时钟周期变得更快，那么企业的当务之急就会骤然变化。同样，当问题袭来时，它们需要承受得住规模扩展。

同质化

成本是数据中心设计的主要考虑因素之一。一种尽量保持操作负荷在可控范围内的简便方法是，驾驭标准并试图最小化总体部署的交叉部分。IT 部门将寻求使用尽可能少的操作系统、服务器类型和软件版本数，因为这有助于维护库存、监控和实施变化，并且有助于解决出现的问题。

但随后，当在这种高度一致的环境中出现问题时，它们会影响在相同配置下的“全部”安装基础。几乎像传染病一样，需要反应速度非常快，并且维持问题在可控的范围以免一发不可收拾，因为如果一个系统染病出现故障，理论上它们全都可能故障。反过来，这也决定了你如何解决问题。你不再可能任性地虚度时光去调整和测试。一个非常严格而系统的方法是必需的。

你的资源是有限的，潜在的影响是巨大的，企业的经营目标不由你来定，而你需要构建健壮、模块化、高效、可扩展的解决方案。

企业的当务之急

在所有的技术挑战之上，有一个更大的元素，那就是企业的当务之急，而且这一理念围绕在整个数据中心。如果任务被成功设定的话，任务定义了数据中心看起来是什么样子，会花费多少，以及它可能会如何演变。这紧密地关联着你将如何构建你的想法，如何发现问题，以及如何解决这些问题。

7天24小时全天候开放

大多数数据中心从来不停止运行。很难听到数据中心机房鸦雀无声，通常它们会一直保持上电状态，直到很多年后建筑物及其所有设备都退役。当你开始解决问题时，需要铭记这一点，因为你无法承受停机造成的损失。或者，你的修复和未来解决方案必须足够智能，允许业务持续运作，即使你在后台引发了一些看不见的停机时间。

任务危急

现代世界已经变得如此依赖于互联网，依赖于其搜索引擎，以及依赖于那些不再被视为独立于日常生活的数据仓库。一旦服务器崩溃，交通灯和铁路信号将停止响应，医院设备或医疗记录在关键时刻对医生不可用，你可能无法与你的同事或家人联络。问题的解决可能只涉及操作系统中的比特和字节，但它会影响一切。

停机时间等于金钱

数据中心的停机时间直接转化为沉重的财政损失，影响到参与其中的每一个人，这并不令人吃惊。你能想象得到如果股票市场由于软件技术故障停市几个小时会发生什么吗？或者，如果巴拿马运河不得不停运又将如何？任务的负担只会变得越来越重。

千里之堤溃于蚁穴

最糟糕的是，一个貌似无辜的系统警报转变成一次重大的中断并不需要花费太多力气。人为错误或疏忽，误解的信息，数据不足，更大系统下元素之间的相关性差，缺乏态势感知能力，以及其他一打微不足道的原因都可以很容易地升级为复杂的情况，伴随而来的是在客户层面的负面影响。事后回顾一下，经过无数的不眠之夜和无休的研讨会议，事情才开始变得清晰和明显起来。但是，始终还是细小的看似无关的因素结合起来导致了重大问题。

这就是为什么解决问题不仅仅是使用这个或那个工具，在键盘上快速打字，做团队中最好的Linux人员，编写脚本，甚至主动监控你的系统。所有这些都是需要的，在此基础上还要更多。但愿，本书将阐明如何才能运行成功的、良好控制的、高性能同时履行关键任务的数据中心环境。

参考文献

Open Data Center Alliance, n.d. Available at: http://www.opendatacenteralliance.org/ (accessed May 2015)

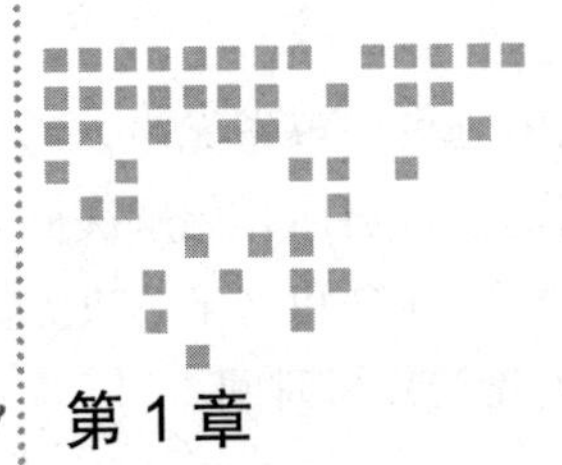

Chapter 1 第1章

你有问题吗

既然你已经明白在复杂的环境中解决问题的范围，比如在一个大规模的履行关键使命的数据中心，现在是时候开始认真地研究系统问题。通常情况下，你将不只是去走一走，寻找看起来可疑的东西。而是应该有一个逻辑过程，注入可能感兴趣的条目（让我们称之为事件）给到合适的人员。这个步骤和解决问题链条中的后续环节是一样重要的。

问题的识别

让我们从一个简单的问题开始。是什么让你觉得有问题？如果你是公司里处理环境问题的一名支持人员，你会有几种可能的方式接到问题通知。

你可能会得到一个由某种监控程序发送的数字警报，确定在常态之外有一个例外，可能是因为某个指标已经超过阈值。另外，其他人，比方你的同事、下属或者来自远程呼叫中心的同行，可能会转发问题给你，请求你的协助。

人的自然反应是去假定，如果问题监控软件已经提醒你，那么就意味着出现了问题。同样，在升级到人工操作员的情况下，你常常会认为别人已经做了所有的准备工作，现在他们需要你的专业帮助。

但是，如果这不是真的呢？更糟糕的是，存在一个问题没有人真正地报告过，那该怎么办？

如果森林里有一棵树倒下，没人能听到

在某些情况下，解决问题几乎可以哲学式地对待。毕竟，如果你仔细想想，即使是最

先进的软件也只做了它的设计师脑子里所想的，阈值也是完全在我们的控制之下。这就意味着数字报告和警报在本质上完全取决于人，因此就容易出现失误、偏差甚至是错误的假设。

不过，所带来的问题都相对而言比较容易。你有机会认识、修复或者排除它们。但是，你不能对你尚不知道存在的问题采取行动。

在数据中心，哲学问题式的回答并不利于系统管理员和工程师。如果有一个晦涩的问题，没有现成的监控逻辑能够捕捉得到，那么它仍然是可以容忍的，它的解决往往依赖于兴趣和真正的技能——可以在缺乏证据的情况下找出问题的能力。

这几乎就像物理学家在宇宙中寻找暗物质的方式。他们不能真正看到或者测量它，但他们可以间接地测量其效果。

同样的规则适用于数据中心。对待问题时，你应该锻炼一种健康的怀疑态度并挑战惯例。你也应该去探寻你的工具所没有看到的问题，并仔细留意所有那些看似幽灵般此起彼伏的现象。为了使生活更轻松，你应该拥有一套系统化的方法。

一步一步地识别

我们可以把问题分为三大类：

- 真正的问题，与监控工具有很好的关联，并且你的同事预先分析过。
- 误报的问题，由系统管理链条的前述环节所引起的误报，包括人为和机器原因。
- 虚假的问题，只对环境有间接影响的实际问题，但如果无人值守可能有显著影响。

在解决问题的过程中，你的第一个任务是决定你正在处理一个什么样的事件，你是否应该了解早期的报告或工作，以改进你的监控设施和提升支持团队的内部认知，以及如何处理反反复复的还没有人真正分好类的问题。

总是优先使用简单工具

数据中心是一个丰富而复杂的世界，稍不留神就容易迷失在其中。除此之外，你过去的知识尽管是宝贵的资源，却也可能有悖于这样的配置。你可以假设很多甚至到遥不可及，去试图修复问题，那将需要在智力和体力方面的过度消耗。为了说明这一点，让我们来看看下面的例子。实际的主题本身不是可有可无的，但它阐明了人们如何经常得到不合逻辑却影响深远的结论。这是一个经典的案例，关于面对纷繁复杂的场景时我们如何探索神秘和模糊的敏感度阈值。

当某个系统发生内核崩溃时，系统管理员联系被称为内核崩溃专家的同行。管理员寻求意见建议，关于如何动手处理崩溃实例，如何确定是什么原因造成系统死机。

在这一过程中，专家给予了帮助，同时也略微谈到了分析内核崩溃日志的方法，以及可以如何解释和利用其中的数据来隔离问题。

几天后，同一个系统管理员再次联系专家，这一次涉及系统崩溃的另外一种情况。只是这一次，热情的工程师投入了一些时间去解读内核崩溃，并试图自己执行分析。他对于问题的结论是："我们在另一台服务器上又碰到了内核崩溃，但这一次似乎是一个相当老的内核错误。"

然后，专家做了自己的分析。他所发现的和他的同事完全不同。在内核崩溃日志的结尾，有一个明显的硬件异常实例，由内存条的瑕疵导致了崩溃。[⊖]

```
HARDWARE ERROR

CPU 6: Machine Check Exception:              5 Bank 3: be00000000200151

RIP !INEXACT! 10:<ffffffff8010bb4b> {apic_timer_interrupt+0x7f/0x8c}

TSC 2d363c5d00fb ADDR 109900 MISC 16485

This is not a software problem!

Run through mcelog -- ascii to decode and contact your hardware vendor

Kernel panic - not syncing: Machine check
```

你可能想知道，这项工作的教训是什么。系统管理员犯了个经典的错误，他先做了最坏的假设，而他本应该先花时间检查简单的事情。他这样做的原因有两个：新领域知识的欠缺，以及人们的某种倾向，即在做日常工作时往往忽略熟悉的部分而是在不太了解的情况下去走极端。但是，一旦陷入思维定式，就很容易忽略真正的证据，而去构建错误的逻辑链条。此外，管理员可能刚刚学会了如何使用某种新的工具，并且倾向于尽可能地使用该工具。

使用简单的工具可能听起来乏味，但这在做有条不紊的、自上而下的日常工作过程中是重要的。它可能不会揭示太多，但也不会暴露新的虚假问题。在解决问题的过程中逐步提升复杂性，它的美妙之处在于，可以正确地识别和解决细小的事情。这样可以节省时间，避免技术人员在追逐误报的问题上投入精力，而那些仅仅出于发自内心的信念和人们探究因果关系的基本需求。

在某些时候，这将是很好的——甚至是令人满意的——去利用重型工具和做深入分析。大多数时候，大多数问题都会有简单的根本原因。想想吧，如果你在适当的位置放置一台监控器，这就意味着你有数学公式，你可以解释这个问题。现在，你只是试图避免问题出来示威或想办法尽量减少损失。同样，如果你有几个层次的技术支持来处理问题，就意味着你已经确定了严重性级别，你知道需要做什么。

复杂的问题往往会以非常奇怪的方式体现，你会因被蒙蔽而忽略它们。同样需要注意，你可能会放纵简单的事情，使它们成为巨大的问题。这就是为什么你需要有条理，专注于

⊖ 本书所有代码的版权归英特尔公司所有。

简单的步骤，正确分类问题，使你的生活道路更轻松。

过多的知识导致误区

我们前面的例子是一个很好的例子，即错误的认识和错误的假设如何使得系统管理员被明显的问题所蒙蔽。事实上，越有经验，你会越缺乏耐心去解决简单的、细小的、众所周知的问题。你会不希望去修复它们，当被要求介入并提供帮助时，你甚至可能会显示出不寻常的漠视和排斥。

此外，当你心思高远了，你会忽略所有的小事情，哪怕它们就发生在你的鼻子底下。你会由于“春风得意”而犯错，你将寻找能提升兴奋度的问题。当没有那种真正的问题被发现时，出于人性的本能你会虚构出一些类似的问题。

意识到这种逻辑上的谬误潜伏在我们的大脑中是很重要的。这是每一个工程师和问题解决者的致命弱点。你想与未知的东西斗，你会发现它在你所看到的任何地方。

出于这个原因，使解决问题成为一门学科，而不是一个不稳定的随性的努力，是至关重要的。如果两名系统管理员在同一位置或角色而使用完全不同的方式去解决同样的问题，那么这就很好地暗示了一个正规的解决问题流程的缺乏，核心知识欠缺，环境理解不足，以及缺乏对事情的应对能力。

此外，缩小调查焦点是有用的。大多数人，除了个别的天才，往往在少量的不确定性而不是完全的混乱下更高效地工作。他们也往往会忽略他们认为琐碎的事情，他们很容易对例行工作感到厌倦。

因此，解决问题也应该包括一项重要的工作，那就是将细小的熟知的工作自动化处理，让工程师不必投入时间去重复处理那些显而易见的平凡工作。升级需要精确而有条理，并做到有据可查，使得任何一个人都可以重复并获得相同的预期结果。技能应该与问题相匹配。在分析内核崩溃时不要指望没有经验的技术人员能做出正确的决定。同样，不要指望你的专家充满热情地运行简单的命令和检查，因为他们往往会略过这些，忽略可能有价值的线索，跳到他们自己的结论，增加了数据中心的熵（体系的混乱程度）。

通过已知和未知的正确组合，以及现有机器和人力资源的智能利用，可能最小化研究期间的浪费。随之而来，你将有更少的误报，而真正的专家将能够专注于那些间接体现的奇怪的问题，因为那些是你要解决的真正的大问题。

问题的定义

我们还没有解决三类可能问题中的任何一个。它们依然存在，但至少现在，我们还是有点不太清楚如何处理它们。现在，我们将集中更多的精力去尝试分类问题，使我们的研究更有效。

当前发生或可能的问题

来自监控系统的警报通常是一个问题的提示，或者是存在一个可能实时发生的问题。你的主要目标是通过某种方式来改变设置，使警报消失。这是基于阈值解决问题的经典定义。

我们可以立马发现这种方法的缺陷。如果技术人员需要让问题消失，他就可以让它消失。如果问题不能得到解决，它也可以忽略不计，因为可以改变阈值，或者以不同的方式解释该问题。有时，在企业环境中，出于纯粹的管理压力，在面对一个临时不能解决的看似尖锐的问题时，一个相当简单的解决方案就是：问题的重新分类。如果你不能解决它，也可以确认这一问题，重新标记它，然后继续前进。

此外，事件经常有一个最大的响应时间。这就是所谓的服务级别协议（SLA），它决定支持团队应该以多快的速度提供问题的解决方案。不幸的是，解决方案一词在这里被滥用。这并不意味着，这个问题应是可以修复的。这仅仅意味着提供了一个能满足需要的响应，研究中的下一个步骤是已知的。

随着时间压力、同侪压力、管理任务的声明以及实时的紧迫性等多种因素都结合起来，问题的解决方案失去了一些学术焦点，并成为特定环境的社会问题。现在，这是绝对没错的。现实生活中的业务不是一个孤立的数学问题。但是，你必须意识到这一点，并在处理实时问题时记住这一点。

可能的问题更加难以分类和处理。首先是方式问题，即你会如何找到问题。如果你在处理实时的问题，你在解析的基础上关闭事件，那么就没有什么别的跟进。其次，如果你知道有些事情是会发生的，那么将是一种推迟的方式，算是确定式的修复。最后，如果你不知道一个未来的问题会在你的环境中出现，那么几乎没有这方面的时间可以用来解决它。

这留给我们一个棘手的问题：如何确定今后可能出现的问题。这就是适当研究的用武之地。如果你遵守规则，那么一步一步有条不紊的处理过程将获得一个预期结果。每当结果偏离已知，新的和意料之外的东西可能发生。这就是为什么你应该坚持以渐进的、有据可查并且有条不紊的方式开展工作的另一个重要原因。

每当系统管理员在研究中遇到分歧，他们必须做出选择。忽略未知和关闭循环，或者认真地对待新进展并升级。一个健康的组织将会充满好奇并有轻微偏执的人，他们不会放任问题不管。他们将确保问题被交到某个合适的人手上，这个人具有足够的知识、权威和公司层面的愿景以确保可以做出正确的决定。让我们来探讨一个例子。

某公司的监控系统发送警报，报告有少量主机与网络断开连接。这个问题的持续时间相当短，只有几分钟。到了系统管理员可以看一看的时候，问题就消失不见了。这种情况每过一段时间发生一次，并且是一个已知的事件。如果你是负责处理这一问题的全天候监控团队，你会怎么做？

- 创建一个例外监控规则忽略这些少数主机？毕竟，这个问题被隔离到只有少数几台服务器，持续时间很短，结果并不严重，而且对比你几乎没有什么可以做的。

- ❑ 考虑某种可能性，有可能是网络配置的一个严重问题，这表明在网络设备的固件或操作系统中有潜在的错误，需要请网络专家参与解决？

当然，你会选择第二个选项。但是，在现实中，当你的团队被淹没在成百上千的警报中时，你真的会选择让自己牵扯到那些仅仅影响你安装基础的 0.001% 的东西吗？

从现在开始的三个月，公司的另一个数据中心可能会报告遇到了同样的问题，只是这一次它影响到数百台服务器，对业务产生了显著的影响。这个问题已经一直追踪到交换机设备故障。此时，就太迟了。

当然，这并不意味着每一个小问题都是一个即将发生的灾难。当系统管理员试图决定如何处理这些未知的、还没有发生的问题时，他们需要慎重考虑。

停机规模和严重性与业务需求

对任何公司来说，确定工作负荷优先次序的简单方法是，通过定义问题的严重程度，分类中断，并把它们比喻成实际客户为服务器设备买单。由于工作负荷总是比生产力大，企业的当务之急成为解决问题的圣杯。或者说是神圣的借口，这取决于你如何看待它。

如果技术团队无法修复一个迫在眉睫的问题，真正的解决方案可能需要供应商后续数周或几个月的努力工作，有些人会选择忽略这个问题，以它并不足以引起客户担忧为借口。其他人将推动解决方案正是由于对客户的高风险。不幸的是，大多数时候，人们宁愿选择维持现状，而不是去打破、改变和干扰现状。经过很长一段时间，其结果将是过时的技术和方法，以企业的当务之急的名义为理由。

当你开始研究时，重要的是确认所有的三个因素。在分析证据和数据时，对其进行量化是很重要的。但是，同样重要的是不要被任务声明书所蒙蔽。

首先，服务器停机是一个重要和流行的指标。吹捧 99.999% 的服务器正常运行时间是一种很好的途径，来显示你的系统运行如何成功。但是，这不应该成为判断是否应该对你的环境进行突破性改造的唯一途径。此外，虽然停机的确提示环境稳定与否，但它们并不能告知系统的效率或者解决问题。

停机应针对环境中所有非实时性问题的总和进行权衡。这是反映业务运行状态如何的唯一有价值的指标。如果一台服务器突然出现故障，这不是因为操作系统或底层硬件有魔力。究其原因就是简单的一个：你没有使用正确的工具来发现问题。有时，预测故障是非常困难的，特别是与硬件组件相关的问题。但很多时候，引起问题的原因是没有将重点放在正常值的偏离上，哪怕是很小的可能和将发生的，都应该给予它们应有的时间和尊重。

今天实时发生的许多问题往往在一个星期、一个月甚至一年前已经有了某些迹象。但大部分被忽略，错误地收集和分类，或根本不测量，因为大多数组织关注大量的实时监控。有效的问题解决方法是找出你现在不控制的参数，并把它们转化为可操作的指标。一旦有了它们，你可以测量它们，在它们导致故障或服务中断之前采取行动。

其次，严重性通常定义响应，而不是问题。事实上，着眼于以下情形：测试主机由于内核错误崩溃。它产生零影响，甚至主机都没有在你们组织的监控仪表盘注册。此事件的严重性很低。但这是否意味着问题的严重性是低等级的？

如果在测试主机上使用的内核也同样部署在一千台服务器上，而这些服务器做着临界回归任务的编辑，会如何？如果你的 Web 服务器也运行相同的内核，只要达到内核空间临界条件，随时随地可能发生问题，又当如何？你还觉得问题的严重性很低吗？

最后，我们有企业的当务之急（业务需求）。在数据中心提供的可用计算资源具有内部和外部接口。如果它们被用来使能一个较高等级的功能，技术机制常常对客户隐藏。如果直接使用，用户可能显示出一定的兴趣想自己去做设置和配置。

然而，大部分的时间，功能需要往往高于安全性和现代性的考虑排在首位。换言之，如果计算资源正在履行商业需要，用户将没有想法或者抗拒一切可能导致停机、中断工作或者破坏接口的修改。这种现象的一个很好的例子就是 Windows XP。从技术的角度来看，它是一个 13 岁的操作系统，在其生命周期中算是曾经流行过，但它仍然在企业和私营部门中大量使用着。究其原因是，用户认为没有迫切需要升级，因为它们的功能性需求都能得到满足。

实际上，在数据中心，技术陈旧是非常普遍的，并经常需要提供需求量很大的向后兼容性。许多服务根本无法升级到较新的版本，因为从客户角度看，努力远远超过能获得的好处。出于所有的实际目的，在这个意义上，我们可以把数据中心作为一个更大方程的静态成分。

这意味着你的客户不希望看到他们周围的事情发生改变。换句话说，如果遇到错误和问题，除非这些缺陷和问题是非常明显的、关键的，并与你的用户产生直接影响，否则，这些用户不会愿意看到一个理由去暂停他们的工作，来让你做维护。这些企业的当务之急定义和限制了数据中心的技术步伐，并要求你解决问题的灵活性。虽然不是很经常，你还是可能有解决某个事情的宏伟想法，但允许做出修改的机会之窗却要在未来 3 年的某个时候才出现。

现在，如果结合这一切，我们面临一个巨大的挑战。在环境中有许多问题，一些直接的和一些倾向于灾难的问题即将发生。关于业务如何运营的感知和理解通常集中到严重性问题的错误分类，这让你的工作更是难上加难。大多数时候，人们会投入精力去修复当前发生的问题，而不是明天才应该解决的战略性问题。然后，有一个来自客户的业务需求，通常会趋向于零变化。

我们如何把这种现实转换为实际解决问题的策略？这一切应该容易到只是顺其自然，只做你分内的事。它是快速、熟悉、高度可见的，并且便于管理过程中的理解。

答案是，你应该让数字成为你的声音。如果你有条不紊并且认真仔细地工作，你就可以分类问题，简化商业案例，以便它可以转化为可操作的项目。这就是所谓的商业理解，也就是你可以如何让事情发生。

你可能无法彻底改变一个通宵工作的组织，但你绝对可以确保在你的工作里，重要而意义深远的发现不会淹没在背景噪声里。

你从不能忽视的问题开始，以正确的分类跟进。你要确保琐碎的和可预测的问题转化为自动化，并集中你的智慧和技能去处理其余那些反反复复看似怪异的案例——这就是下一个即将发生严重中断的位置。

已知与未知

在不确定性面前，大多数人倾向于退回到自己的舒适区，在那里他们知道如何自处并处理问题。如果你使用了正确的解决问题的方法，很可能会一直可以处理好新的和未知的问题。原因是，如果你不让问题不生不熟地陷在猜测、投机和任意阈值中间，你的工作将是精确的、经过分析的，而且没有重复。你会发现一个问题，解决它，移交给监控团队，然后继续前进。

一个已经解决的问题将不再是问题。它成为一个维护项，你需要把它保持在可控范围。如果还会不断回到那个问题，要么仅仅是因为你没有控制好流程，要么是你的解决方案不正确。

因此，始终面向未知是一个很好的迹象，这表明你的工作做得很好。老问题消失，新的来了，呈现给你一个机会，以提高你对环境的理解。

问题的再现

让我们把官僚主义和旧习惯放在一边。你的任务是对问题进行精确而有效的研究。这样做的时候，你需要充分了解自己的缺陷，了解环境的复杂性、限制因素，以及认识到大部分的事实纠缠在一起与你作对。

你能隔离问题吗

你认为环境中有一个新的问题。它看起来是一个非实时的问题，在接下来的时间里它可能仍然是可容忍的。但现在，你深信，系统的研究是做到这一点的唯一方法。

你从简单的地方开始，你归类问题，你压抑自己的技术傲慢，而是关注事实。下一步就是看是否可以隔离并重现该问题。

让我们假设，你有一台主机，在与远程文件系统特别是网络文件系统（NFS）通信时表现出不规范且不健康的行为，（RFC，1995）。好吧，让我们再弄得复杂一些，让它涉及自动挂载（autofs）（Autofs，2014）。监控团队已经标记系统并移交给作为专家的你。现在你将做什么？

这里，有几十个组件都可能是根本原因，包括服务器硬件、内核、NFS 客户端程序、autofs 程序。到目前为止，还只是客户端。在远程服务器上，我们可以怀疑实际的 NFS 服务、访问权限、防火墙规则，或者在两者之间的数据中心网络问题。

你需要隔离问题。让我们从简单的情况开始。问题是否只限于一台主机，即是否只展现在监控系统上的那一台？如果是这样，那么你可以肯定的是，网络和远程文件系统没有问题。你已经成功地隔离了这个问题。

在主机上，你可以尝试手动访问远程文件系统，不使用自动挂载。如果问题仍然存在，你可以继续剥离其他层面，去试图了解其中的根本原因所在。反之，如果超过一个客户端受到影响，你应该专注于远程服务器和之间的网络设备。弄清楚是否问题只在特定的子网或 VLAN 表现，检查问题是否只表现在一个特定的文件服务器或者文件系统再或者是全部都有。

实际绘制一张环境图示是很有用的，随着理解的深入，你需要测试每个组成部分。开始先使用简单的工具，慢慢地再深入。直到你完成简单的检查，否则请不要轻易假设内核错误。

在隔离问题之后，你应该尝试去重现它。如果可以的话，就意味着你有一个确定的、程式化的方式去捕获问题。你可能不能自己解决潜在的问题，但你可以了解问题什么时候或者在哪发生。这意味着，来自供应商的实际修复应该变得相对简单。

但是，如果问题的原因一直困扰你，你会怎么做？如果它发生在随机的时间间隔，你无法找到一个方程来对应到表现上，又该如何？

偶发性问题需要特殊处理

在这里，我们应该参考阿瑟·克拉克的第三定律，即任何足够先进的技术都与魔法没有什么区别（Clarke，1973）。在数据中心世界里，任何足够复杂的问题都是与混乱难以区分的。

偶发性的问题仅仅是非常复杂的问题，你无法用简单的术语来解释。如果你知道其中涉及的确切条件和机制，就能够预测它们什么时候会发生。既然你不能这样做，那么它们看起来就是随机的、难以捉摸的。

随着问题解决的开展，不会有什么变化。但你需要投入大量时间去搞清楚这一点。大多数情况下，你的工作将围绕着对受影响的组件或过程的理解，而不是实际的解决方案。一旦你全面了解情况，问题和修复将变得与早先的案例非常相似。你可以隔离问题吗？可以重现它吗？

计划如何控制混乱

这听起来几乎像是一个悖论。但是，你确实想要尽量减少方程中元素的个数，而它们却不在你的控制范围。如果你仔细想想，大多数数据中心的工作接近于破坏性控制。所有的监控做得更好的原因只有一个，要试图尽可能快地停止日益恶化的情况。人类操作者参与其中，是因为不太可能将大部分警报译成完整的闭合的算法。IT 人员可以很好地选择了要监控的东西，并定义阈值。但他们不擅长在监控事件的基础上做出有意义的决定。

打破先入为主是困难的，我们不能忘记业务需求，但是实际上，绝大部分的精力都投入到报警那些可疑的例外上，并确保它们被带回到正常水平。不幸的是，大多数的警报几乎没有提示方法，去防止即将到来的厄运。你可以将CPU活动解释为内核崩溃？你能将内存使用解释为即将到来的性能下降的情况？磁盘使用情况会告诉我们什么时候该磁盘可能出故障？正在运行的进程数量和系统响应之间的关联是什么？大多数情况下如果不是对所有的这些都进行严格监控，它们会给出很少的信息，除非你走极端。

让我们用来自现实生活的一个类比——辐射。电磁辐射对人体组织的影响是众所周知的，但仅限于一旦超过正常背景水平几个量级的情况。在灰色地带，实际上几乎没有任何知识和相关性，部分是因为，在我们控制之外的上百万其他参数对环境的影响也可能起着很重要的作用。

幸运的是，数据中心的世界稍微简单些。但没有简单很多。我们测量参数，希望能够得到线性相关和智能的结论。有时有用，但大多数情况下这种工作几乎没有一点值得我们学习的。虽然监控意味着是主动的，但它实际上是反应性的。那些你当时无法检测出来的问题，可以在过去问题的基础上添加新的逻辑来定义规则。

所以尽管有诸多困难，你如何控制混乱？

不使用直接的方式。我们回到那个稍后的日子里要忍受的怪异问题。如果你可以定义一个间接测量的环境，这个数学公式无法描述的问题可能仍然存在。这里有条不紊地解决问题是你最好的选择。

通过严格遵循聪明的做法，比如先用简单的工具进行简单的检查，试图隔离和重现问题，你将能够消除所有不对你的古怪问题发挥作用的组件。你不是去寻找什么在那里，而是会去寻找什么不在那里，就像暗物质一样。

控制混乱几乎意味着减少未知因素的数目。你可能永远无法全部解决，但是你将显著地限制可能的空间，以减少那些可能会随机出现的问题的发生。随之而来，这将允许你投入适量的精力去定义有用的、有意义的监控规则和阈值。这是一个正反馈环路。

放手是最难的事

有时候，尽管你尽了最大努力，问题的解决方案仍然躲着你。这将是一个借助时间、精力、技能、能力以及其他因素的组合以引入变化到环境中，并测试这些变化的过程。为了不至于被问题拖垮，你应该根据情况暂停，重新设定你的研究，重新来过，甚至干脆放手。

研究上的投资可能不会立马获得回报（投资回报率），转化为未来环境的稳定性和高质量。然而，作为一个经验法则，如果工作忙碌了一天（也就是，不是在等待供应商等的反馈）却没有任何进展，你不妨打电话求救，求教于他人，彻底去尝试别的东西，然后再回到这个问题。

因与果

阻止你成功解决问题的众多主要因素之一是，问题及其表现形式之间的因果关系，或者更通俗的说法，原因和效果。在压力之下，由于无聊、有限的信息和你自己的倾向，你可能从一开始就做出了错误的选择，然后你的整个研究将在一个意想不到的和不那么富有成果的方向上发散。

有几样实用的做法你应该掌握以提高工作效率和专注度。最终，这将帮助你减少混乱的元素，你将不至于频繁地放弃研究。

不要流连于症状

系统管理员喜欢错误消息。无论是图形用户界面提示，还是在日志文件中隐藏的几行，总是他们欢呼的理由。快速地将其复制粘贴到一个搜索引擎，5 分钟后，你会追逐一系列全新的问题，甚至之前没有考虑过的可能的原因。

像任何异常一样，问题可能是有症状和无症状的——监控值与那些目前还不清楚的东西，目前存在的问题与未来事件，以及直接结果与间接的现象。

如果观察到一个非标准的行为与某个问题的表现一致，这并不一定意味着它们之间有任何联系。然而，很多人都会自动进行连接，因为那是我们会自然而然去做的，是一件很容易的事情。

让我们来探讨一个例子。一个系统运行得相对缓慢，并且作为结果，客户的流程已经受到影响。监控组将该问题升级并交给工程团队。他们做了一些初步检查，并且得出结论，缓慢事件是由配置管理软件的错误所引起的，它会在主机上运行按小时的更新操作。

这是一个经典的（和实际的）案例，描述了看似神秘的错误是如何误导的。如果你一步一步地研究，那么你就可以很容易地忽略这些类型的错误，它们是伪造的或不相关的背景噪音。

配置管理软件的错误仅仅是在缓慢事件期间发生吗，或者它们是工具标准行为的一部分吗？在此情况下的答案是，软件每小时运行一次，并读取其策略表，以确定哪些安装或变更需要在本地主机上执行。在一个策略中的错误配置，触发了反映在系统消息上的错误。但这样的情况每隔一小时才出现一次，并且它不会对客户的流量有什么影响。

该问题只发生在这一个特定的客户端上吗？答案是否定的，它发生在多台主机上，提示我们一个配置上的不相关的问题，而不是任何操作系统核心问题。

隔离问题，从简单的检查开始，不要让随机症状混淆了你的判断。事实上，有条不紊地工作有助于避免这些简单的陷阱。

先有鸡还是先有蛋

请考虑以下情形。你的客户报告一个问题。一组特定主机上，用户流程在执行过程中偶尔会被卡住，并且系统负载非常高。客户要求你帮助调试。

你观察到的是，物理内存被完全用光，还有少量swap（交换），但没有什么可以支持高负荷和高CPU使用率。这里先不展开过多的技术细节（我们将在接下来的章节中讨论），只需了解CPU %sy值徘徊在30～40。通常情况下，针对某些特定负载这一使用量应该小于5%。经过一些初步的检查后，你会在系统日志中发现以下信息：

```
BUG: soft lockup - CPU#8 stuck for 21s! [process.exe]
...
Call Trace:
[<ffffffff81135a69>] isolate_freepages+0x359/0x3b0
[<ffffffff81135b0e>] compaction_alloc+0x4e/0x60
[<ffffffff8113fc69>] unmap_and_move+0x49/0x180
[<ffffffff8113fe3e>] migrate_pages+0x9e/0x1b0
[<ffffffff811362f3>] compact_zone+0x1f3/0x300
[<ffffffff81136662>] compact_zone_order+0xa2/0xe0
[<ffffffff8113677f>] try_to_compact_pages+0xdf/0x110
[<ffffffff810f876e>] __alloc_pages_direct_compact+0xee/0x1c0
[<ffffffff810f8ba2>] __alloc_pages_slowpath+0x362/0x7f0
[<ffffffff810f9219>] __alloc_pages_nodemask+0x1e9/0x200
[<ffffffff81134cb0>] alloc_pages_vma+0xd0/0x1c0
[<ffffffff811440f8>] do_huge_pmd_anonymous_page+0x138/0x260
[<ffffffff81448617>] do_page_fault+0x1f7/0x4b0
[<ffffffff814453e5>] page_fault+0x25/0x30
[<00002aaaaba83a1d>] 0x2aaaaba83a1c
```

在这一刻，我们不知道如何分析上面这样的代码，但是这是一个内核oops的调用跟踪。它告诉我们有一个内核中的错误，这是你应该上报给操作系统供应商的一些东西。

事实上，你的供应商很快确认问题，并提供了一个修补程序。不过，客户流的问题有所减少，但并没有消失。这是否意味着你在分析上犯了什么错？

答案是，真的不是。不过，这也说明，虽然核心问题是真实的，它确实会造成 CPU 锁死，进而出现你的客户所看到的问题，但那不是手头上唯一的问题。事实上，它掩盖了问题的潜在根源。

在这种特殊情况下，真正的问题是透明大页面（THP）（Transparent Huge Pages in 2.6.38，n.d.）的管理，对于使用的特定的内核版本，具有很高的内存使用，大量的计算能耗将会浪费在内存管理而不是实际的计算上。反过来，这个 bug 会触发 CPU 锁死，当透明大页面的使用以不同的方式调整时则不发生。

具有相互作用的复合问题极难分析、解释和解决。它们往往以奇怪的方式出现，有时一个完全合理的问题将只是一个更大的根本原因的衍生物，只是目前还未显露出来。承认这一点很重要，要知道，有时候你正解决的这个问题，其实是另一个问题的结果。有点像俄罗斯套娃，你不是只有一个问题和一个根本原因，而是有多只小鸡和一整篮子的鸡蛋。

严格控制环境改变，直到你理解了问题的本质

假设在你的工作环境里有多个层次的问题表现，而你并不完全确定它们是如何彼此相关联的，那么重要的是，你不要再引入额外的噪声因素到方程中而制造出更大的问题。

理想情况下，你将打算并能够以一次一个组成部分的方式来分析情况。直到你观察到行为和确定的效果，否则你将永远不会想做多于一个单一的改变。然而，这并不总是可能的。

无论如何，如果不完全理解你的设置或问题，那做任意修改肯定会使事情复杂化。这有悖于我们的自然本能，干扰和改变了我们周围的世界。此外，没有统计学的工具和方法，这将是更棘手的，除非你真的足够幸运，碰巧修复了只有线性响应的简单问题。

当你试图解决一个问题的时候，如果是在正确的方向上取得进展，暂时的调整和变化可以是一个很好的指示，但基于一个假设的完善解决方案和更混乱的情况之间只有一线之隔。

如果改变，确保你知道预期结果是什么

每个人都会告诉你，商业不是学术。你不可能有时间和技能去做严格的数学证明，哪怕只是为了能够开始你的研究。但研究人员已经做了一件正确的事情，那就是对于任何提出的理论和实验都要有预期的结果。证明你想证明什么并不是很重要，重要的是明确你正在寻找什么，然后证明自己是对还是错。但是，没有预知结果的测试与随意猜测是一样的效果。

如果你苦恼于内核如何可调，就必须熟悉和预期特定的参数将要做什么，它会如何影响你的系统性能、稳定性及运行在其上的工具。如果没有这些，你的工作将是武断的、基于机会的，虽然迟早你会获得幸运的垂青，但是从长远来看，只会增加环境的熵，使问题的解决更加困难。

结论

本章仅仅是我们卷起袖管开始认真研究之前的一个热身。但是，它也是本书比较重要的部分之一。它并没有教授你具体需要做什么，而是教你如何去做。它还可以帮助你避免一些解决问题过程中的经典错误。

你需要知道业务环境中的制约因素，然后向它们发起挑战。你需要关注核心问题，而不是很容易看到的那些，虽然有时它们会齐头并进。但大多数时候，这些问题不会等待你来解决它们，它们将不会很明显。

这些事实将与你对抗。你会倾向于关注熟悉的和已知的问题。监控工具会向易于量化的参数产生偏差，而且对于大多数系统而言，大部分指标将不能告诉你内部机制，这意味着你将不能预测故障。但是，如果你投入时间去解决未来的问题，通过对问题的间接观察和认真的逐步研究，你应该能够在环境灾难中占据上风。最后，对于你的数据中心资产，要将损害减至最低，并获得尽可能多的控制。

参考文献

Autofs., 2014. Ubuntu documentation. <https://help.ubuntu.com/community/Autofs/> (accessed 2014)

Clarke, A.C., 1973. Profiles of the Future: An Inquiry into the Limits of the Possible, revised ed Harper & Row, s.l., New York City, U.S.

RFC 1813, 1995. NFS version 3 protocol specification. <http://tools.ietf.org/html/rfc1813> (accessed April 2015)

Transparent huge pages in 2.6.38, n.d. <https://lwn.net/Articles/423584/>

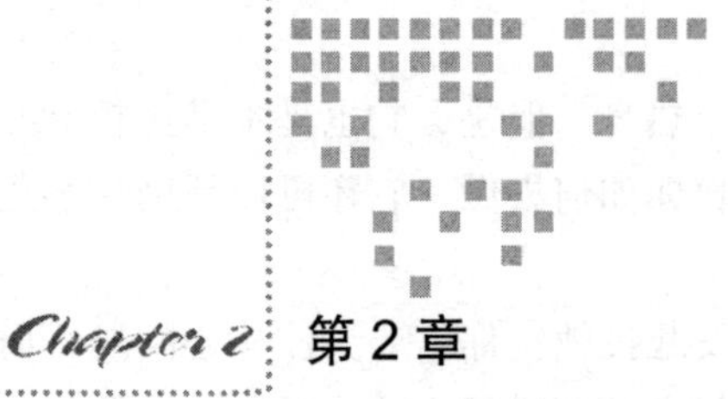

Chapter 2 第2章

开始研究

第1章展示了一个在数据中心应该如何动手解决问题的近乎哲学的观点。我们带着预想和偏好开始工作，这些经常会干扰我们的判断。此外，我们太容易缺少约定，缺少建立起来的模式和习惯，以及缺少可供选择的数字——我们刻意避免使用数据这个词，因为这可能意味着这些数字的有用性——这甚至可能分散我们解决问题的注意力。

现在，我们将对我们的研究做一个更精确的转换。我们将利用前面学过的概念，并将其应用到实际的研究中。换句话说，贯穿在识别问题、隔离问题、因果关系和改变环境的整个工作流程中，我们希望能够做出有依据的猜测，并减少随机性因素而不是仅仅跟随直觉或者运气。

隔离问题

如果你怀疑数据中心有异常——假设你已经正确地完成所有的初步研究，避免了经典的陷阱——那么你的第一步应该是迁移问题，从生产环境迁移到一个隔离的测试配置。

推动从生产到测试

有几个原因会造成你想要远离生产服务器而重新定位问题。最明显的一个是，要将损失减到最少。还有一个比较重要的原因是，随着逐步解决问题，可以从容地研究该问题。

在生产环境中自带了几十甚至数百个变量，所有这些都影响软件执行的可能结果，而你可能无法控制或改变它们中的大多数，包括商业上的考虑、权限和其他限制。而另一方面，在测试设置中，你有了更多的自由，它可以帮助你排除可能的原因，缩小研究范围。

例如，如果你觉得可能是远程登录软件有问题，你不能只是简单地把它关掉，因为这可能会影响你的客户。而在实验室环境或沙箱，你可以很轻松地操控组件。

当然，这意味着你的测试环境应该高度模仿了生产配置。有时，会存在你可能无法重现的参数。

例如，可扩展性问题（特定软件应用要在数千台服务器上运行才能表现出来）可能永远不会在一个仅有屈指可数几台主机的小副本情况下观察到。这同样适用于网络连接和高性能工作负载。尽管如此，软件和配置中固有的错误仍然会存在，然后你就要努力去发现根本原因，以及可能的修复方案。

重新运行获得结果所需的最小集

在某些情况下，你的问题将是微不足道的本地运行，没有任何特殊的依赖性。在其他场合，你将不得不排查第三方软件，它分布式运行在几十台服务器上，通过网络文件系统访问，跨广域网的软件许可，依赖于数以百计的共享库，以及其他因素。从理论上讲，这意味着在测试配置中你必须满足所有这些条件，而这只是为了测试客户工具和调试问题。这几乎不具备可行性。很少组织有这样的体量（包括资金和技术）来维护在规模和经营上与生产环境相媲美的测试配置。

这意味着你将不得不通过消除所有非关键部分来简化你的问题。举例来说，如果你看到一个问题既在本地发生，也在数据从远程文件服务器读取的过程中发生，那么你的测试负载不需要包括昂贵而复杂的文件服务器的设置。同样，如果问题在多种型号硬件上均有所体现，你可以排除平台部分的影响，而专注在单个类型的服务器上开展测试。

最后，你希望能够以最少的变量来重新运行客户的工具。首先，它更便宜更快。其次，随着研究的进展，你会少很多潜在的嫌疑因素需要稍后去审查和分析。如果你缩小范围到只有单个因素，你的解决方案或外围工作也会更容易构建。有时候，如果你利用系统化方法时足够幸运，仅仅只做划分问题相空间和隔离问题到最小集这一过程，就将为你呈现出问题的根源和解决方案。

忽略偏见信息，避免假设

回顾一下我们在第 1 章所学到的。如果你曾经目击见证过，在一种情况下，信息流开始于某些句子，例如我听说，或者他们告诉我，或者这总是这样，你会立刻知道你处在错误的轨道上。人们往往寻求熟悉的和回避未知的。人们喜欢涉足他们所知道的和以前见过的，下意识地，他们将尽一切努力以确认和加强自己的信念。再加上工作压力大、时间表紧张、工作场所混乱，以及业务影响深远，你会更乐于宣布根本原因，即便为了用实际数字去证明这一点你只做了很少工作。

假设并不总是错的。但是，它们必须基于证据。举一个最原始的例子，你不能说系统内存有问题（不管这意味着什么），除非你能很好地理解操作系统内核和内存管理工具是如何工作的，硬件是如何工作的，或者假定运行在系统上的实际负载如何动作——即使问题理应体现在高内存使用情况，或者体现在任何一台显示器上，用标志系统内存的数字来作为一个潜在的罪魁祸首。还能记住我们所了解的监控工具吗？

监控工具对于易量化的参数会产生偏差，且大部分指标将不能告诉你大多数系统的内部机制，这意味着你将不能够预测故障。监控在大多数情况下是反应性的，并且充其量，它会确认你所察觉到的正常状态的变化，但并不知道为什么它已经改变。在这种情况下，内存只是所有相关因素中一个更大问题的征兆。

但是假设恰恰是人们会去做的第一件事情，投射在自己过去的经验和工作压力之上。为了帮助系统管理员做决定，他们会使用信息中利于固执己见的部分——这也意味着只是部分数据集，去确定解决问题的下一个步骤。通常情况下这并不正确，这些类型的行为将不利于你在研究上快速而高效的成功。

如果你在 IT 界工作过，下面的例子听起来会很熟悉。有人报告一个问题，你打开系统日志，标记出你看到的第一处错误或者警告。有人报告了在一个特定服务器模型下的问题，你隐约记得上个月有过类似的问题，那时同一型号的半打服务器有一个不同的问题。该系统的 CPU 使用率高于阈值 453%，你觉得这是有问题的，不应该是主机上运行的当前工作负载所该有的。应用程序拼命地从位于网络文件系统上的数据库中加载数据，它是一个网络文件系统的问题。

所有的这些都可能是真实的，但逻辑流程中需要嵌入事实和数字。通常情况下，会有太多信息，所以你需要将它缩小到力所能及的范围，而不是做出草率的决定。现在，让我们学一些技巧，掌握如何在实际中实现这些目标，在高度集中而精确的信息和假设之下塑造你的研究。

与健康系统和已知参考的比较

由于生产环境可能会非常复杂，问题的表现可能会极度令人费解，因此你需要尽量缩减问题到最小集。前述提到过，但是只有满足额外几个条件，才能让你解决问题更有效。

那不是程序错误，而是一个特性

有时候，你所看到的问题可能实际上并不是一个问题，而只是一个由系统或它的组件之一所表现出来的违背直觉的方式。你可以不喜欢它，或者你可能会发现与你所想要的相比，它并不高产或优化，或者过去看到过类似的系统，但它不会改变你正在观察一个完全正常的现象这一事实。

在这类情况下，你需要接受现实状况，或者战略性地朝着解决问题的方向努力工作，使得不出现不期望的行为。但是，关键的是你要理解并接受系统的特质。否则，你可能花了太多时间去试图解决一些不需要任何解决方案的问题。

让我们来看看下面的场景。你的数据中心依托于使用自动挂载机制的网络文件系统的集中访问。基础设施被设置成 autofs 挂载这一方式，在不使用时，都应该在 4 小时后过期。这在环境中用过的旧的、继承版本的操作系统支持中可以工作得很好。然而，在推进到版本 + 1 时导致了一种情况，其中 autofs 不再总是像过去那样过期。乍一看，这看起来像一个问题。

然而，对于 autofs 行为和文档的更深入检查，以及向操作系统厂商和专家的咨询，揭示了以下信息：

```
The timeout option specifies how long autofs will wait before trying to unmount a
volume. The default timeout is 600 seconds, or 10 minutes. Every $TIMEOUT/4 seconds,
autofs checks whether the volume is being used and updates the expiration timer
accordingly.

On the legacy version of the operating system, the expiration check queries the
kernel whether the mount point can be unmounted at the exact moment the check is
done. If there are processes (at least one) holding an open file or have current
working directory set to that mount point, there will be no expiration. The volume
will be marked as effectively busy, and autofs will reset the expiration time.

On the new version of the operating system, the expiration check is much broader.
Among other features, the system knows exactly when the volume was last accessed, and
it does not need to be busy at the time of the check for the timer to be reset. Every
file access will cause a reset of the timeout.

As a practical example, consider the following. Suppose /nfs is an automounted volume
with a timeout of 60 seconds and that /nfs/file is a regular text file. If you run
the following command:

$ while true; do cat /nfs/file; sleep 5; done

On the legacy systems, you will note that that approximately 60 seconds after /nfs
was mounted, it will be unmounted, regardless of the multiple accesses to /nfs/file.
A few seconds after the unmount, the cat command will trigger the mount again.
However, on the new version of the operating system, you will notice that as long as
the command is running, the volume will NOT be unmounted. To sum it up, on the new
system, expiration of mount points are less likely to happen. Expiration only happens
when no access to files or directories inside the mount point happened during
$TIMEOUT seconds. With long timeouts, like the 4-hour period mentioned earlier, it is
highly unlikely that something won't access the mount during that time and reset the
timer.
```

从这个例子中，我们清楚地看到了如何解决问题和开展研究，如果我们忽略了特性与程序错误的基本前提，可能会导致花费大量精力去试图解决的东西却不是首先需要解决的。

将预期结果与正常系统作比较

问题模棱两可的微妙之处意味着，很多资源潜在地可能被浪费，而这只是为了理解你的立场，甚至于在你开始一个详细的、逐步的研究之前。因此，至关重要的是，你要为所谓的标准建立一个明确的基准。

如果你有展现预期的、正常行为的系统，在研究中你可以把它们作为对照，在一系列关键参数下，去和怀疑有问题的系统进行比较。这将帮助你理解问题的范围、严重性以及确定是否有一个首先要解决的问题。请记住，环境设置可能标记监控指标中一定的变化作为一个潜在的异常，但是，这并不一定意味着有一个系统性的问题。此外，能够将现有的性能和系统运行状况与旧有的基线作比较是一个非常重要的能力，这将有助于保持你对环境的认识和控制。

这可以是归一化到硬件的通过 / 失败的标准指标，例如，系统重新启动计数，在你的环境中的一些内核崩溃，总运行时间，或者是重要应用程序的性能。如果你有参考值，那么就可以确定是否有问题，以及是否需要投入时间去试图找到问题的根源。这将允许你不仅能够更准确地标记瞬间偏差，还能找到环境中的趋势和长期问题。

性能和行为的参考是必需的

事实上，统计学是大型复杂的环境（比如数据中心）中的宝贵财富。有了这么多的交互组件，要为精确监控和问题解决方案找到正确的数学公式，是非常困难的。但是，你可以常态化系统行为，从你认为什么是正常状态的角度来看待它们，然后用它和一个或多个参数做比较。

性能往往会成为一个关键指标。如果你的应用程序运行良好，而且它们成功且在预期的时间范围内完成，那么你可以相当肯定，作为一个整体，你的环境是健康的、运行良好的。但是紧接着，还有其他一些重要的行为指标。是否你的系统在通过 / 失败测试中显示出一个不寻常的数字，比预期更低或更高，类似网络服务的可用性、已知和未知的重新启动等？同样，如果你有一个基线，有可接受的边界，那么只要你的系统进入这一范围之内，你就有一个健全的环境。但是，这并不意味着个别系统不会偶尔表现出问题。但是你可以关联当前状态到一个已知的快照，以及考虑来自监控系统的其他指标。如果你避免仓促的假设和传闻，并尝试以简单细致的方式隔离并重新运行问题，你将会缩减和改善你的研究。

对变化的线性与非线性响应

但是，你会发现调试问题并不是很容易的。我们已经知道，这个世界总是和你对着干。时间、金钱、资源约束、数据的不足和误导性、旧习惯、错误的假设，以及用户习惯只是众多拦路虎因素中的几个。但是，事情变得更糟糕。有些问题——即使被监控系统正确地标记，将表现出非线性特性，这意味着我们需要格外谨慎行事。

一次一个变量

如果你不得不检修一个系统，并且你已经隔离了罪魁祸首，现在需要做出一定的改变，证明和反驳你的理论。一种方法是简单地做出一整串的调整并测量系统响应。一个更好的方法是，一次集中调整一个参数。用第一种方法，如果什么也没有发生，你可能没事了，可以移动到下一组设定值，但如果你在行为中看到变化，你不会知道众多组件中的哪一个在响应中贡献大，到何种程度，以及是否有不同部分之间的相互作用。

线性复杂度的问题

线性问题很有趣。你可以以一定的比例改变输入，响应则按比例改变。线性问题都相对容易发现和解决。但是，它们将是环境中能遇到的少数情况。

但是，如果你确实看到问题，它的响应是和输入线性相关的，你应该投入些时间仔细研究并记录它们，还要试图建立一个数学公式映射问题和解决方案。从长远来看它会帮助你，甚至可能让你建立一个基线，用于间接地服务，去寻找其他更复杂的问题。

非线性问题

大多数时候，你会奋力去发现一个简单的关联性，它关联了系统状态的改变和预期结果。例如，延迟如何影响应用程序的性能？ CPU 使用率和运行时间之间是如何相关联的？内存使用量和系统故障之间如何关联？磁盘空间的使用会如何影响服务器的响应时间？

相关性可能存在或者不存在。即使存在，可能也很难缩减到某几个数值。更糟糕的是，你将无法轻松地建立一个可以接受的工作边界，因为系统可能看似突然失控。

排除非线性问题故障将主要涉及理解导致它们表现的触发器，而不是减轻症状。非线性问题也将迫使你创新思维，因为它们可能以奇怪而间接的方式出现。稍后，我们将学习各种方法，可以帮助你控制局面。

响应可能会延迟或掩盖

第 1 章讨论了有关问题、错误结论和反应监控问题的表现。我们集中精力在监控的重大缺点中的一个，这是事实，我们并不总是完全理解系统，因此，我们投入了大量的精力去试图跟踪已知的模式，当系统指标偏离正常阈值时报警，而不是在问题的源头解决它们。

问题在响应可能会延迟的事实下变得复杂。今天的一个变化可能很长一段时间之后，才会大量涌现。这种变化可能会立即影响到系统，但它可能并不明显，因为工具可能不够准确，它们可能会捕获到错误的指标，或者有其他更严重的问题耗费了所有的努力。

实际上，这意味着你不能真正在系统中进行变更，除非你知道应该会有什么样的响应——不一定是响应的大小，而是它的类型。此外，这也意味着，解决问题的通常方法（从输入到输出）不太适合复杂的环境（比如数据中心）。在研究中有更好的方法来获得线索，尤其是处理非线性问题的时候。

Y 到 X 而不是 X 到 Y

聚焦研究开始于结果，再回溯原因，而不是先原因后结果，这一概念不是在业界广为接受的典型方法论，尤其不是信息技术中的。

通常情况下，解决问题的重点在于会影响结果的可能因素，它们以一些常见的任意方式调整，然后测量输出结果。但是，因为这可能是相当复杂的，所以大多数人所做的就是做一个改变，运行测试，写下来结果，然后以系统允许的尽可能多的排列组合重复上述步骤。这种过程是缓慢的，而且不是很有效。

与此相反，统计工程提供了一个更可靠的方法，通过测量响应的方差来缩小根本原因的范围。这个想法是寻找导致变化最大的那一个参数，即使涉及几十种参数，也可以简化你对复杂系统的理解。

但是，虽然它已在制造业领域显示出巨大的优点，但尚未在数据中心获得有力的牵引。这里有许多理由，首要的一个原因是假设软件及其输出不容易量化，不像某工厂中油泵的压力变化或者切削刀具的宽度。

然而，现实情况是较为有利的。像其他事物一样，软件和硬件遵守同样的统计规律，你可以应用统计技术到符合相同基本原则的数据中心元素上，就像你处理金属轴承、冲压机或煤渣砖一样。第 7 章将以更大的篇幅讨论这个问题。

组件搜索

另外一种有助于隔离问题的方法是通过使用组件搜索。总的想法是在所谓好和坏的系统之间交换部件。通常情况下，这种方法适用于拥有成千上万组件的机械系统，但它也可以用在软件和硬件领域中。好的和坏的系统或部件也可以应用到应用程序版本中、配置中或者服务器设置中。再次，第 7 章将详细讨论统计工程的子集。

结论

通过专注于你在研究中可能会遇到的一些常见陷阱，本章锤炼解决问题和研究的基本艺术。也就是说，我们尝试阐述在问题隔离、围堵以及重现方面的担忧和挑战，如何以及何时以数目最少的变量，借助一个系统化方法改变和测量预期结果，重新运行测试用例以及如何去应对一个没有明确的线性表现的问题。最后，介绍了业界的方法，这在本书后面应该会大有帮助。

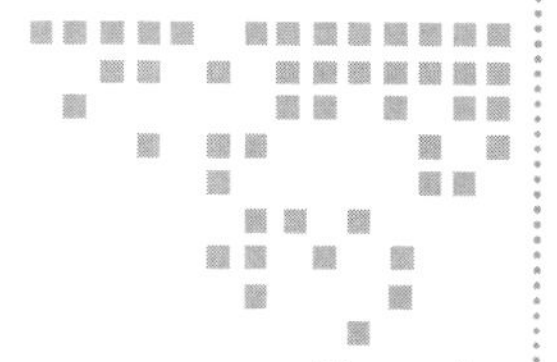

第3章 Chapter 3 基础研究

刻画系统状态

前文已经介绍了接近我们环境中可能问题时的必要模型。想法是，仔细隔离问题，将其减少到最小的变量集合，然后使用行业接受的方法来证明和反驳你的理论。现在，我们将了解在探索中可以帮助我们的工具。

环境监控

数据中心主机通常使用某种客户端–服务器设置，配置为定期向中央控制台报告其运行状况。实际上，这意味着针对潜在问题你有一个初步的告警系统。

但是，在第1章中，如果你还记得，我们不承认现有监控的有用性。我们鼓励你始终质疑现状，并寻找新的、更有用的和准确的观察和控制环境的方法。但目前来说，在解决问题旅程的一开始，你的初步假设应该是，这种机制可以提供有价值的信息，即便监控设施可能是陈旧的、无效的，可能不会像你想要的那样可扩展，可能反应缓慢，并可能遭受许多其他的失败。此刻，这是你通往问题的门户。

环境扰动的第一个迹象并不一定意味着存在问题，但是支持团队中应该有人检查和确认一下监控系统产生的异常情况。警报的严重性和分类将引导你解决问题。无论如何，总是应该从简单的基本工具开始。

机器可访问性、响应性和正常运行时间

毕竟，数据中心服务器（正如其名称所暗示的那样）是一个服务点，它们需要可访问。

即使初始警报没有指示可访问性问题，你应该检查连接方式是否正常。这可能是一个特定的进程用以运行和正常响应查询，是从服务获取度量标准的能力等。

及时的回应也是至关重要的。如果你希望在一段时间内收到你的命令的答案——这意味着必须事先定义——那么你还应该检查此参数。最后，你可能需要检查服务器负载并将其活动与预期结果相关联。

实现所有这些检查的最简单的 Linux 命令是 uptime（Uptime，n.d.）命令。这个命令远程执行，通常通过 SSH（M. Joseph，2013），uptime 将收集和报告系统负载情况、系统运行了多长时间以及当前登录的用户数。

```
ssh myhost12 uptime

09:47am  up 60 days 21:00,  12 users,  load average: 0.06, 0.03, 0.05
```

让我们简要地检查命令的输出。如果需要将系统运行时与预期的环境可用性相关联，则 up 值很有用。例如，如果你在上周重新启动所有服务器，并且主机报告了 41 天的正常运行时间，则可以假设此特定主机（可能还有其他主机）或许未被包括在该操作中。例如，如果你安装了安全修补程序或新的内核，并且需要重新引导才能生效，这一点很重要。

如果你将登录用户数量与预期阈值相关联，则它很有价值。例如，一个不应超过 20 个用户利用其资源的 VNC 服务器可能突然超载——有超过 50 个活跃登录，它可能会遭受性能下降。

系统负载（Wikipedia, n.d., the free encyclopedia）是一组非常有趣的数字。负载是系统执行的计算工作量的度量，在输出中从右到左依次为最后 1 分钟、5 分钟和 15 分钟的平均值。就这些数字自身而言，没有任何意义，除了在过去 15 分钟内显示工作量增加或减少的可能趋势。

分析负载数据需要系统管理员熟悉几个关键概念，即主机上运行的进程数以及其硬件配置。

完全空闲的系统的负载数量为 0.00。使用或等待 CPU 的每个进程将负载数量递增 1。换句话说，负载量为 1.00 转换为单个 CPU 内核的完全利用。因此，如果一个系统有 8 个 CPU 内核，相关的平均负载值是 6.74，这意味着有空闲的计算能力。另一方面，具有两个内核的主机上的相同负载值可能表示过载。但它更加复杂。

高负载值不一定转化为实际工作负载。相反，它们表示等待 CPU 的进程的平均数以及处于不间断睡眠状态（D 状态）（Rusling，1999）的进程数。换句话说，等待 I/O 活动的进程（通常是磁盘或网络）也将显示负载平均数，即使可能很小甚至没有实际的 CPU 活动。最后，主机上工作负载的确切性质将决定负载数值是否应引起关注。

对于一级支持团队，uptime 命令输出是一个很好的初始指标，它可以判断是否应该更深入地研究警报。如果 SSH 命令需要很长时间才能返回或超时，或者主机上的用户数量可能很高，并且负载数字与特定系统的预期工作配置文件不匹配，则可能需要进行其他检查。

本地和远程登录以及管理控制台

此时，你可能需要登录到服务器并运行进一步的检查。本地化连接意味着你对主机有物理访问权限，并且不需要活动的网络连接。在数据中心，这是非常罕见的，这种方法主要由数据中心室内的技术人员使用。

更典型的系统故障排除方式是，通过SSH进行远程登录。有时，也可以使用虚拟网络计算（VNC）(Richardson，2010)。也存在其他协议，可能在你的环境中正使用。

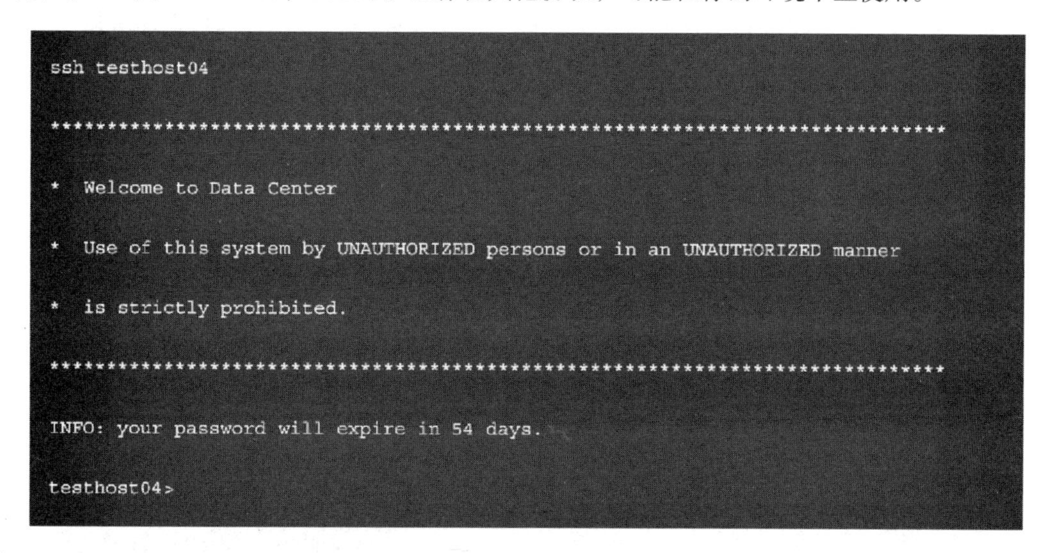

ssh testhost04
****
* Welcome to Data Center
* Use of this system by UNAUTHORIZED persons or in an UNAUTHORIZED manner
* is strictly prohibited.
****
INFO: your password will expire in 54 days.
testhost04>

如果连接到服务器的标准方法不起作用，则可能需要使用服务器管理控制台。大多数现代企业硬件拥有强大的管理设施，具有广泛的功能。这些系统允许电源调节、固件更新、控制整个服务器机架以及健康和状态监控。它们通常带有虚拟串口控制台、Web GUI和命令行界面。

这意味着你可以从远程位置有效地登录到服务器，就像你在本地工作一样，你不需要依靠网络和目录服务，便可获得成功登录尝试。Web GUI通过浏览器运行，需要Adobe Flash Player、Microsoft Silverlight或Oracle Java等插件才能正常工作。此外，你需要具有某种本地账户凭证，通常是root用户，以便能够登录并在服务器上工作。

喊狼来了的监控

在处理问题时，重要的是暂停、回退和评估你的工作。有时候，你可能会发现你只是在野蛮追逐，你的研究没有任何结果。这或许表明，你可能正在做着错误的事情。但是，它也可能指向你的设置中的问题。由于你的工作是从环境监控开始的，所以你也应该检查它们。正如我们在前几章中提到的，事件阈值需要反映现实，而不是定义它。在复杂的情况下，监控通常可能已经过时，但是可能仍然存在于环境中，并且持续报警，甚至在监控首次构想的原始问题或其症状已被消除很久之后仍会继续警报。在这种情况下，你将尝试通过响应虚假警报来解决不存在的问题。因此，每当你的研究彻底结束，你应该问自己一些问题。你的方法是否正确？手头有真正的问题吗？

读取系统信息和日志

为了帮助你回答这两个问题，让我们深入了解系统分析。一次成功的登录标示一个非灾难性的错误，暂时我们可以继续工作一段时间。但它可能会迅速升级到系统崩溃、硬件故障或类似的情况，这就是为什么你应该果断，如果需要则收集信息进行离线分析，复制所有相关的日志和数据文件，记录你的活动（即使是在文本文件中的旁注），并确保你的工作可以被其他人追踪和重现。

使用 ps 和 top

分析系统行为的两个非常有用的工具是 ps（ps（1），n.d.）和 top（top（1），n.d.）命令。它们可能听起来很微不足道，经验丰富的系统管理员可能会将其忽略为新手工具，但如果使用正确，它们可以提供丰富的信息。为了说明，让我们来看一下典型系统下的 top 命令。

```
top - 11:22:45 up 377 days,  1:15,  1 user,  load average: 40.58, 43.24, 47.23
Tasks: 643 total,  23 running, 620 sleeping,   0 stopped,   0 zombie
Cpu(s):  0.4%us,  1.5%sy, 47.8%ni, 44.5%id,  5.8%wa,  0.0%hi,  0.0%si,  0.0%st
Mem:    258313M total,   45281M used,   213032M free,     960M buffers
Swap:   457830M total,    1629M used,   456200M free,   21540M cached

  PID USER      PR  NI  VIRT  RES  SHR S  %CPU %MEM    TIME+  COMMAND
11209 igor      39  19 1354m 1.1g 102m R   142  0.4   5:28.40 dd_exit
33193 igor      39  19 1532m 1.1g 217m R    99  0.4  26:32.21 java
34818 david     39  19 1530m 1.1g 217m R    99  0.4  25:47.12 engine.bin
```

top 程序提供正在运行系统的动态实时视图。视图默认情况下每 3 秒刷新一次，尽管用户可以控制参数。

此外，命令可以在批处理模式下执行，以便于记录活动并在稍后做解析。

top 可以显示用户可配置的系统摘要信息，以及当前由 Linux 内核管理的任务列表。一些输出看起来很熟悉，即 uptime 和 load 数字，我们在前面已经看过。

“Tasks”字段列出系统上的任务总数（进程）。通常，大多数进程将处于睡眠状态，而一定百分比的进程在运行（或可运行）。数字可能不一定反映负载值。已被主动停止或正在追踪的进程（如我们稍后将看到的 strace 或 gdb）将显示为第三个字段。第四个文件是指僵尸（Herber，1995）进程，这是 UNIX/Linux 世界中一个有趣的现象。

僵尸是已经死亡的无效进程（已完成运行），但仍保留在进程表中的条目，只有当生成它们的父进程收集其退出状态时才会被删除。有时，尽管格式不正确的脚本和程序经常是由系统管理员自己编写的，它们可能会遗留下僵尸。虽然没有有害的影响，但它们确实表明在系统上执行的一个任务有问题。在理论上，大量僵尸进程可能完全填在进程表中，但这并不是现代 64 位系统的限制。然而，如果你正在研究问题并遇到许多僵尸，你可能需要通知同事或检查自己的软件，以确保你没有制造自己的问题。

CPU（s）这一行为系统行为提供了大量有用的指标。可用内核的使用是根据 CPU 活动类型划分的。在用户空间中完成的计算标记为 %us。系统调用活动的百分比列在 %sy 下。

nice（nice（1），n.d.）进程（即具有修改的调度优先级的进程）的比例，显示在 %ni 下。用户可能会认为他们的某些任务应该具有可调节的优先级，这可能会影响程序的性能和运行时间。

I/O 活动（包括磁盘和网络）都反映在 %wa 数字中。CPU 等待时间是存储和网络吞吐量的指示，如前所述，即使实际 CPU 计算可能很低，也可能直接影响主机的负载和响应能力。

硬件和软件中断以 %hi 和 %si 标记。这两个值的重要性超出了本书的范围，大多数情况下，用户很少会遇到与这些机制有关的问题。最后一个字段 %st 是指虚拟机管理程序从虚拟机中窃取的时间，因此它只与虚拟化环境相关。

根据经验，非常高的 %sy 值通常表示内核空间中的问题。例如，可能存在显著的内存抖动，驱动程序可能会行为失常，或者其中一个组件可能存在硬件问题。拥有非常高百分比的 nice 进程也意识着存在问题，因为可能由于用户偏好的优先级导致资源争用。如果遇到 %wa 值超过 10%，则通常表示与性能相关的问题，这可能是远程文件系统响应缓慢、网络拥塞、大量写入请求或交换引起的本地磁盘活动，以及类似的问题。

Mem 和 Swap 行非常简单。它们告诉我们当前内存子系统的使用情况。但是，有些值可能有点误导。

- free：虚拟内存中的空闲内存。
- buffers：用于内存块设备的 I/O 缓冲区页面。
- cached：页面缓存，包含需要写入磁盘的脏页面和最近读取请求中使用的页面。虽然缓存大小可能非常大，但是如果正在运行的程序请求额外的内存，它将会收缩。因此，出于所有实际目的，用户可将缓存的内存视为空闲内存。

可以强调这个重要区别的一个练习是，释放所有的缓存（Hansen，2009）。此操作可能需要一些时间才能完成，因为系统将忙于将更改提交到磁盘。例如：

```
echo 3 > /proc/sys/vm/drop_caches
```

强调缓存机制的另一种方法是下载、编译和运行 memhog（Reber，n.d.）程序。这个小工具将使用在命令行中指定的大量内存，然后释放它。如果你运行的工具具有非常接近物理内存实际大小的值，在它完成运行并退出后，你将看到缓存的大小明显缩小。

```
./memhog 2048M

hogging 2048 MB: 20 40 60 80 100 120 140 160 180 200 220 240 260 280 300 320 340 360
380 400 420 440 460 480 500 520 540 560 580 600 620 640 660 680 700 720 740 760 780
800 820 840 860 880 900 920 940 960 980 1000 1020 1040 1060 1080 1100 1120 1140 1160
1180 1200 1220 1240 1260 1280 1300 1320 1340 1360 1380 1400 1420 1440 1460 1480 1500
1520 1540 1560 1580 1600 1620 1640 1660 1680 1700 1720 1740 1760 1780 1800 1820 1840
1860 1880 1900 1920 1940 1960 1980 2000 2020 2040 2048
```

交换（swap）使用反映了相同的想法，除了它是指系统上启用的交换机制。再次，像所有其他领域一样，你必须在你的情况或问题的上下文中分析信息。例如，主机上可能存在大量可用内存，但是你的系统可能使用了 swap，这可能会导致性能下降，或至少导致与系统使用有关的问题。

这是因为交换策略取决于交换比例，定义在虚拟内存子系统中，在 / proc 伪文件系统下。的确，top 命令从 /proc 树收集其信息。之前提到内存使用情况，我们也可以通过将内存信息打印到标准输出中来获得。我们将在后面的章节中讨论这一点。

```
cat /proc/meminfo

MemTotal:         264513316 kB

MemFree:           88054636 kB

Buffers:            3317516 kB

Cached:           140361040 kB

SwapCached:           89780 kB

Active:            89350280 kB

Inactive:          79493680 kB

Active(anon):      24224412 kB

Inactive(anon):      941268 kB
```

```
Active(file):     65125868 kB

Inactive(file):   78552412 kB

Unevictable:             0 kB

Mlocked:                 0 kB

SwapTotal:       468818428 kB

SwapFree:        467254004 kB

Dirty:              473948 kB

...
```

top 锁定进程的默认显示包含其他有用的信息，包括任务运行的用户名、优先级、nice 值、请求的内存分配、实际使用情况、共享内存、进程状态、CPU 百分比、总可用物理内存的百分比、CPU 时间和简短的命令行。在交互模式下工作时，可以使用 -f 开关来更改这些字段，如图 3.1 所示。

```
Current Fields:  AEHIOQTWKNMbcdfgjplrsuvyz{|X  for window 1:Def
Toggle fields via field letter, type any other key to return

* A: PID        = Process Id                    0x00000002  PF_STARTING
* E: USER       = User Name                     0x00000004  PF_EXITING
* H: PR         = Priority                      0x00000040  PF_FORKNOEXEC
* I: NI         = Nice value                    0x00000100  PF_SUPERPRIV
* O: VIRT       = Virtual Image (kb)            0x00000200  PF_DUMPCORE
* Q: RES        = Resident size (kb)            0x00000400  PF_SIGNALED
* T: SHR        = Shared Mem size (kb)          0x00000800  PF_MEMALLOC
* W: S          = Process Status                0x00002000  PF_FREE_PAGES (2.5)
* K: %CPU       = CPU usage                     0x00008000  debug flag (2.5)
* N: %MEM       = Memory usage (RES)            0x00024000  special threads (2.5)
* M: TIME+      = CPU Time, hundredths          0x001D0000  special states (2.5)
  b: PPID       = Parent Process Pid            0x00100000  PF_USEDFPU (thru 2.4)
  c: RUSER      = Real user name
  d: UID        = User Id
  f: GROUP      = Group Name
  g: TTY        = Controlling Tty
  j: P          = Last used cpu (SMP)
  p: SWAP       = Swapped size (kb)
  l: TIME       = CPU Time
  r: CODE       = Code size (kb)
  s: DATA       = Data+Stack size (kb)
  u: nFLT       = Page Fault count
  v: nDRT       = Dirty Pages count
  y: WCHAN      = Sleeping in Function
  z: Flags      = Task Flags <sched.h>
  {: Badness    = oom_score (badness)
  |: Adj        = oom_adjustment (2^X)
* X: COMMAND    = Command name/line

Flags field:
  0x00000001  PF_ALIGNWARN
```

图 3.1 top 命令字段

一目了然，显示的列表可以指出潜在的问题或瓶颈。你可能会看到某些进程可能使用太多的内存或 CPU，找到似乎陷入循环而没有任何进展的进程、不正常的运行时间和其他异常情况，这可能进一步指导你的研究。对 top 输出的粗略检查可以帮助你缩小问题，然后你可以使用 ps 命令进行探索。

top 命令带有几个有用的切换和快捷方式：

- ❑ -b：在批处理模式下运行 top。
- ❑ -d：更改刷新延迟（默认为 3 秒）。
- ❑ -u：只显示匹配给定的 UID 或用户名的进程。
- ❑ -p：监控最多 20 个进程、以逗号分隔的一个列表。如果你怀疑某些进程是系统问题的元凶，这可能非常有用。
- ❑ -r：以匹配的 PID 重调进程的优先级。正的值将降低进程优先级。某些负值只能由根进程使用，标准用户不能重调那些属于其他用户的进程。
- ❑ -k：以匹配的 PID 杀死进程。默认情况下，使用 SIGTERM。
- ❑ -q：退出。

总结区域命令也非常有用。它们影响信息的显示方式，可以帮助你过滤或排序数据。例如，“t”将根据任务状态显示进程，“m”将根据内存和交换使用情况以自顶向下的方式显示它们，“1”将切换 CPU 信息以单行显示所有内核，或单独显示。有时，根据进程的数量和控制台屏幕的大小，可能无法显示单个内核（例如 cpu0、cpu1 等），你将不得不使用单个视图代之。

top 每隔几秒刷新一次视图，并将显示限制在前几位命中的，与 top 不同的是，基于所应用的过滤器，ps 命令将在单个视图中转储系统上所有正在运行进程的快照。

ps 命令非常有趣，因为它接受了几个符号系统中的选项，包括 BSD、UNIX 和 GNU，它们分别以无前缀、以单个破折号作为前缀、以两个破折号为前缀来区分。Ps 的用法很简单。例如，只是为了显示系统上的每个进程：

```
ps -ef
```

或者，可以使用 BSD 语法：

```
ps aux
```

值得注意的选项包括如下：

- ❑ -e| -A：显示所有进程（一切）。
- ❑ -u|--user：只显示属于列举 UID 的任务。
- ❑ -p|--pid：通过其标识符（PID）选择特定的进程。

- -ppid：通过父进程选择。
- -o：用户指定的格式，以空格或逗号分隔值。以下命令“ps -eo pid，tid，class，rtprio，ni，pri，psr，pcpu，stat，wchan：14，comm”将返回：

```
ps -eo pid,tid,class,rtprio,ni,pri,psr,pcpu,stat,wchan:14,comm
PID   TID CLS RTPRIO  NI PRI PSR %CPU STAT WCHAN          COMMAND
  1     1 TS       -   0  19  23  0.0 Ss   ?              init
  2     2 TS       -   0  19  36  0.0 S    kthreadd       kthreadd
  3     3 TS       -   0  19   0  0.0 S    run_ksoftirqd  ksoftirqd/0
  5     5 TS       -   0  19   8  0.0 S    worker_thread  kworker/u:0
  6     6 FF      99   - 139   0  0.0 S    cpu_stopper_th migration/0
  7     7 FF      99   - 139   0  0.0 S    watchdog       watchdog/0
  8     8 FF      99   - 139   1  0.0 S    cpu_stopper_th migration/1
 10    10 TS       -   0  19   1  0.0 S    run_ksoftirqd  ksoftirqd/1
 12    12 FF      99   - 139   1  0.0 S    watchdog       watchdog/1
 13    13 FF      99   - 139   2  0.0 S    cpu_stopper_th migration/2
...
```

输出包含按PID升序排序的进程列表。第二列包含线程ID，也称为轻量级进程（LWP）。在这种情况下，Rtprio是指实时优先级。NI列表示该进程的静态优先级，而PRI列报告动态优先级。PSR是任务当前分配的处理器号。我们还可以获得CPU使用率的百分比和任务状态。WCHAN指的是进程正在等待的最后一个内核函数（等待通道），输出设置为14个字符。例如，当调试进程似乎被卡住或停滞的时候，这可能是有用的。最后，我们有task命令。

BSD语法也很有用。默认视图提供与UNIX输出非常相似的信息，但有一些有趣的差异。列VSZ和RSS报告虚拟内存大小和驻留集大小，类似于top命令。STAT列为每个显示的PID展示多字符的进程状态。可用状态列表相当广泛。例如，“s”是指部门主管，“N”用于优先级较低的进程（N），“1”表示进程是多线程的，等等。

START显示指令启动的时间，只有过去一年中启动的进程才显示年份信息。COMMAND字段显示进程命令行，直到打印缓冲区的最大宽度，通常是标准输出。内核线程标记为方括号，它们的内存和CPU使用率将为零。

```
ps aux
USER       PID %CPU %MEM    VSZ   RSS TTY      STAT START   TIME COMMAND
root         1  0.0  0.0  10540   112 ?        Ss    2014   6:51 init [3]
root         2  0.0  0.0      0     0 ?        S     2014   0:28 [kthreadd]
root         3  0.0  0.0      0     0 ?        S     2014 156:02 [ksoftirqd/0]
root         5  0.0  0.0      0     0 ?        S     2014   0:14 [kworker/u:0]
root         6  0.0  0.0      0     0 ?        S     2014 263:50 [migration/0]
...
root      2161  0.3  0.0      0     0 ?        S    01:01   1:44 [kworker/10:1]
igor      2368  0.0  0.0   4612  2396 ?        SN   09:04   0:00 /nfs/process.bin
igor      2787  0.0  0.0   4616  2400 ?        SN   09:25   0:00 /nfs/process.bin
root      5226  0.0  0.0      0     0 ?        S     2014  15:29 [kworker/28:1]
root      5289  0.0  0.0   4004   184 ?        Ss    2014   0:00 /sbin/acpid
100       5302  0.0  0.0  47944  6396 ?        Ss    2014   0:59 /bin/dbus-daemon
...
```

关于 ps 命令应该会告诉你哪些有关系统的行为，并没有什么硬性和快速的规则。必须始终在可能的问题或你正在分析的症状的上下文中获取信息。有时，非常高的内存使用可能是可以接受的，而其他时候，它将成为你的问题根源。这同样适用于 CPU 利用率、进程状态和其他参数。

在研究开始时，对于异常情况你应该查看 top 和 ps 输出，然后缩小搜索范围。此外，这些命令有可能不会给你所需的线索，你将不得不扩展你的工作。

系统日志

故障排除的下一个逻辑步骤是，检查和读取系统日志。有许多可用的日志类型、格式和文件名，其中一些是系统范围的，一些是进程特定的。日志的默认位置在 /var/log 下，你可能需要 root 权限才能检查其中的一些。其他的可能是全局可读的。某些应用程序可能将自己的文件存储在 /var 分区外的自定义位置，或者可能需要手动启用日志记录。标准系统日志通常是 /var/log/messages 或 /var/log/syslog。

使用系统日志是一把双刃剑。一方面，你可能会发现系统出现问题的指示。另一方面，你可能会发现与你所面临的问题无关的潜在错误的实例。此外，一些条目或许会出现类似错误，但它们可能会产生误导，并且可能会分散你对实际研究的注意力。

不要为了找什么而看日志，这是很重要的。通常情况下，消息中会出现错误，且其时间戳有时与环境问题几乎相关。然而，这并不一定意味着两者确实有联系，你应该避免只是基于对日志的匆匆一瞥而做出任何仓促的假设。

你的研究流程应该是证据驱动的。你应该假设基于初始数据的理论，扩展检查以创建额外的理解维度，提出解决方案，然后测试你的想法是否正确。这意味着，只有在你有一个坚定的想法，知道要查找什么后，才应该查看日志。我们来看看两个不同的日志部分。

```
Sep  9 22:28:21 test01 automount[3619]: attempting to mount entry /nfs/disks/checks

Sep  9 22:28:21 test01 automount[3619]: attempting to mount entry /nfs/disks/sh

Sep  9 22:28:21 test01 automount[3619]: lookup(program): lookup for sh failed

Sep  9 22:28:21 test01 automount[3619]: failed to mount /nfs/disks/sh

Sep  9 22:28:21 test01 automount[3619]: mounted /nfs/disks/checks
```

上述消息摘录显示 NFS 磁盘的自动查找失败。假设这个问题发生的同一时间，你的一个客户报告说他们的共享工作区域访问速度很慢。

此刻，在匆忙、绝望和混乱的瞬间，你可能会认为自动挂载服务有问题，它们在某种程度上相关。毕竟，你的环境配置了 NFS 和 autofs 访问。但请记住，研究应该是数据驱动的。客户工作区与显示错误的区域是位于相同的磁盘上吗？更重要的是，查找错误是什么意思？可以与你客户所报告的相关联吗？例如，慢访问意味着可能的性能问题、网络延迟或其中某个客户的工具或实用程序的内部问题，而查找失败表明相关路径可能没有 autofs 映射条目，这将导致根本无法访问，该区域将安装不上。它可能指向一个完全不同的问题，但不是你最初尝试解决的问题。

第二个例子更有意义。假设你在浏览日志时遇到它，而在服务器端没有任何明确的问题的指示。你在位于 SAN 存储上的虚拟机上看到此消息。列出的设备（power2）对应于 SAN 存储卷。

```
Dec 25 11:49:16 srv04 kernel: [664932.553083] EXT3-fs error (device power2):
ext3_lookup: deleted inode referenced: 147457

Dec 25 11:49:16 srv04 kernel: [664932.560319] EXT3-fs error (device power2):
ext3_lookup: deleted inode referenced: 147457
```

该消息似乎并不无辜，因为它表示文件系统的真正问题，这可能是严重的硬件错误的结果。你的所有监控都没有提示，这意味着你不应该投入任何精力来解决这个问题。

半小时后，你接到来自第一级支持的电话，通知你一个数据库掉线了，该数据库运行在特定服务器上并有表存储在 SAN 设备上，几乎同时 EXT3 -fs 错误消息开始出现。突然之间，条目变得有意义，你知道该怎么做，但是如果你能早点回应，那么你可能已经能够防止损坏或停机。

这个例子违反数据驱动研究的基本原则，因为遇到数据时没有研究，但它与大系统问题有明显的关系。在这种情况下，解决方案是改进监控设施，而不是改变解决问题的方法。事实上，每当你遇到工作差距的时候，你应该检查你的态势感知堆栈，并进行更改，以便更早获得有意义的数据，如果可能的话，在比目前监控和检查层面更低的水平上找出问题。

如果默认视图提供不了任何有用的信息，并且你确定可能有某个运行的服务存在问题，你可能需要考虑简单地增加输出的详细程度。

一般来说，你可能不想更改服务器上的日志记录策略。但是，你可以更改服务将其信息报告给系统日志的方式。使用 NFS 作为示例，如果你正在排查似乎与网络存储相关的问题，那么你可以暂时提升 NFS 服务或客户端的调试级别，收集额外信息，然后再将值还原到其原始状态。例如：

```
echo 32767 > /proc/sys/sunrpc/nfs_debug

echo 32767 > /proc/sys/sunrpc/nfs_debug
```

在 /proc 下工作并立即对系统行为进行更改，是用来尝试隔离问题的一种非常有用的方法，也是可以提高性能和稳定性的测试场景。我们将在下一章讨论。

另一个有用的日志是 /var/log/kernellog。该文件包含重新启动后内核打印的消息，与 dmesg 命令提供的数据相当，只是有一个显著的例外：你还可以获得时间戳，这在关联问题时非常有用。

内核消息比系统日志更加隐秘，可能会产生误导。一些打印的信息可能没有什么意义，你应该避免尝试破译它，除非你正在处理一个问题。

```
Jun 22 14:26:17 appsrv5 kernel: ACPI: Power Button (FF) [PWRF]

Jun 22 14:26:17 appsrv5 kernel: No dock devices found.

Jun 22 14:26:17 appsrv5 kernel: bnx2x: eth0: using MSI-X  IRQs: sp 130  fp 138

Jun 22 14:26:17 appsrv5 kernel: JBD: barrier-based sync failed on /dev/sda5 -
disabling barriers
```

同样，程序可能会崩溃，并且实例可能会在内核日志中注册。这在尝试分析应用程序问题时很有用。我们会稍后再考察一下。

```
Nov 27 16:41:04 appsrv5 kernel: tcsh[23566] trap divide error rip:424b4e
rsp:7fffffcb160 error:0

...

Dec  7 14:06:32 appsrv5 kernel: node[17387] trap divide error rip:2aaaaaab382f
rsp:7fffffffdec0 error:0
```

有时，对于环境相关的警报和问题报告，这些信息将是有价值的和高度相关的。例如，网络中断在内核日志中显而易见，因为服务器正在努力尝试与多台服务器建立连接。随后，问题解决了。问题的实际表现可能是客户对无响应应用程序的投诉，可能是缓慢等等。

```
Sep  7 05:09:27 vnc4 kernel: nfs: server nfs5b not responding, still trying

Sep  7 05:09:27 vnc4 kernel: nfs: server 10.184.132.151 not responding, still trying

Sep  7 05:09:27 vnc4 kernel: nfs: server 10.184.132.115 not responding, still trying

Sep  7 05:12:35 vnc4 kernel: nfs: server nfs44c OK

Sep  7 05:12:36 vnc4 kernel: nfs: server 10.184.132.151 OK

Sep  7 05:12:36 vnc4 kernel: nfs: server 10.184.132.115 OK
```

你可能还对系统在启动顺序中提供的数据以及之前启动的数据感兴趣。在某些发行版中，信息将分别包含在 boot.msg 和 boot.omsg 中。

其他有用的日志包括 cron、cups、audits、mail 和 samba。其中一些可能不存在于你的系统中，其他可能必须配置为正常工作。此外，如果你的系统设置为日志轮换，则一些较旧的日志会保留为压缩文件。它们可用于比较主要变化之前和之后的系统行为，有时在长时间的研究中可能需要跨越几周的时间。

进程记账

解决 Linux 问题可能并不总是实时有效的，你将需要稍后再分析数据。进程计数是缩小研究的方法之一。例如，如果服务器使用系统的 reboot 命令突然重新启动，那么你将无法在发生问题的情况下检查该问题，但重新启动后的检查一定是有必要的。

如果内核构建时使用进程计数选项，则可以启动进程计数。使用该机制，内核将在系统上的每个进程终止时将记录写入计数日志文件。此记录包含有关终止进程的信息，包括用户和系统 CPU 时间，平均内存使用情况，用户和组 ID，命令名称和其他数据类型。

默认情况下，进程计数写入 /var/account/pacct。路径可能不同，文件可能位于 /var/log 甚至是 /var/adm 下。如果未启用，可以使用 /usr/sbin/accton 打开进程计数。计数文件是二进制的，因此你需要使用转储实用程序（dump-acct）将其转换为可读的格式。

```
dump-acct /var/account/pacct > /tmp/human-readable-acct-log.log
```

也可以使用 lastcomm 和 sa 命令显示计数文件的输出。该服务也可以使用 init 脚本启动（通常命名为 acct 或 psacct）。默认输出包括以下数据：

```
cut     |  0.0|  0.0|  0.0|    0|    0|2692.0|  0.0|Mon Feb  2 06:00:02 2015
sh      |  0.0|  0.0|  0.0|    0|    0|8040.0|  0.0|Mon Feb  2 06:00:02 2015
iostat  |  0.0|  0.0|500.0|    0|    0|2696.0|  0.0|Mon Feb  2 05:59:57 2015
sh      |  0.0|  0.0|500.0|    0|    0|8040.0|  0.0|Mon Feb  2 05:59:57 2015
pstree  | 21.0| 10.0| 31.0|    0|    0|5656.0|  0.0|Mon Feb  2 06:00:03 2015
grep    |  0.0|  0.0| 31.0|    0|    0|2804.0|  0.0|Mon Feb  2 06:00:03 2015
sh      |  0.0|  0.0| 31.0|    0|    0|8040.0|  0.0|Mon Feb  2 06:00:03 2015
status  |  7.0|  0.0|987.0|10720| 2222|4680.0|  0.0|Mon Feb  2 05:59:54 2015
...
```

第一个字段是命令名。用户时间和系统时间分别是第二和第三列，之后是有效时间。接下来的字段是 UID 和 GID，你可以看到一些进程是由 root 执行的，而其他进程由普通用户执行。之后，检查命令执行的模式。

检查命令执行的模式

我们现在可以重新审视早期的重启事件。想象或者回忆，一个重要的客户服务器在没有提早协调的情况下重新启动的情况。你可能想要了解它是如何做的，以及谁可能执行了命令。

```
all     |  0.0|  0.0|  0.0|    0|    0|4288.0|  0.0|Tue Feb  3 11:16:50 2015
sleep   |  0.0|  0.0|100.0|    0|    0|4292.0|  0.0|Tue Feb  3 11:16:50 2015
reboot  |  0.0|  0.0|230.0|    0|    0|9592.0|  0.0|Tue Feb  3 11:16:49 2015
ps      |  1.0|  0.0|  1.0|    0|    0|4736.0|  0.0|Tue Feb  3 11:16:51 2015
grep    |  0.0|  0.0|  1.0|    0|    0|4540.0|  0.0|Tue Feb  3 11:16:51 2015
awk     |  0.0|  0.0|  1.0|    0|    0|9208.0|  0.0|Tue Feb  3 11:16:51 2015
```

```
kill     |   0.0|   0.0|   0.0|     0|     0|4292.0|   0.0|Tue Feb  3 11:16:51 2015
xargs    |   0.0|   0.0|   2.0|     0|     0|4572.0|   0.0|Tue Feb  3 11:16:51 2015
umount   |   0.0|   0.0|   0.0|     0|     0|7432.0|   0.0|Tue Feb  3 11:16:51 2015
ypwhich  |   0.0|   0.0|   0.0|     0|     0|9456.0|   0.0|Tue Feb  3 11:16:55 2015
sleep    |   0.0|   0.0|1000.0|     0|     0|4292.0|   0.0|Tue Feb  3 11:16:51 2015
shutdown |   0.0|   0.0|   0.0|     0|     0|4008.0|   0.0|Tue Feb  3 11:17:01 2015
```

与问题表现相关

现在你已经有了 reboot 命令发出的确切时间，我们可以回到分析系统日志。目前，我们不知道重新启动是一个交互式命令，还是计划好的运行脚本的 cron 作业的一部分。实际上，浏览服务器日志，我们发现一个用户的可疑的 SSH 登录，就在重新启动之前，该用户具有运行 sudo 的权限。组合我们所拥有的数据，最终证明了该命令确实是以交互方式执行的。

```
Feb 3 11:15:51 test003 sshd2[7216]: info category(Server.Auth)  Accepted gssapi-
with-mic for roger from 10.77.190.239 port 41870 ssh2
```

避免快速的结论

系统日志中可用的丰富信息以及各种警告和错误的存在可能会引起误导。只要查看一些信息，即使它们与当前的问题没有严格的关系，就会很容易地决定存在问题。此外，我们本能地寻求周围的模式和异常，而对日志中大量的硬件和软件事件的不熟悉会使我们走错路。

统计作为辅助

使用 ps 和 top 进行初步分析并在系统日志中初步检查信息后，我们可能需要扩展研究。有几个非常有用的工具可以帮助我们缩小问题的范围。我们来看看吧。

vmstat

vmstat（vmstat（8），n.d.）报告有关进程、内存、分页、块 I/O 活动、陷阱和 CPU 使用情况的信息。如果在没有任何参数的情况下执行，则命令将打印一行平均值，这些平均值是自上次重新启动以来所收集参数的平均。该工具也可以按指定次数重复运行，在每次迭代之间带有延迟。例如：

```
vmstat 1 10

procs-----------memory---------- ---swap-- -----io---- -system-- -----cpu------

 r  b   swpd   free   buff  cache   si   so    bi    bo   in   cs us sy id wa st

 8  2 15979116 135282296 968864 66456440 12    9   28  174    0     0 56  2 37  5  0

11  1 15979116 135256640 968868 66456488  0    0    0   40 5879 6093 22  1 74  3  0

 8  2 15979116 135368648 968868 66457004  0    0    0    0 6658 6718 23  1 73  3  0

 8  2 15979116 135306968 968868 66457368  0    0    0   56 4901 4706 20  0 76  4  0

10  2 15979116 135031876 968872 66458624  0    0    0  608 5784 5842 23  1 73  4  0

10  2 15979116 134842708 968884 66471248  0    0    0  704 6263 5818 27  1 68  4  0

10  2 15979116 134891684 968884 66460372  0    0    0   41 5730 6135 23  1 71  5  0

12  1 15979116 135298052 968936 66463540  0    0    0    0 6253 6721 24  1 72  3  0

 9  1 15979116 135262432 969036 66464244 32    0   32   60 6096 6156 23  0 74  3  0

10  1 15979116 135172072 969144 66465208  0    0    0    8 5613 6283 24  1 72  2  0
```

输出中的前两列分别报告运行和不间断睡眠（阻塞）状态中的进程数。在尝试了解系统是否存在瓶颈方面，这些信息非常有用。理想情况下，几乎没有被阻塞的进程。大的数字可能表示网络或存储延迟，但应与其他指标和工具相关。

内存输出包括使用的虚拟内存量、空闲内存、缓冲区和缓存。使用 -a 开关还将显示活动和非活动内存量。两个交换列显示当前每秒从磁盘交换进和交换出的字节数。当排除内存使用问题以及交互式使用系统的响应能力时，这些值很有用。

I/O 活动报告块发送和接收所有那些连接到系统的块设备。它显示总量并且不区分不同的设备，因此，如果你需要额外的粒度，则需要使用 -d 开关。

系统活动包括每秒的中断数（in）和上下文切换数量（cs）。在排除性能和响应性问题的情况下，这两个值会非常有用，但它们需要对运行任务的性质和行为进行合适的理解。

CPU 列报告与运行 top 命令时所看到的指标非常相似的信息。现在，你应该开始拼凑不同的信息向量。例如，大量的阻塞进程与 %wa 值的增加相关。同样，大量中断通常表示磁盘活动，你可能会看到用户 CPU 下降，%sy 和 %wa 数字增加。这在尝试调试系统问题时可能会有帮助。

```
vmstat 1 10

procs-----------memory---------- ---swap-- -----io---- -system-- -----cpu------

 r  b   swpd   free   buff  cache   si   so    bi    bo   in   cs us sy id wa st
```

```
 9  2 15976360 144705656 978816 66545680 12  9  28    173    0    0 56  2 37  5  0
10  2 15976360 144776532 978816 66546536  0  0  0     16 4507 4157 24  1 73  3  0
 8  4 15976360 144537052 978816 66548160  0  0  0 293083 9000 7473 24  4 64  8  0
 9  3 15976360 145010676 978816 66548916  0  0  0  54892 6116 5732 20  1 73  7  0
 8  2 15976360 144890588 978816 66548944  0  0  0     32 4950 4003 21  0 76  3  0
...
```

通常，你无法将 vmstat 输出中的任何单个度量指标作为问题的关键指标，但汇总信息中的整体行为趋势往往会缩小搜索范围。

iostat

与 vmstat 非常相似的工具是 iostat（iostat（1），n.d.)，用于监视系统 I/O 设备负载。与 vmstat 很像，它可以在没有任何开关的情况下执行，也可以使用可选标志来扩展输出，以及更改运行次数和它们之间的延迟。除了它的名称暗示的功能，iostat 也（以与 top 命令非常相似的方式）报告 CPU 统计信息，该信息在头部列出的块设备之上。CPU 统计信息是所有处理器的平均。

iostat 的两个最有用的开关是，用于 NFS 文件系统的 -n 和允许显示扩展信息的 -x。其他选项包括分别用于 CPU 的 -c 和设备利用率报告的 -d，-h 用于在使用 -n 标志时的可读输出 -z 可以通过省略在当前实例中没有活动的空闲设备来减少打印数据的冗余信息。

```
iostat -x 1 2
Linux 3.0.51-default (bhost442)    02/05/2015      _x86_64_


avg-cpu:  %user   %nice %system %iowait  %steal   %idle
           0.65   55.16    1.81    5.30    0.00   37.07


Device:   rrqm/s   wrqm/s     r/s     w/s   rsec/s   wsec/s avgrq-sz avgqu-sz
           await   svctm   %util
sda         3.23  1608.65   10.78   43.39  1288.41 13200.29   267.47     1.84
           33.86     1.13    6.10
sdb         1.08    21.26  118.73   63.33   958.49   690.47     9.06     0.16
            0.86     0.04    0.72
```

```
avg-cpu:  %user   %nice %system %iowait  %steal   %idle
           0.38   12.62    0.55    4.95    0.00   81.50

Device:  rrqm/s  wrqm/s    r/s     w/s   rsec/s   wsec/s avgrq-sz avgqu-sz
          await   svctm  %util
sda        0.00    0.00   0.00    0.00    0.00     0.00     0.00     0.00
           0.00    0.00   0.00
sdb        0.00    0.00   0.00    0.00    0.00     0.00     0.00     0.00
           0.00    0.00   0.00
```

输出中有很多信息可用。让我们简要介绍一下显示的列及其含义：

- rrqm/s：每秒排队到设备的读取请求的数目。
- wrqm/s：每秒排队到设备的写请求的数目。
- r/s：每秒共向设备发出的读取请求的数量。
- w/s：每秒共向设备发出的写入请求的数量。
- rsec/s：每秒从设备读取的扇区数。
- wsec/s：每秒写入设备的扇区数。
- avgrq-sz：向设备发出的请求的平均大小（扇区）。
- avgqu-sz：向设备发出的请求的平均排队长度。
- await：发出给设备待服务的 I/O 请求的平均时间（以毫秒为单位）。这包括请求在队列中花费的时间以及为维护请求所花费的时间。
- svctm：发出到设备的 I/O 请求的平均服务时间（以毫秒为单位）。该指标不推荐使用，可能不会显示在系统的输出中。总的来说，平均等待时间足以考虑在什么时候尝试对块设备的工作负载做评估。
- %util：此指标报告在发出 I/O 请求到设备过程中 CPU 时间的百分比。在某种程度上，它是设备的带宽利用率，较高的值可能表示设备饱和。

在上面提供的示例中，我们可以看到，sda 和 sdb 的当前磁盘利用率为零，而自上次重启以来，这两个资源都有一些使用，如第一次报告的摘要所示。现在，我们来看一下另外一种报告。

你的一个客户抱怨说，通常用于交互式工作的一个系统变慢了，程序有些迟钝。实际上，即使在 SSH 登录到服务器时，你也会注意到登录提示返回所需的时间存在显著的延迟。top 命令不会返回明确的结果。%wa 值很低，但是 %sy 值有些高。1 分钟的负载也上升了。不过，信息并不是决定性的。然而，它确实指出了客户提到的潜在的响应性问题。

```
top - 11:52:12 up 5 days, 32 min,  2 users,  load average: 4.12, 0.99, 0.36
Tasks: 193 total,   4 running, 189 sleeping,   0 stopped,   0 zombie
Cpu(s):  0.3%us, 15.4%sy,  0.0%ni, 84.2%id,  0.0%wa,  0.0%hi,  0.0%si,  0.0%st
Mem:     64393M total,     5174M used,    59219M free,      506M buffers
Swap:    65538M total,        0M used,    65538M free,     3801M cached

  PID USER      PR  NI  VIRT  RES  SHR S  %CPU %MEM    TIME+  COMMAND
27391 igor      20   0  8604  632  524 R    34  0.0   0:09.73 dd
27397 igor      20   0  8604  632  524 D    25  0.0   0:05.30 dd
27401 igor      20   0  8604  632  524 D    24  0.0   0:05.29 dd
27400 igor      20   0  8604  632  524 D    24  0.0   0:04.98 dd
27394 igor      20   0  8604  632  524 D    23  0.0   0:06.18 dd
27403 igor      20   0  8604  632  524 D    22  0.0   0:04.77 dd
27396 igor      20   0  8604  632  524 D    22  0.0   0:05.39 dd
27399 igor      20   0  8604  632  524 D    22  0.0   0:05.15 dd
27402 igor      20   0  8604  632  524 D    21  0.0   0:05.20 dd
27393 igor      20   0  8604  632  524 R    19  0.0   0:06.20 dd
27395 igor      20   0  8604  632  524 R    17  0.0   0:05.47 dd
27398 igor      20   0  8604  632  524 D    17  0.0   0:05.23 dd
  153 root      20   0     0    0    0 S     1  0.0   0:30.74 kworker/2:1
  162 root      20   0     0    0    0 S     1  0.0   0:32.79 kworker/3:1
...
```

现在，如果你是有经验的系统管理员，你可以立即指向12个正在运行的dd命令实例，但是让我们假设这些只是用户编译的程序。实际上，如果这12个进程被称为igor.bin，你可能无法立即确定，它们是否是应该在交互式系统上运行的合法任务。

在这种情况下，初步检查和系统日志在缩小搜索范围方面没有帮助。但是，如果运行iostat命令，你可能会找到一些有趣的指针。虽然两个数据快照并不在完全相同的时刻相关，但是在几秒钟内的整体行为就非常具有指示性。

```
avg-cpu:  %user   %nice %system %iowait  %steal   %idle
           0.32    0.00   17.85    8.09    0.00   73.74

Device:  rrqm/s   wrqm/s     r/s     w/s   rsec/s   wsec/s avgrq-sz avgqu-sz
          await  svctm  %util
sdb        0.00     0.00    0.00    0.00     0.00     0.00     0.00     0.00
           0.00   0.00   0.00
sdc        0.00     0.00    0.00    0.00     0.00     0.00     0.00     0.00
           0.00   0.00   0.00
sda        0.00 23559.00    0.00  248.00     0.00 91728.00   974.71   150.08
         620.50   4.03 100.00

avg-cpu:  %user   %nice %system %iowait  %steal   %idle
           0.32    0.00   17.49    8.20    0.00   73.99

Device:  rrqm/s   wrqm/s     r/s     w/s   rsec/s   wsec/s avgrq-sz avgqu-sz
          await  svctm  %util
sdb        0.00     0.00    0.00    0.00     0.00     0.00     0.00     0.00
           0.00   0.00   0.00
sdc        0.00     0.00    0.00    0.00     0.00     0.00     0.00     0.00
           0.00   0.00   0.00
sda        0.00 25865.00    0.00  423.00     0.00 93872.00   529.25   154.43
         418.95   2.36 100.00
```

系统 CPU 使用率非常高。iowait 值不可忽略，但是对于繁忙机器上的网络或磁盘相关活动，它们也不是非典型值。尽管如此，如果在 iostat 报告中查看其他一些指标，我们可以看到，由于磁盘访问，我们确实面临严重的缓慢。处理请求在 sda 设备上的平均待机时间为 500 毫秒。通常情况下，磁盘操作最多只是个位数的低值，所以或者是我们的硬盘非常慢，无法应付工作负载，或者是工作负载极其重。此外，还有一个行为的等待时间限制，为此大多数用户将会遇到用户响应速度下降，这个所谓的 Doherty 阈值大约为 400 毫秒（Doherty，1982），并且这里适用，以解释用户报告。而且，sda 设备利用率为 100%，这意味着磁盘已达到最大吞吐量，并且不会正常处理其他请求。所有的组合信息与报告的问题一致。

尽管你可以将 I/O 活动与 top 命令中的进程相关联，但这并不能完全帮助你隔离问题。我们现在将研究另一个可以帮助我们解决故障的系统工具。

系统活动报告（SAR）

SAR（sar（1），nd）通常也拼写为 sar，是一种多用途的系统监控工具，可以收集、分析和报告整个系统范围的负载情况，包括 CPU、内存分页、网络和存储利用率、文件系统使用，以及更多的信息。该工具附带几个实用程序：

- sar 收集和显示系统活动的统计数据。该命令以与 vmstat 和 iostat 非常相似的方式从命令行运行。输出可以被重定向到一个文件，或者它可以写入一个二进制文件。后一种方法的优点在于，所有的指标都将被记录，用户和系统管理员可以检查和关联所有这些指标，而简单的重定向将仅捕获当前的收集视图。
- sadc（sadc（8），n.d.）代表系统活动数据收集器，它是 SAR 使用的后端工具。
- sa1 是从 cron 运行的程序。它将 sadc 收集的系统活动存储到二进制日志中。
- sa2 也是一种以定期运行方式工作的工具，它创建每日摘要，摘要中包含收集的统计数据。它可以在更长的时间内产生环境趋势和监视各种服务器的行为，通常在问题解决之后，或者以预防的方式来避免可能的瓶颈、资源争夺和饿死，以及类似的问题。
- sadf 是一个辅助工具，可用于将二进制数据报告转换为 CSV、XML 或其他格式的可读文件，然后可以以各种方式解析，用于生成图形等。

一般来说，只需使用 sar 命令即可收集所有必需的数据，但是你需要调整日志记录和编号以创建统计信息所需的历史记录。例如，sa1 实用程序写入 /var/log/sa/saXX 文件，每天轮换。如果要使用 sa2 创建必要的报告，则可能需要手动创建和枚举日志。

SAR 具有许多收集模式，可以仅用于过滤信息的特定子集。可以在二进制日志或交互式地在命令行上调用标志，例如，使用 -u 标志（CPU 活动，所有处理器）：

```
sar -u 1 5

Linux 2.6.18-smp (vncserver22)        02/08/2015


12:49:04 PM    CPU    %user    %nice   %system   %iowait    %steal    %idle

12:49:05 PM    all     9.54     0.00      7.88      0.17      0.00    82.41

12:49:06 PM    all    12.03     0.00      8.38      0.00      0.00    79.59
```

```
12:49:07 PM    all    12.37    0.00    5.48    0.41    0.00    81.74
12:49:08 PM    all    12.57    0.00    6.74    1.58    0.00    79.10
12:49:09 PM    all    11.17    0.00    7.67    0.08    0.00    81.08
Average:       all    11.54    0.00    7.23    0.45    0.00    80.78
```

相同的数据可以从日志检索（事先用 -o 标志写入）：

```
sar -u /var/log/sa/mysar.log
```

一些最有用和常见的选项包括如下：

- -A：报告一切。此选项相当于 -bBdqrRSuvwWy -I SUM -I XALL-n ALL -u ALL -P ALL。
- -b：报告 I/O 传输率的统计数据。
- -d：报告每个块设备的活动。实际上，这里显示的信息与 iostat 报告的指标相同。
- -i：设置数据收集的时间间隔。
- -n：报告网络统计信息。
- -P {cpu |ALL} ：对于指定的一个或多个处理器，报告每个处理器的统计数据。指定 ALL 关键字则报告每个单独处理器的统计信息，以及所有处理器的全局统计信息。处理器从 0 开始枚举。
- -q：报告队列长度和平均负载。
- -r：报告内存利用率统计信息。这与 -R 选项不同，-R 选项显示每秒释放、缓冲或缓存的内存页数。负值也是允许的，这种模式对于在操作系统中寻找特定行为模式的人来说，通常很有用。
- -S：报告交换统计信息。作为可选项，-W 将显示每秒交换数据。
- -u：报告 CPU 利用率。
- -w：报告任务生成和系统切换的活动。
- -v：报告 inode、文件和其他内核表的状态。

来看一下我们早期的例子，其中一个用户报告了他们的工作环境中，对于交互式使用服务的响应能力显著缓慢的问题。如果用 sar 分析和收集数据，我们将能够在给定时间内检查相同行为的多个向量。

```
Linux 3.0.51-default (test44)  02/08/2015      _x86_64_

03:30:03 PM    CPU    %user    %nice  %system  %iowait   %steal    %idle
```

```
03:30:04 PM     all     0.00     0.00     0.00     0.06     0.00     99.94
...
03:30:55 PM     all     0.19     0.00    13.80     0.00     0.00     86.01
03:30:56 PM     all     0.32     0.00    14.13     0.00     0.00     85.55
03:30:57 PM     all     0.26     0.00    13.62     0.00     0.00     86.13
03:30:58 PM     all     0.32     0.00    15.86     3.26     0.00     80.56
03:31:01 PM     all     0.19     0.00     8.37     6.22     0.00     85.22
03:31:02 PM     all     1.01     0.00    11.09     9.95     0.00     77.95
```

一旦dd活动开始，系统的CPU利用率就会上升。所有页面开始写入磁盘后，I/O等待值也会上升。这确实与设备利用率相关。为简洁起见，我删除了输出中的rd_sec/s列：

```
Linux 3.0.51-default (test44)  02/08/2015      _x86_64_

03:30:03 PM DEV       tps  wr_sec/s avgrq-sz avgqu-sz    await    svctm    %util
03:30:04 PM sda      3.03    202.02    66.67     0.01     4.00     4.00     1.21
...
03:30:55 PM sda      3.09    379.38   122.67     0.00     0.00     0.00     0.00
03:30:56 PM sda      3.06    277.55    90.67     0.00     0.00     0.00     0.00
03:30:57 PM sda      5.26    412.63    78.40     0.00     0.00     0.00     0.00
03:30:58 PM sda 12181.05 720614.74   141.25   113.13     6.64     0.08   102.74
03:31:01 PM sda    385.98 237654.55  615.71   148.27   378.76     2.65   102.42
03:31:02 PM sda   1456.04 246874.73  169.55   158.40   117.43     0.75   109.89
```

你可能还对内存活动（-r）和交换（-S）感兴趣。来自这些不同视图的综合信息可以说明可能的系统问题。关于这种日志方法真正有用的是数据的原子性以及关联的能力，这在使用多个实用程序时可能并不总是容易的。sar也可以在运行性能基准和优化时使用，因为它可以通过更改而允许非常精细粒度的研究，使得你可以微调系统行为。

结论

系统和环境问题的一级故障排除是，建立起报告的症状与硬件和软件资源的实际行为之间的联系。为此，我们学习了如何使用系统工具和实用程序，比如 ps、top、vmstat、iostat 等，执行初步检查和研究，以及如何读取系统日志并将事件以及错误消息与监视警报相关联。此外，我们还讨论了各种方案展示的细节，以及这些信息在我们的案例中可能有用的地方和方式。我们用一个非常通用的工具比如 sar 来整理初步的工作，这使得我们能够将知识和洞察力结合在一起。

参考文献

Doherty, W.J., 1982. The economic value of rapid time. Retrieved from: <http://www.vm.ibm.com/devpages/jelliott/evrrt.html> (accessed Feb 2015).

Hansen, D., 2009. Drop caches. Retrieved from: <http://linux-mm.org/Drop_Caches> (accessed Feb 2015).

Herber, R.J., 1995. UNIX system V (concepts). Retrieved from: <http://www-cdf.fnal.gov/offline/UNIX_Concepts/concepts.zombies.txt> (accessed Feb 2015).

iostat(1), n.d. Retrieved from: <http://linux.die.net/man/1/iostat> (accessed Feb 2015).

M. Joseph, J.S., 2013. P6R's secure shell public key subsystem. Retrieved from: <http://www.rfc-editor.org/rfc/rfc7076.txt> (accessed Feb 2015).

nice(1), n.d. Retrieved from: <http://linux.die.net/man/1/nice> (accessed Feb 2015).

ps(1), n.d. Retrieved from: <http://linux.die.net/man/1/ps> (accessed Feb 2015).

Reber, A., n.d. *memhog.c*. Retrieved from: <http://lisas.de/~adrian/memhog.c> (accessed Feb 2015).

Richardson, T., 2010. The RFB protocol. Retrieved from: <http://www.realvnc.com/docs/rfb-proto.pdf> (accessed Feb 2015).

Rusling, D.A., 1999. The Linux documentation project. Retrieved from: <http://www.tldp.org/LDP/tlk/kernel/processes.html> (accessed Feb 2015).

sadc(8), n.d. Retrieved from: <http://linux.die.net/man/8/sadc> (accessed Feb 2015).

sar(1), n.d. Retrieved from: <http://linux.die.net/man/1/sar> (accessed Feb 2015).

top(1), n.d. Retrieved from: <http://linux.die.net/man/1/top> (accessed Feb 2015).

Uptime, n.d. Retrieved from: <http://linux.die.net/man/1/uptime> (accessed Feb 2015).

vmstat(8), n.d. Retrieved from: <http://linux.die.net/man/8/vmstat> (accessed Feb 2015).

Wikipedia, n.d. The free encyclopedia. Retrieved from: <http://en.wikipedia.org/wiki/Load_%28computing%29> (accessed Feb 2015).

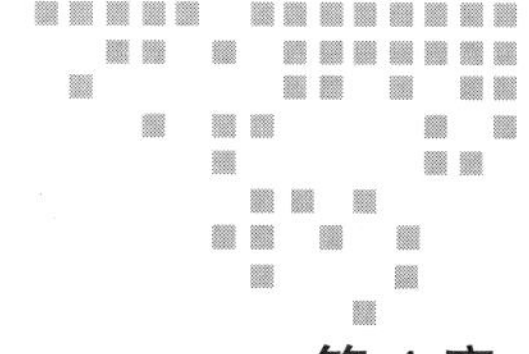

第4章 Chapter 4

深入探讨系统

到现在为止，你可能注意到我们已经多次提到“/proc”这个字眼，如果你过去一定程度上使用过 Linux，你应该熟悉它是什么意思了。proc 是类 UNIX 操作系统中一个特定的文件系统（/proc，n.d.），它以人类可读的分层树形结构来呈现进程信息。在 /proc 目录下挂载完成后，这个文件系统就扮演着接口的角色，连接内核中的内部结构，因此，它对于任何故障诊断都是一个非常有用的和重要的元素。

这种抽象方法有许多的优点。例如，ps 命令可以从 / proc 树直接读取数据，而无需执行系统调用来获取信息。然而，尽管被标记为一个文件系统，/proc 中不允许像使用常规块设备那样的方式使用文件，这就是为什么它有时也被称为伪文件系统。大部分值是只读的，但有些内核变量是可以改变的。

使用 /proc

直接访问内核内部的机制给了高级的管理员、开发人员和工程师以很大的权力和自由度。这允许他们改动正常运行中的系统，而无需重新启动，也不会扰乱正常的工作。这为测试新配置和设置提供了一种理想的方式。例如，如果你在优化系统性能，可以立即改变一些子系统的行为或响应方式。

另一方面，直接访问内核也有其缺点和危险。你有能力去极大地影响操作系统的行为方式，结果或好或坏。举一个不成熟的例子，只是向 / proc 文件系统下的一个对象输出一个“错误”的值，都可能重启主机甚至导致内核崩溃。

proc 在解决系统问题中非常重要。在排查中，如果而且仅当你确定这个问题可能与系统本身的运行有关系时，你可以在 / proc 下进行变化操作证明或反驳这个推断。

将 /proc 跟目前为止已知的其他工具以及用于排除故障的方法做对比，是非常重要的。proc 值并不会直接告诉你是否存在问题，所以你必须通过系统和应用的表征来估量影响。而且，/proc 往往应用在只改变部分而剩余环境保持不变的需求中。你不会操纵正在运行的任务，而你会改变这些任务运行的环境，并且观察发生的变化。

层次

在我们开始改变 /proc 之前，需要先熟悉 /proc 文件系统树。它涉及的变量很多，其中的一些可以改变（可以调谐），重要的是了解这些变量的作用以及它们会如何影响系统。错误的改动不仅会对程序的性能不利，而且还可能影响主机的稳定性，甚至引起内核崩溃。有时候，这个影响在特定的工作负载下看是有利的，但它有可能对当前未运行的其他服务或应用程序产生负面影响。过后查找问题时，你可能还不会将这两起事件联系在一起。

每个进程的变量

对于每一个进程，都有大量的变量存储在 /proc 下。这些信息对于特定应用的故障检查非常有用，而且它们可以让工程师和技术人员更好地理解程序和服务的行为。

- / proc /PID：每个进程的子目录编号，也是进程 ID。每个进程子目录包含一系列有用的伪文件和目录。在调试系统问题时，其中的一些对象和它们的值是非常有价值的。为简单起见，我们省略完整的对象列表，只关注更重要的部分。完整列表可作为操作系统文档的一部分存在，或者在线显示（Seinbold，2009）。
- / proc /PID/ cmdline：此变量包含该进程的完整的命令行，除非进程处于僵尸状态时，该变量才是空的。如果需要一个进程命令行所有的标志、切换和可选字符串，该域可以提供重要信息，这些信息在 top 或 ps 等命令中都不可能获取到。
- /proc /PID/ cwd：某一个进程当前工作目录的符号链接。
- /proc/PID/environ：进程的所有环境变量列表。再者，这对了解任务运行环境很有用，或者用于比较两个集合来查看是否环境里的什么东西发生了变化，从而影响进程性能或行为。
- /proc/PID/exe：执行命令路径名的符号链接。
- /proc/PID/fd：这个子目录包含入口，每个对应于被该进程打开文件的文件句柄有一个入口。默认设置为 0（标准输入）、1（标准输出）和 2（标准错误）。当然还可能存在其他的文件描述符。

```
cd /proc/self/fd/

ll
```

```
total 5
dr-x------ 2 igor igor  0 2015-01-08 14:35 .
dr-xr-xr-x 5 igor igor  0 2015-01-08 14:35 ..
lrwx------ 1 igor igor 64 2015-01-08 15:34 15 -> /dev/pts/635
lrwx------ 1 igor igor 64 2015-02-05 09:31 16 -> /dev/pts/635
lrwx------ 1 igor igor 64 2015-01-08 15:34 17 -> /dev/pts/635
lrwx------ 1 igor igor 64 2015-01-08 15:34 18 -> /dev/pts/635
lrwx------ 1 igor igor 64 2015-01-08 15:34 19 -> /dev/pts/635
```

这些符号链接指向设备和对象。在某些情况下，这些链接可能被破坏，或者可能没有很准确地诠释设备名称。

```
total 7
dr-x------ 2 root root  0 Jan 13 09:50 ./
dr-xr-xr-x 5 root root  0 Jan 13 09:50 ../
lrwx------ 1 root root 64 Jan 13 09:50 0 -> /dev/null
lrwx------ 1 root root 64 Jan 13 12:24 1 -> /dev/null
lrwx------ 1 root root 64 Jan 13 12:24 2 -> /dev/null
lrwx------ 1 root root 64 Jan 13 12:24 3 -> socket:[1717302238]
lrwx------ 1 root root 64 Jan 13 12:24 4 -> /dev/ptmx
lrwx------ 1 root root 64 Jan 13 12:24 5 -> socket:[1717302238]
lrwx------ 1 root root 64 Jan 13 12:24 6 -> socket:[1717302414]
```

- /proc/PID/io：在新一些的内核中，这个文件显示每个正在运行进程的 I/ O 统计信息。显示的指标包括从任何存储区（包括页缓存）中以 rchar 和 wchar 的形式读取和写入的字节数，以及从块存储（read_bytes，write_ bytes）中读取的字节数。该文件还会显示读和写系统调用的数目，以及一个不太重要的 cancelled_write_bytes 参数。这组变量可用于调试 I/O 相关的问题，也可以在 profiling 和性能调整中用来报告进程行为。例如在下面的例子中，我们可以看出 PID 为 6301 的进程做了大量的读取操作，但都不是从物理存储介质中读取的。

```
cat /proc/6301/io

rchar: 33760661089

wchar: 2697716789

syscr: 27856351

syscw: 1774843

read_bytes: 0

write_bytes: 97828864

cancelled_write_bytes: 0
```

❑ /proc/PID/limits：该文件显示进程资源中的软硬限制，比如文件锁、堆栈大小、优先级、打开的文件等的最大值。举例来说，这对于一个进程耗尽其资源空间时的调试环节是有用的。

```
cat /proc/9654/limits

Limit                    Soft Limit           Hard Limit           Units

Max cpu time             unlimited            unlimited            ms

Max file size            unlimited            unlimited            bytes

Max data size            unlimited            unlimited            bytes

Max stack size           8388608              unlimited            bytes

Max core file size       0                    unlimited            bytes

Max resident set         unlimited            unlimited            bytes

Max processes            500                  500                  processes

Max open files           4096                 8192                 files

Max locked memory        32768                32768                bytes

Max address space        unlimited            unlimited            bytes

Max file locks           unlimited            unlimited            locks
```

```
Max pending signals       385318          385318          signals
Max msgqueue size         819200          819200          bytes
Max nice priority         0               0
Max realtime priority     0               0
```

- /proc/PID/maps：进程当前所使用的映射内存区域及其权限的列表。我们稍后将讨论这一点。
- /proc/PID/mem：进程的内存空间，以二进制格式表示。该文件不是人们直接可读的，但可以用 open、read 和 seek 的系统调用方式访问。
- /proc/PID/mounts：进程持有的所有挂载点列表。该信息从内核 2.6.26 开始有效，而该域的确切语法超出了本章的讨论范围。
- /proc/PID/oom_adjust：该文件可用于更改分值，该分值用于在内存溢出（OOM）情况下选择该杀掉的进程。当服务器的内存耗尽时，内核会试图杀死内存占用分值最高的进程以防止系统死锁。分值体现在 / proc /PID/ oom_score（badness）变量中，是使用一系列的参数计算出来的，例如处理时间、优先级、子进程的数目、硬件访问等。通常情况下，该变量最好是被搁置不用的。badness 分值可用于确定系统行为和"流氓"进程。这对系统是有用的，比如进程在占用过多内存和产生大量子进程时突然失控。分析 OOM 情况也可以帮助系统管理员确定系统的最佳使用模型。
- /proc/PID/stat：进程状态信息，包括 PID、PPID、可执行文件名、次要和主要页错误的数目、优先级、虚拟内存大小、驻留集大小等。
- / proc /PID/status：该文件提供输出，与 stat 文件类似，格式更便于人们阅读。这种输出在一种情况下最有用，即当用户已知自己的寻找目标，需要比较两种状态之间信息中确定的部分，这样两种状态之间的比较多用于系统改变、代码改变或类似情况的前后。

```
cat status
Name:   perl
State:  S (sleeping)
Tgid:   2983
Pid:    2983
PPid:   1
```

```
TracerPid:      0
Uid:    0       0       0       0
Gid:    0       0       0       0
FDSize: 64
Groups:
VmPeak:    50268 kB
VmSize:    50264 kB
VmLck:         0 kB
VmHWM:     12860 kB
VmRSS:     12860 kB
VmData:    10684 kB
VmStk:       136 kB
```

内核数据

很像进程条目，这些文件提供了有关内核本身的信息。有一些对象可能不会在所有系统上都存在，并且取决于内核具体配置和是否所有需要的模块都被装载到内存中。

- / proc /cmdline：此文件显示参数（Kernel Parameters, n.d.），它们在系统启动完成后被传送到 Linux 内核。这些信息在平台之间对比系统状态和不同配置时是有用的，这些平台上具有相同的硬件和工作负载，但是可能呈现出不同的性能或应用程序行为。它也可以用于验证某些开机时间参数是否已经被正确地传递到内核。
- /proc/config.gz：此文件包含压缩文档形式的内核配置信息。内容可以通过诸如 zcat 或 zgrep 命令重定向转储到一个普通的文本文件来查看。该文件的重要性在于其包含了用于编译运行内核的所有配置，并且未必与 /usr/src/Linux 中的 .config 文件完全一致。再一次重申，这在比较系统行为时非常有用。
- / proc/ cpuinfo：此变量是 CPU 信息的集合，包括了类型、CPU 时钟频率、物理和逻辑的核数以及线程的数目。如果系统管理员要调试的问题与 CPU 速度、超线程处理器、不同处理器类型之间比较等相关，那么他们需要参考该数据。文件也显示了 CPU 的所有标志和所支持的体系结构相关的扩展。例如，如果你需要使用硬件辅助虚拟化（比如 Intel VT-x），则可以查看该文件检查系统是否支持。一些标志可能被 BIOS / UEFI 屏蔽。

```
...
processor       : 15
vendor_id       : GenuineIntel
cpu family      : 6
model           : 45
model name      : Intel(R) Xeon(R) CPU E5-2670 0 @ 2.60GHz
stepping        : 7
cpu MHz         : 1200.000
cache size      : 20480 KB
physical id     : 1
siblings        : 8
core id         : 7
cpu cores       : 8
apicid          : 46
initial apicid  : 46
fpu             : yes
fpu_exception   : yes
cpuid level     : 13
wp              : yes
flags           : fpu vme de pse tsc msr pae mce cx8 apic sep mtrr pge mca cmov pat
pse36 clflush dts acpi mmx fxsr sse sse2 ss ht tm pbe syscall nx pdpe1gb rdtscp lm
pclmulqdq dtes64 monitor ds_cpl vmx smx est tm2 ssse3 cx16 xtpr pdcm dca sse4_1
sse4_2 x2apic popcnt aes xsave avx lahf_lm ida arat epb xsaveopt pln pts dtherm
tpr_shadow vnmi flexpriority ept vpid
bogomips        : 5187.41
clflush size    : 64
cache_alignment : 64
address sizes   : 46 bits physical, 48 bits virtual
power management:
...
```

❑ / proc/interrupts：该文件为每个注册的 I/O 设备记录每个 CPU 中断次数，也记录非屏蔽中断（NMI）、TLB 刷新中断（TLB）等。在一些情形下你应该查看这些数据，例如，如果怀疑硬件资源出现故障，检查特定子系统比如网卡或 ATA 接口的性能。在具有非常大数量处理器核的系统中，输出可能难以阅读，因为控制台缓存几乎不可避免地会溢出。示例输出（为了简洁进行了缩减）：

```
         CPU0       CPU1       CPU2   ...   CPU15                    timer
 94:        2          0          0             0    IR-PCI-MSI-edge    eth0
 95:  9430734          0          0             0    IR-PCI-MSI-edge    eth1
NMI:    17771      11683       2761           950    Non-maskable interrupts
```

- /proc/kcore：此文件显示系统的物理内存（以 ELF 格式）。使用调试器和非自陷内核的二进制文件，则可能读取和检查内核结构的当前状态。
- / proc/ meminfo：系统内存使用情况的统计报告，我们在前面章节简要地提及过。这里报告了大量的字段（Documentation for/proc/sys/vm/*，n.d.），包括全部可用的 RAM、空闲内存、缓冲区、缓存、缓存交换区、在不同状态下内存页面数量等。完整列出所有信息超出了本章的讨论范围，但其中某些部分在排除系统问题时非常有用。

```
cat /proc/meminfo
MemTotal:        65939324 kB
MemFree:         59294976 kB
Buffers:           434716 kB
Cached:           5079052 kB
SwapCached:             0 kB
Active:           5125192 kB
Inactive:          502832 kB
Active(anon):      114372 kB
Inactive(anon):        64 kB
Active(file):     5010820 kB
Inactive(file):    502768 kB
```

```
Unevictable:            0 kB
Mlocked:                0 kB
SwapTotal:       67111420 kB
SwapFree:        67111420 kB
Dirty:                120 kB
Writeback:              0 kB
AnonPages:         114284 kB
Mapped:             24368 kB
Shmem:                180 kB
...
```

细想一下下面的例子。你的一个用户抱怨说，他们观察到在一个长时间的重负载 I/O 活动之后，他们系统中的一台主机出现了响应能力的下降问题。你可以在受到影响的单台主机上确认这种状况，但你不能马上确定为什么它只在特定系统发生而不涉及其他的，即便工程师运行的是相同种类的工作负载和 I/O 活动模式。

分析这类问题可能不容易，需要对系统的内存管理设施有一个深刻的理解，但是如果你知道去哪里找问题，你就将研究范围缩小到一个更易于管理的未知集合。

稍后我们将讨论这其中的一些概念，但先让我们稍微跑一下题到内存管理空间。Linux 的虚拟内存（VM）子系统在 /proc/sys/vm 下可访问。在达到一定阈值时，此子树下的可调参数会管理内存的行为。例如，当写缓存应该被刷新到磁盘时，“dirty”参数会被定义。该策略包括总内存的比例、大小和到期时间。

一个经验丰富的系统管理员也许可以立即觉察到问题的一个可能来源。因为 dirty 参数中的一部分表示为总内存百分比，比例不同的系统——甚至物理内存大小不一样的系统——都不会呈现一样的反应，即使在看似相同的工作负载下。同样的思想也适用于大内存页、高速缓存、交换行为等。

如果你比较这种情况，即一个系统在持续的 I/O 负载下经历着性能下降而其他的系统却未出现相同问题，这时你可能在 vm 树下找到不同的值，这便可以解释当前的状况。

需要重申一下，对系统自身而言，这些值就不像在与其他系统做比较时那么有用了，因为它们提供的是看似相同的平台是如何配置的洞见。这是一个有价值的工具，对于解决那些并非源自一个简单根源的复杂问题特别有效。此外，如果更改 vm 子系统，你可能会希望通过 meminfo 的文件来观察和测量结果。

- / proc /modules：当前加载到内存中的所有内核模块的列表。通过 lsmod 命令可提供相同的信息。
- / proc /mounts：所有已挂载文件系统的列表。这些信息与 /etc / mtab 中的文件相关联。在某些系统中，后者实际上可能是一个符号链接到这个伪文件系统。这份列表信息非常有用，可以帮助解决网络定位、挂载和卸载问题、陈旧挂载点或悬挂文件系统等故障。
- / proc / slabinfo：此文件提供有关内核缓存的信息。虽然 slab 池的总大小在 meminfo 的变量中可得，但更高级别的细节却是在这里。不过，最好是使用 slabtop 或 slabinfo 命令来进行内容解析。

进程空间

让我们回到进程映射部分。我们已经简要地讨论了在 /proc/PID/maps 的变量集合，但以它的重要程度绝非一览而过就可以的。这些信息可以让我们对进程的行为有更深的了解，特别是如果你知道某一个应用程序的正确运行应该是怎样的。下面是一个例子进程：

```
#cat /proc/2971/maps

00400000-0041b000 r-xp 00000000 08:06 24525          /usr/sbin/avahi-daemon

0061a000-0061b000 r--p 0001a000 08:06 24525          /usr/sbin/avahi-daemon

0061b000-0061c000 rw-p 0001b000 08:06 24525          /usr/sbin/avahi-daemon

0061c000-0063d000 rw-p 00000000 00:00 0              [heap]

0063d000-0069f000 rw-p 00000000 00:00 0              [heap]

7fd281dde000-7fd281df3000 r-xp 00000000 08:02 37     /lib64/libnsl-2.11.3.so

7fd281df3000-7fd281ff2000 ---p 00015000 08:02 37     /lib64/libnsl-2.11.3.so

...

7fd28240e000-7fd28257d000 r-xp 00000000 08:02 26      /lib64/libc-2.11.3.so

7fd28257d000-7fd28277d000 ---p 0016f000 08:02 26      /lib64/libc-2.11.3.so

7fd28277d000-7fd282781000 r--p 0016f000 08:02 26      /lib64/libc-2.11.3.so

7fd282781000-7fd282782000 rw-p 00173000 08:02 26      /lib64/libc-2.11.3.so

7fd282782000-7fd282787000 rw-p 00000000 00:00 0

7fd282787000-7fd28279e000 r-xp 00000000 08:02 52      /lib64/libpthread-2.11.3.so
```

```
...
7fd283878000-7fd283879000 rw-p 00000000 00:00 0
7fff11268000-7fff11289000 rw-p 00000000 00:00 0          [stack]
7fff11370000-7fff11371000 r-xp 00000000 00:00 0          [vdso]
ffffffffff600000-ffffffffff601000 r-xp 00000000 00:00 0 [vsyscall]
```

对每一行的第一列，我们可以获得进程在内存中的起始和结束地址。第二列指明内存中特定区域的权限。权限有四种：读、写、执行和共享。私有区域标有 p 并且不能被其他进程访问。这种尝试将导致违规和段错误。

如果一个文件是从磁盘读取的并使用 mmap（mmap(2)，n.d.）系统调用来加载到内存，然后在第三列，我们会看到从文件开始部分的偏移量信息。第四列指明相应设备的主次编号，对应于文件被映射的区域。主次编号的完整列表可以在内核源码树的 Documentation/devices.txt 文件里找到。

```
...
7 char         Virtual console capture devices
                 0 = /dev/vcs          Current vc text contents
                 1 = /dev/vcs1         tty1 text contents
                      ...
                 63 = /dev/vcs63        tty63 text contents
                128 = /dev/vcsa         Current vc text/attribute contents
                129 = /dev/vcsa1        tty1 text/attribute contents
                ...
                191 = /dev/vcsa63       tty63 text/attribute contents

                NOTE: These devices permit both read and write access.

  7 block      Loopback devices
                 0 = /dev/loop0        First loop device
```

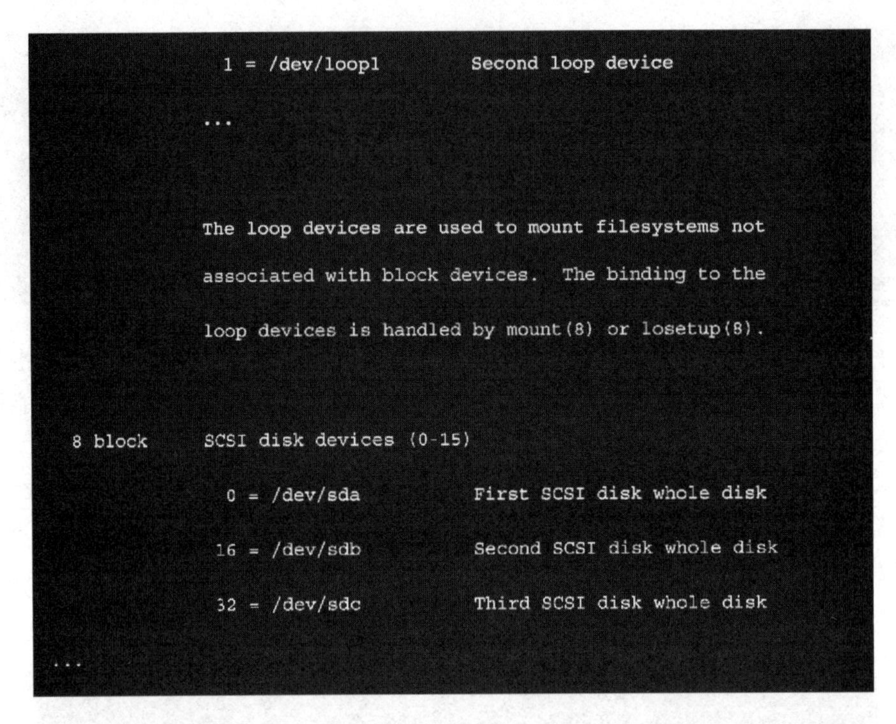

```
             1 = /dev/loop1        Second loop device
            ...

            The loop devices are used to mount filesystems not
            associated with block devices.  The binding to the
            loop devices is handled by mount(8) or losetup(8).

  8 block   SCSI disk devices (0-15)
             0 = /dev/sda          First SCSI disk whole disk
            16 = /dev/sdb          Second SCSI disk whole disk
            32 = /dev/sdc          Third SCSI disk whole disk
...
```

例如，对于 libc-211.3.so 库，我们可以看到它是从 08:02 设备读取的，这意味着文件是从第一个 SCSI/SATA 磁盘装置的第二个分区读取的，换言之 sda2，这就是某个特定主机上的 /（根磁盘）。

第五列是 inode 编号，第六列为加载对象的实际名称。对于以匿名方式映射的区域，该字段为空。现在，我们需要注意在 /proc/PID/maps 输出中的不同行。

第一个条目对应于所讨论进程的二进制的代码（文本）。当然，这个区域被标记为可执行。第二行显示了二进制数据，包括所有初始化的全局变量。第三行对应堆，用于动态分配内存，使用系统调用命令如 malloc。它也可以包括二进制代码的附加段，例如 .bss 段，用于静态链接和未初始化的全局变量。当然如果 .bss 段很小，也许会被存储到数据段。

紧接着列出的是共享库，这个列表可能会很长。在整个输出的末尾，有三个特殊的行，以方括号标记。这里显示的有栈，然后是 vdso 和 vsyscall。

```
7fff11268000-7fff11289000 rw-p 00000000 00:00 0          [stack]
7fff11370000-7fff11371000 r-xp 00000000 00:00 0          [vdso]
ffffffffff600000-ffffffffff601000 r-xp 00000000 00:00 0  [vsyscall]
```

我们从最后一个开始说。vsyscall 用来替换旧型架构上的中断调用方式——int 0 × 80 (Bar, 2000)。然而，随之而来的是一定的局限性，比如内存分配的大小和可能的安全隐患。

vsyscall 在内核中映射（注意地址范围），并且依赖于特定内核的配置。

Vdso（vDSO）(object, vDSO – overview of the virtual ELF dynamic shared, n.d.)，代表的是虚拟动态共享对象，是一个小型库映射，内核可将其自动共享到所有应用的地址空间。这个对象通过为一些常用的系统调用提供更快捷的访问而提升性能，而且它克服了 vsyscall 的限制（Corbet, 2011）。在可能的情况下，优先于 vsyscall 而选择这个方法。在一些系统中，vDSO 也许会被叫做 linux-gate.so（Petersson, 2005）。

理解进程空间对于调试和故障检测都是非常重要的。在大多数情况下，系统管理员不会手工计算内存空间，但是当使用额外的工具来追踪进程的执行时，洞察力就很有用，并且还可能会为手头的问题开启新的思路。

检查内核可调参数

到目前为止，我们大部分讨论的是可以从运行中的主机收集什么信息以及使用什么信息去帮助我们进行研究。更重要的是，一旦有了最初的方向，我们将会创造一些变化来证明和反证我们的假设。至此，我们将集中讨论 /proc/sys 目录树。

sys 子系统

/proc 文件系统中最重要的部分是与内核直接相关的可调参数。在 /proc/sys 下可以发现，它们的变量会影响系统行为的不同方面，包括内核本身、内存管理、网络等。可以简单地通过输入新值到相关的文件来改变这些值，当然这么做的责任和风险也很大。

sys 目录下有几个重要的子目录。就我们的工作目的而言，我们将专注于文件系统、内存、网络和内核相关可调参数。

```
total 0
dr-xr-xr-x   1 root root 0 Feb  8 14:22 .
dr-xr-xr-x 191 root root 0 Feb  8 16:22 ..
dr-xr-xr-x   0 root root 0 Feb  8 14:24 abi
dr-xr-xr-x   0 root root 0 Feb  8 14:23 crypto
dr-xr-xr-x   0 root root 0 Feb  8 14:24 debug
dr-xr-xr-x   0 root root 0 Feb  8 14:24 dev
dr-xr-xr-x   0 root root 0 Feb  8 14:22 fs
dr-xr-xr-x   0 root root 0 Feb  8 14:24 fscache
```

```
dr-xr-xr-x   0 root root 0 Feb  8 14:22 kernel
dr-xr-xr-x   0 root root 0 Feb  8 14:22 net
dr-xr-xr-x   0 root root 0 Feb  8 14:23 sunrpc
dr-xr-xr-x   0 root root 0 Feb  8 14:22 vm
```

内存管理

内存管理是系统故障检测中较为复杂的部分之一，因为它涉及了一定程度的猜测和估计工作。不过，你通过监控可调参数并调整它们去匹配相关方案，依然能够取得良好的效果。自然这也意味着你需要熟悉这些可用参数和其关联值的含义。

- ❑ dirty_background_bytes：包含脏页总量的阈值，在达到阈值时，内核将开始将脏页写入到永久磁盘保存。这些是通过后台内核线程完成的（称为 pdflush）。这个为什么很有用呢？比如说吧，你可能看到 pdflush 进程有非常高比例的 CPU 占用，还独占资源。这可能暗示着一个更大的问题。在某些情况下，你能够自由地改变脏页参数，并检查这个问题是否暂时消失了。
- ❑ dirty_background_ratio：此参数是总的可用内存的比例，在达到阈值时，内核将开始写脏页。在内存配置高的机器上，这可以解释为数十个千兆字节页。
- ❑ dirty_byte：这个参数（比起上面）更复杂一些，此可调参数包含的是 flush（刷新）被触发时的脏内存量。它与 dirty_ratio 是互斥的，非此即彼地值为零（表示未使用）。
- ❑ dirty_expire_centisecs：此可调参数定义了脏数据的寿命，它们将在 1/100 秒内刷新。存储在内存中超过指定时间间隔的页面将被写入磁盘。
- ❑ dirty_ratio：进程开始写磁盘操作将脏数据写出的百分比阈值。重申一下，在内存高配置的系统中，这个比例会被转化成一个很大的数值。
- ❑ dirty_writeback_centisecs：此可调参数为内核刷新线程定义了唤醒和将脏数据写入磁盘的时间间隔。

很明显，磁盘写入策略是看似简单但背后却要结合这些变量的不同值集合来进行。然而，意识到它们的作用是很有帮助的，尤其是在检修性能或优化系统时。

- ❑ drop_caches：当被设置时，这个可调参数会告诉内核开始丢弃缓存。它可以接受一组有限的整数，即 1（页缓存），2（slab 对象），或 3（两者兼具）。该操作是不具破坏性的，它的运行也不会导致数据丢失。然而，这个可调参数的目标似乎仍值得商榷。为什么会有人想干扰内核用正常方式管理内存？

再一次，我们回到性能检测和优化的问题上。测量系统操作时间开销时，也许去掉缓存是有用处的，以确保没有对象是从内存中获取的（从内存获取本质上是一个快速操作），而是从预想的存储比如网络文件系统或者本地磁盘取出对象。此外，如果主机在具有非常大缓存的情况下呈现出异常动作（可能是由于一个 bug），丢掉缓存并观察行为可能会确认问题。但是，请注意，去除高速缓存可能需要很长的时间，因为这可能本质上意味着几十或几百兆字节（甚至千兆字节）的有价值数据需要被写入磁盘，造成暂时的 I/O 和 CPU 高负载。

- swappiness：这是另一个有用的可调参数，它定义了内核是如何猛烈地与交换设备（如果有的话）交换内存页面的。参数值的范围是从 0 到 100，100 是最猛烈的级别。默认值会随着分布和内核版本而变化。这个值很重要，因为它可以影响交互式的响应和性能，而且这个值可能不得不要调整到与硬件相匹配，包括物理内存的大小以及使用量模型。

文件系统管理

在这个子目录下更改可调参数会影响文件系统的行为方式。大多数情况下，这些值不会影响系统的性能，但它们将限定操作范围来使服务器的工作不会遭遇问题。使用 fs 参数对具有频繁 I/O 和网络负载的服务器非常有用，比如 Web 服务器、SQL 服务器、Rsync 服务器等。

- /proc/sys/fs：事实上，这个目录包含了文件系统相关的对象。可以读取现有的值和限定范围，以及去设置新的值。例如，/proc/sys/fs/file-max 定义了系统范围内所有进程可打开的文件数量的限制。在某些情况下，你可能会遇到，一个服务器已经用尽了允许打开文件的数额，那么会有一条内核日志消息来提示这一点。

```
[582258.937432] VFS: file-max limit 4926328 reached
```

输入新的值会有助于缓解这个问题——或者确认问题——尽管需要一个永久性的解决方案来阐明这个问题。就自身而言，输入新值这样一个改变是不够充分的，不能被视为一个即插即用的方便修复。首先，内核的动态变化在重启时不会被保留（除非使用 sysctl 保存）。其次，有几个可调参数之间经常存在微妙的依赖性，只是调整一个可能会造成更多的伤害，或者使事情进一步复杂化。

在这种特殊情况下，也不能超出内核编译期间限定设置的可打开文件的最大值。此外，另一个可调参数 /proc/ sys/fs/file-nr，也将受到这一改变的影响。这一变量表示的是分配文件句柄的数目、自由句柄的数目以及最大值，如果输入新值改变 file-max 这个域，那么 file-nr 变量的最后字段的值也会改变。此外，还应该考虑可用的内存 inode 数，以防止瓶颈从一个可调参数转移到另一个。

网络管理

在 / proc / sys 子系统中的网络部分是比较复杂的部分之一，需要对网络协议有更深层次的理解才能有效地使用和工作。涉及任何远程操作的主机，它的性能都一定会被这部分直接影响到。虽然你可能通过调整网络堆栈获得显著收益，但也可能会严重影响系统速度和系统中正在运行的服务的吞吐量。

这里有非常多可用的参数，其中大部分都超出了本书的讨论范围。然而，如果你遇到网络相关的问题，其中一些参数确实是十分重要的。

- rmem_default，rmem_max：这些可调参数定义了接收套接字的缓冲区（以字节为单位）的默认大小和最大值。它们的位置在 /proc/sys/net/core。
- wmem_default，wmem_max：同上，只是这个是关于发送套接字缓冲区的。
- tcp_rmem，tcp_wmem：在 IPv4 的子目录中，增加 TCP 读写缓冲区的值可以允许更大的窗口尺寸，特别是在高速低延迟网络的系统中。
- tcp_fin_timeout：此可调参数定义套接字在关闭之前可保持等待状态的默认时间。减小该值可以释放套接字，尤其是在服务器中有众多接入连接的情况。
- tcp_tw_reuse：因此，这个参数告诉内核在 TIME_WAIT 状态下可以重复使用套接字，如果空闲套接字已经用完。

上述所有参数的最大问题是，微调参数几乎是需要运气的魔法，还要花费大量的精力和经验，以及最充足的用例确保配置正确。在生产系统上去实施修改也是有一定难度的，而在一个封闭的实验室的独立测试盒中精确复制工作环境又并非随时可行。

SunRPC

位于这棵文件树的可调参数与 Sun 远程过程调用（RPC）协议和 NFS 相关。这些参数通常是被系统管理员忽视的，但它们在调试与 NFS 性能相关的问题时是非常有用的。例如，你可能要增加 RPC / NFS 协议栈的冗余（调试）级别，以至于每一个操作都能被写入消息中。与一个网络探测工具结合，比如 tcpdump（tcpdump(8)，n.d.），有可能获得深入文件服务器拥塞、响应能力、包错误等的有用见解。

- nfs_debug：决定调试信息的冗余程度。默认值是 0，可以提高到 32767。值的形式是位掩码，对应于 /usr/include/Linux/nfs.h（NFS Debugging，n.d.）中的定义。

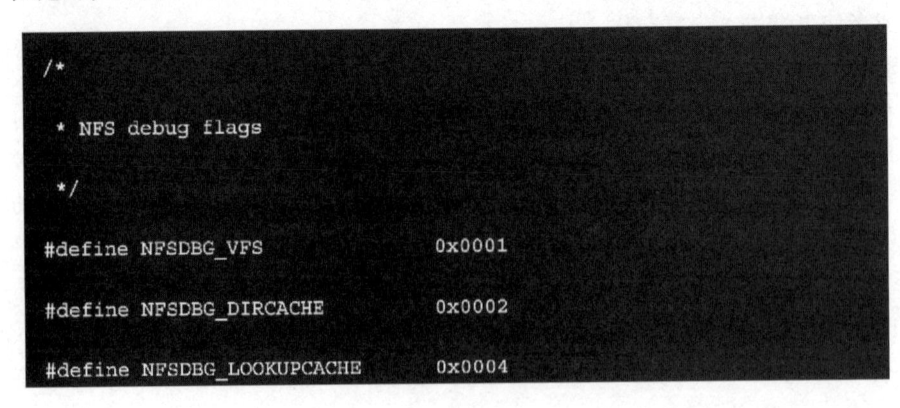

```
/*
 * NFS debug flags
 */
#define NFSDBG_VFS              0x0001
#define NFSDBG_DIRCACHE         0x0002
#define NFSDBG_LOOKUPCACHE      0x0004
```

```
#define NFSDBG_PAGECACHE        0x0008
#define NFSDBG_PROC             0x0010
#define NFSDBG_XDR              0x0020
#define NFSDBG_FILE             0x0040
#define NFSDBG_ROOT             0x0080
#define NFSDBG_CALLBACK         0x0100
#define NFSDBG_CLIENT           0x0200
#define NFSDBG_MOUNT            0x0400
#define NFSDBG_FSCACHE          0x0800
#define NFSDBG_PNFS             0x1000
#define NFSDBG_PNFS_LD          0x2000
#define NFSDBG_STATE            0x4000
#define NFSDBG_ALL              0xFFFF
```

同样，nfsd_debug、rpc_debug 和 nlm_debug 具有相同的行为和定义。必须要对 RPC 和 NFS 栈的知识有深刻的了解，才能够从这些数据中得出有意义的结论。

- min_resport, max_resport：这两个可调参数为 NFS 流量定义最少和最多数量的保留端口。这些值对于拥有非常高级别 NFS 流量的服务器是有用的，可以避免端口耗尽。

内核

在这棵文件树下的可调参数直接影响内核行为，因此它们是最微妙和危险的部分之一，也是工程师在故障检测时获得帮助最多的部分。

- core_pattern：当应用程序崩溃时，在某些条件下，它的内存内容可能会被转以“core”文件的形式储在磁盘上，参照 1950 和 1975 年之间使用的磁芯内存（Cruz，2001）。如果未指定模式，core 将只使用裸字字符串形式。如果你想要一种更有意义的格式，可以在这里进行设置。
- core_uses_pid：此参数定义时，将会连接 PID 到一个进程核。
- kexec_load_disabled：该可调参数决定 kexec_load 系统调用是否可用。在后面的章节中，我们会了解为什么此可调参数非常重要而且使用方便。

- panic_on_oops：如果内核遇到不可恢复的错误，它可能会尝试继续运行或立即崩溃，这将冻结系统，使其直到下次重新启动前无法有效使用。同样，我们将稍后再着重讨论内核错误和崩溃。
- panic_on_unrecoverable_nmi：如果系统遇到不能得到妥善处理的中断，你可能想使系统崩溃而不是启用带有计算逻辑错误的恢复操作。这在设备驱动的使用场景中是很重要的，比如内核 profiler（代码分析器）。而且它也可能会暴露出与平台设置的冲突，包括 BIOS/UEFI 参数甚至故障硬件组件。
- tainted：如果内核由于将未签名的模块加载到内存中而被“污染”，则设定此参数。例如，无许可证或使用非 GPL 许可证的模块将以这种方式被分类，即使它们表现得完全正常。各种硬件检查错误、内核警告、固件错误和坏页面也将反映在此变量中，因此，该变量对于系统崩溃或冻结时进行故障检测是非常有用的。

```
   1 - A module with a non-GPL license has been loaded, this
       includes modules with no license.
       Set by modutils >= 2.4.9 and module-init-tools.
   2 - A module was force loaded by insmod -f.
       Set by modutils >= 2.4.9 and module-init-tools.
   4 - Unsafe SMP processors: SMP with CPUs not designed for SMP.
   8 - A module was forcibly unloaded from the system by rmmod -f.
  16 - A hardware machine check error occurred on the system.
  32 - A bad page was discovered on the system.
  64 - The user has asked that the system be marked "tainted".  This
       could be because they are running software that directly modifies
       the hardware, or for other reasons.
 128 - The system has died.
 256 - The ACPI DSDT has been overridden with one supplied by the user
        instead of using the one provided by the hardware.
 512 - A kernel warning has occurred.
1024 - A module from drivers/staging was loaded.
```

```
2048 - The system is working around a severe firmware bug.
4096 - An out-of-tree module has been loaded.
8192 - An unsigned module has been loaded in a kernel supporting module
       signature.
16384 - A soft lockup has previously occurred on the system.
32768 - The kernel has been live patched.
```

sysctl

在我们做更深入的研究之前，一个重要的问题出现了。假设我们做了一些测试，改变某些参数，我们如何确保它们在重新启动中会保留下来？

这时可以使用 sysctl（sysctl(8)，n.d.）工具，它可以在运行时修改内核参数。sysctl 的静态配置存储在 /etc/sysctl.conf，它可能包含部分或全部覆盖了系统默认值的参数。下面的片段展示了配置文件中的一段示例配置。注释是可选的，但是非常有用，特别是对于不太常见的选项。

```
# Disable response to broadcasts.
# You don't want yourself becoming a Smurf amplifier.
net.ipv4.icmp_echo_ignore_broadcasts = 1
# enable route verification on all interfaces
net.ipv4.conf.all.rp_filter = 1
# enable ipV6 forwarding
#net.ipv6.conf.all.forwarding = 1
# increase the number of possible inotify(7) watches
fs.inotify.max_user_watches = 65536
```

此外，该工具可以通过命令行改变特定值。以下是几个有用的标志。

- -A：打印所有值。当这些值存储到文件中时，它们可以用于比较系统的配置，即使在硬件和内核看似相同的情况下。这是一种很好的方式去推动环境标准化，还可以测试变化，并试着理解为什么两个或多个所谓设置相同的主机会表现出不同的结果或行为。

- -w：更改一个 sysctl 的设置。
- -p：从配置文件（通常是 sysctl.conf）加载更改。

这些在命令行中的使用也很方便，即：

```
/sbin/sysctl -a

/sbin/sysctl -w sunrpc.min_resvport = 200
```

结论

最初的问题解决思路是围绕着使用一些常见的应用程序和工具。这个过程的下一步骤是进入进程空间和内核，并且为了使用工具来揭示任务结构和操作系统本身，我们需要对底层构建模块有更深入的了解。

使用 Linux 内部的简单方法是通过 /proc 伪文件系统，它提供了丰富的信息以及极大的灵活度去改变系统行为。疑难、复杂的环境问题将不可避免地将我们导向这一部分，工程师和管理员会发现自己在内核可调参数中探索以消除错误的研究的方向和路线，而将问题独立出来。最重要的是，/proc 在性能分析和性能优化上拥有巨大的优势，性能分析和性能优化这两项工作在大规模的履行关键使命的数据中心里至关重要。

对进程空间和内核的熟悉可以让我们进行下一个步骤，直接干预系统和它的任务。现在，我们将在接下来的章节里学习如何跟踪和调试程序甚至内核本身。

参考文献

/proc, n.d. Retrieved from: <http://www.tldp.org/LDP/Linux-Filesystem-Hierarchy/html/proc.html> (accessed May 2015)

Bar, M., 2000. Linux system calls. Retrieved from: <http://www.linuxjournal.com/article/4048> (accessed May 2015)

Corbet, J., 2011. On vsyscalls and the vDSO. Retrieved from: <http://lwn.net/Articles/446528/> (accessed May 2015)

Cruz, F. d., 2001, Jan. Magnenetic-core memory. Retrieved from: <http://www.columbia.edu/cu/computinghistory/core.html> (accessed May 2015)

Documentation for /proc/sys/vm/*, n.d. Retrieved from: <https://www.kernel.org/doc/Documentation/sysctl/vm.txt> (accessed May 2015)

Kernel Parameters, n.d. Retrieved from: <https://www.kernel.org/doc/Documentation/kernel-parameters.txt> (accessed May 2015)

mmap(2), n.d. Retrieved from: <http://linux.die.net/man/2/mmap> (accessed May 2015)

NFS Debugging, n.d. Retrieved from: <http://initrd.org/wiki/NFS_Debugging> (accessed May 2015)

object, vDSO – overview of the virtual ELF dynamic shared, n.d. Retrieved from: <http://man7.org/linux/man-pages/man7/vdso.7.html> (accessed May 2015)

Petersson, J., 2005. What is linux-gate.so.1? Retrieved from: <http://www.trilithium.com/johan/2005/08/linux-gate/> (accessed May 2015)

Seinbold, S., 2009. The /proc filesystem. Retrieved from: <https://www.kernel.org/doc/Documentation/filesystems/proc.txt> (accessed May 2015)

sysctl(8), n.d. Retrieved from: <http://linux.die.net/man/8/sysctl> (accessed May 2015)

tcpdump(8), n.d. Retrieved from: <http://linux.die.net/man/8/tcpdump> (accessed May 2015)

Chapter 5　第 5 章

变身极客——跟踪和调试应用

使用 strace 和 ltrace

有时，通过读取日志和检查系统的全部行为来研究问题的过程并不会产生富有成效的结果。从根本上影响客户基础或者应用程序问题的原因仍然是一个谜。在这个阶段，你需要深入挖掘，这意味着需要分析受影响的进程做了什么。

strace

strace（strace(1)—Linux man page, n.d.）是一个跟踪系统调用和信号的实用工具。系统调用是一个转换机制，提供进程和操作系统（内核）之间的接口（GNU C Library, n.d.）。这些调用可以被截获和读取，帮助我们更好地理解进程在给定的运行时间里尝试做什么。

通过 hook 这些调用，我们可以更好地理解一个进程的行为，特别是行为出现异常的时候。操作系统允许跟踪的功能被称为 ptrace（ptrace(2)—Linux man page, n.d.）。strace 调用 ptrace，读取进程行为，并反馈回来。

在最简单的情况下，strace 运行指定的命令，直到它退出。它拦截并记录进程调用的系统调用和进程接收的信号。每个系统调用的名称、参数、返回值都被打印到标准错误窗口或者日志文件上。

trace 中的每一行都包含系统调用的名称，紧跟着括号括起来的参数及其返回值。让我们来看一个简单的测试用例，其中将运行并跟踪 dd 命令，即 dd <输入文件><输出文件><选项>。当使用 strace 执行时，命令将如下所示：

```
strace /bin/dd if=/dev/zero of=/tmp/file bs=1024K count=5
```

现在，让我们来看看 strace 命令的输出，并进行解释：

```
execve("/bin/dd", ["dd", "if=/dev/zero", "of=/tmp/file", "bs=1024K", "count=5"], [/*
62 vars */]) = 0

brk(0)                                  = 0x60d000

mmap(NULL, 4096, PROT_READ|PROT_WRITE, MAP_PRIVATE|MAP_ANONYMOUS,-1, 0) =
0x7ffff7ffa000

access("/etc/ld.so.preload", R_OK)      = -1 ENOENT (No such file or directory)

open("/etc/ld.so.cache", O_RDONLY)      = 3

fstat(3, {st_mode=S_IFREG|0644, st_size=127604, ...}) = 0

mmap(NULL, 127604, PROT_READ, MAP_PRIVATE, 3, 0) = 0x7ffff7fda000

close(3)                                = 0

open("/lib64/librt.so.1", O_RDONLY)     = 3
```

代码的第一行是 execve，它执行所需的程序。命令成功完成，如退出状态（= 0）所示。

```
execve("/bin/dd", ["dd", "if=/dev/zero", "of=/tmp/file", "bs=1024K", "count=5"], [/*
62 vars */]) = 0
```

相反，错误（通常返回值为 -1）有附加的错误符号和错误字符串，例如：

```
open("/foo/bar", O_RDONLY) = -1 ENOENT (No such file or directory)
```

以相同的方式，信号被打印为信号符号和信号字符串。

```
sigsuspend([] <unfinished ...>

--- SIGINT (Interrupt) ---

+++ killed by SIGINT +++
```

回到我们的例子，第二行是 brk（0），它更改数据段的大小。

```
brk(0)                                  = 0x60d000
```

在第三行中，我们在调用进程的虚拟地址空间中创建一个新的映射。

```
mmap(NULL, 4096, PROT_READ|PROT_WRITE, MAP_PRIVATE|MAP_ANONYMOUS, -1, 0) =
0x7ffff7ffa000
```

系统调用要记录的第四行是尝试访问 / etc 目录下的 ld.so.preload 文件。由于文件不存在，我们得到一个失败的调用，标记为 -1 退出状态，加上错误字符串“ENOENT”。

```
access("/etc/ld.so.preload", R_OK)      = -1 ENOENT (No such file or directory)
```

第五行也很有趣，在这里，我们可以看到 /etc/ ld.so.cache 文件成功打开，作为只读对象。我们还可以看到文件被映射到文件描述符 3。事实上，在后面的日志中，有一个文件描述符的关闭，以“close(3)=0”体现。

```
open("/etc/ld.so.cache", O_RDONLY)      = 3
```

诸如此类。现在，如果你想知道关于执行的系统调用或信号的额外信息该怎么办？最终，你可能需要使用手册页，特别是分别在第 2 节和第 7 节的内容。例如，你想知道 access 系统调用做什么，那么 man 2 access 将会显示更多的信息。

在手册页的概要部分，你将会找到系统调用签名，即如何在你的代码中声明它，也包括输入参数。access 系统调用相当简单，只需要输入路径名和访问模式。你也可以获得系统调用行为的详细描述。

```
NAME

       access - check real user's permissions for a file

SYNOPSIS

       #include <unistd.h>

       int access(const char *pathname, int mode);

DESCRIPTION

       access() checks whether the calling process can access the file pathname.  If
pathname is a symbolic link, it is dereferenced.

       The mode specifies the accessibility check(s) to be performed, and is either
the value  F_OK,  or a mask  consisting of the bitwise OR of one or more of R_OK,
W_OK, and X_OK.  F_OK tests for the existence of the file.  R_OK, W_OK, and X_OK test
whether the file exists and grants  read,  write,  and execute permissions,
respectively.
```

```
       The  check is done using the calling process's real UID and GID, rather than
the effective IDs as is done when actually attempting an operation (e.g., open(2)) on
the  file.  This  allows  set-user-ID programs to easily determine the invoking
user's authority.

       If  the calling process is privileged (i.e., its real UID is zero), then an
X_OK check is successful for a regular file if execute permission is enabled for any
of the file owner, group, or other.

RETURN VALUE

       On success (all requested permissions granted), zero is returned.  On error
(at  least  one  bit  in mode asked for a permission that is denied, or some other
error occurred), -1 is returned, and errno is set appropriately.
```

如果一个系统调用正在执行，而同时另一个系统调用正在从不同的线程 / 进程被使用，那么 strace 将尝试保留这些事件的顺序，并将正在进行的调用标记为未完成。当调用返回时，它将会标记为重新开始。

```
[pid 28772] select(4, [3], NULL, NULL, NULL <unfinished ...>

[pid 28779] clock_gettime(CLOCK_REALTIME, {1130322148, 939977000}) = 0

[pid 28772] <... select resumed> )       = 1 (in [3])
```

信号触发的（可重新启动）系统调用的中断，与内核终止的系统调用的处理方式不同，在信号处理程序完成之后会安排其立即重新执行。

```
read(0, 0x7ffff72cf5cf, 1)                = ? ERESTARTSYS (To be restarted)

--- SIGALRM (Alarm clock) @ 0 (0) ---

rt_sigreturn(0xe)                         = 0

read(0, ""..., 1)                         = 0
```

参数以符号的形式打印，这个例子显示 shell 执行“>>file”输出重定向。

```
open("file", O_WRONLY|O_APPEND|O_CREAT, 0666) = 3
```

这里，open 的三个参数形式是这样解码的：通过将标志参数分解成三个按位求或的组成部分，以传统八进制方式打印模式值。当传统或自然使用方式不同于 ANSI 或 POSIX 时，优先选择后者。在某些情况下，strace 的输出已被证明比源码更具有可读性。

结构指针被解绑引用关系，并且其成员被适当地显示。在所有情况下，参数以最类似 C 的方式呈现，例如，命令“ls -l /dev/null”被捕获为：

```
lstat("/dev/null", {st_mode=S_IFCHR|0666, st_rdev=makedev(1, 3), ...}) = 0
```

注意“ struct stat”参数是如何被解绑引用关系的，以及每个成员是如何以符号形式显示的。特别是，观察 st_mode 成员如何被精心解码成符号和数值的按位或的形式。在本示例中还要注意，lstat 的第一个参数是系统调用的输入，第二个参数是输出。如果系统调用失败，输出参数不会被修改，那么参数可能不会被取消引用。例如，使用不存在的文件重试“ls -l”示例会产生以下行：

```
lstat("/foo/bar", 0xb004) = -1 ENOENT (No such file or directory)
```

字符指针被解绑引用关系并打印为 C 字符串。字符串中的非打印字符通常由普通 C 转义码表示。只打印字符串的第一个 strsize（默认为 32）字节，较长的字符串在结束引用之后附加一个省略号。以下是来自“ls -l”的一行，其中 getpwuid 库例程正在读取密码文件。

```
read(3, "root::0:0:System Administrator:/"..., 1024) = 422
```

虽然结构使用花括号来注释，但是简单的指针和数组使用带有逗号分隔元素的方括号来打印。下面是命令“id”的示例，取自于系统中自带补充组 id 的情况：

```
getgroups(32, [100, 0]) = 2
```

另一方面，位集也用方括号表示，但集合元素只用空格分开。下面是 shell 准备执行外部命令：

```
sigprocmask(SIG_BLOCK, [CHLD TTOU], []) = 0
```

这里，第二个参数是两个信号 SIGCHLD 和 SIGTTOU 的位集。在某些情况下，位集足够完全以至于打印出非集合的元素更有价值。在这种情况下，位集会加上一个前缀的波浪线如下。

```
sigprocmask(SIG_UNBLOCK, ~[], NULL) = 0
```

这里，第二个参数表示所有信号的完整集合。

选项

在跟踪进程时，你应该考虑几个有用的选项。

-c：计数每个系统调用的时间、调用和错误，并在程序退出时给出概要报告。在 Linux 上，将会显示系统时间（CPU 在内核中运行时间），而与墙钟时间无关。如果 -c 与 -f 或 -F（紧随其后）同时使用，则只保留所有跟踪进程的汇总结果。

-f：跟踪子进程，因为它们是由 fork(2) 系统调用引发当前跟踪进程创建的。在非 Linux 平台上，一旦知道 pid（通过父进程调用 fork(2) 的返回值），新进程就可以被连接。这意味着子进程可能不受控制地运行一段时间（特别在 vfork(2) 的情况下），直到父进程被再次调度以完成其 (v)fork(2) 的调用。在 Liunx 上，子进程从第一条指令就开始被跟踪，没有延迟。如果父进程决定 wait(2) 当前正被跟踪的子进程，则其被挂起，直到合适的子进程终止或会导致其终止的信号出现（根据子进程当前信号情况确定）。

-ff：如果 -o 文件名选项有效，则每个进程跟踪都将写入 filename.pid，其中 pid 是每个进程的数字进程标识。这与 -c 不兼容，因为不能保留每个进程的计数。

-t：以一天的时间为前缀标识跟踪的每一行。

-tt：如果有两个 t，打印的时间将精确到微秒。

-ttt：如果有三个 t，打印的时间将精确到微秒，并且前导部分将被打印为本段时期以来的秒数。

-T：显示系统调用中花费的时间，它记录了每个系统调用的开始和结束之间的时间差。

-e expr：一个限定性表达式，用来修改要跟踪哪些事件或如何跟踪它们。表达式的格式是 [qualifier =][!]value1[,value2]...，其中 qualifier 是 trace、abbrev、verbose、raw、signal、read 或 write 其中之一，value 是 qualifier 相关的符号或数字。qualifier 默认为 trace。使用感叹号取反该组值。例如，-eopen 字面上指 -e trace = open，这相应地意味着仅跟踪 open 系统调用。相反，-etrace = !open 意味着跟踪除 open 之外的每个系统调用。此外，特殊值 all 和 none 都有明显的含义。注意，一些 shell 使用感叹号来扩展历史，甚至在引号中的参数。如果是这样，你必须使用反斜杠转义感叹号。

-e trace = set：仅跟踪指定的系统调用集。-e 选项有助于确定哪些系统调用对跟踪有用。例如，trace=open, close, read, write 意味着仅跟踪这 4 个系统调用。

-o filename：将跟踪输出写入文件 filename 而不是 stderr。如果使用了 -ff，将使用 filename.pid。如果参数以“|”或“!”开头，那么参数的其他部分被视为一个命令，并且所有的输出都通过管道传输给它。这便于将调试输出连接到程序，而不影响已执行程序的重定向。

-p pid：连接到带有进程标识 pid 的进程，并开始跟踪。跟踪可以在任何时间由键盘中断信号（CTRL-C）终止。strace 会将其自身从跟踪进程中分离来响应，让其继续运行。在命令之外，多个 -p 选项可用于附加到最多 32 个进程（这是可选的，如果在至少给出一个 -p

选项的情况下）。

-s strsize ：指定要打印的最大字符串大小（默认值为 32）。注意，文件名不会被视为字符串，并且总是完全打印。

在使用 strace 之前你需要知道什么

strace 是一个有用的诊断、教学和调试工具。系统管理者、诊断人员和故障排除者将会发现它是非常有价值的，尤其对于解决那些源代码不容易获取的程序的问题，因为它们不需要被重新编译以进行跟踪。学生、黑客和发烧友会发现，通过跟踪甚至是普通程序，可以大量地了解系统及其系统调用。程序员会发现，由于系统调用和信号是发生在用户 / 内核接口的事件，仔细检查这个边界对隔离程序错误、正确性检查和尝试获取条件竞争非常有用。

在开始探索这个伟大工具的力量之前，我们要强调一些事情：

- strace 不是神奇的子弹，它只会提供一些有关运行进程的有限信息。要想获得全景图，你必须使用 ltrace 以及调试器。你还可能需要使用调试符号来编译应用程序或内核，或者你可以使用一个性能分析框架来检查受影响进程的运行时状况。
- strace 只是开始，但这是一个很好的开始。它将引导你到正确的方向。它将会让你知道是否要放任不管，或者是否启动完整的调试过程。更有用的是，它可以为你提供解决问题的方案。
- 当你的程序遇到可重复问题，而这个问题又没有显著标志时，你应该使用 strace。我们将会看到一些例子，以清晰明了的细节来证明这一点。
- strace hook 进程，并且基本上强制它们重复每个系统调用两次，一次用于跟踪，一次用于实际执行。这在运行中引入了时间损失。此外，这意味着那些依赖于精确执行时间的微妙的问题（比如各种条件竞争[⊖]错误）在被跟踪时可能不显示。
- strace 可能会导致应用程序崩溃。
- 64 位的 strace 可能在 32 位应用程序中无法正常工作。

并不是所有的程序都可以被跟踪，它们可能会崩溃，或者因为程序错误，或者因为它们被编码的方式，这其中包括特意让进程尽可能秘密地执行以防止被跟踪。这通常是商用软件的问题。

从系统管理员的角度看 strace

使用 strace 需要一些基本的黑客本能。它并不适合于每个人，大多数家庭用户可能永远不需要或会不想使用 strace，但他们也可以使用。同样，大多数做一级或二级维护或者服务台的系统管理者可能不会很好地使用 strace。

⊖ 竞争条件是一种电子的、软件的或者其他系统的行为，其输出取决于其他不可控事件的顺序或时序。当事件不是按照程序员的意愿发生时，它就变成了一个 bug。这个术语最早源于两个信号相互竞争以影响输出的想法。

然而，如果你比较好奇，或者想更好地了解系统在做什么，或者你的工作要求你涉猎内部构件，那么strace是一个不错的起点，值得花一些时间学学。现在，什么时候、如何使用strace——更重要的是什么样的信息需要注意，这是一门黑色艺术，但如果有一些对代码的科班知识和感觉，你将能够很好地掌握strace，并且成功地使用它。

strace 有朋友

strace并不是可以跟踪系统调用的唯一工具。还有另外一个工具叫ltrace（ltrace(1)—Linux man page, n.d.），它可以跟踪系统调用和库调用。然后还有比较有名的GNU调试器(gdb)(GDB：GNU Project Debugger，n.d.)，这是一个功能齐全的代码调试器。我们将很快讨论这些。

此外，重要的是要记住，尽管strace没有上述两个朋友那么强大，但使用起来更容易，也更安全。ltrace更容易导致跟踪进程崩溃。gdb要复杂得多，需要更深入的代码知识，如果你有源代码可用效果会更好，但这种情况并不总是存在。

基本用法

我们从基础开始，然后向你展示两个测试用例，它们模拟程序执行的真实问题，这些问题无法通过程序解决，也不能找到程序错误的明显线索，但使用strace时，它们就会很容易破解。

strace可以在命令行执行，它可以是二进制或脚本形式，或者它可以连接到一个已经运行的进程上。输出可以在屏幕上显示，但这通常只能输出有限的值（除非运行真的很短、很简单），也可以定向输出到文件中，这是优选的方式。

strace可以使用特殊标志。例如，你可以测量系统调用时序，包括单个调用的时序和系统调用之间的时序。可以跟踪从父进程分支出的子进程，也可以显示环境变量。有输出的字符串长度，并且你能够过滤出特定的系统调用，并为整个运行创建有用的摘要。下面是最基本的形式：

```
strace <command-line>
```

下面是一个例子，用我们前面提到的dd命令：

```
strace dd if=/dev/zero of=/tmp/file bs=1024K count=5
```

这将产生以下输出：

```
#strace dd if=/dev/zero of=/tmp/file bs=1024K count=5

execve("/bin/dd", ["dd", "if=/dev/zero", "of=/tmp/file", "bs=1024K", "count=5"], [/*
62 vars */]) = 0
```

```
brk(0)                                  = 0x60d000
mmap(NULL, 4096, PROT_READ|PROT_WRITE, MAP_PRIVATE|MAP_ANONYMOUS, -1, 0) =
0x7ffff7ffa000
access("/etc/ld.so.preload", R_OK)      = -1 ENOENT (No such file or directory)
open("/etc/ld.so.cache", O_RDONLY)      = 3
fstat(3, {st_mode=S_IFREG|0644, st_size=127604, ...}) = 0
mmap(NULL, 127604, PROT_READ, MAP_PRIVATE, 3, 0) = 0x7ffff7fda000
close(3)                                = 0
open("/lib64/librt.so.1", O_RDONLY)     = 3
...
```

输出看起来杂乱无章，不容易理解。事实上，这不是你应该使用 strace 的方式，除非你能真的相当快速地阅读它。

```
Extra flags
```

你应该使用额外的标志来调用 strace:

```
strace -o /tmp/strace-file -s 512 dd if=/dev/zero of=/tmp/file bs=1024k count=5
```

我们使用了以下标志：

-o：输出文件，这是现在输出的地方，可以随时阅读。

-s 512：将字符串的长度增加到 512 字节，默认值是 32。

现在，它看起来更简洁：

```
#strace -o /tmp/strace-file -s 512 dd if=/dev/zero of=/tmp/file bs=1024k count=5
5+0 records in
5+0 records out
5242880 bytes (5.2 MB) copied, 0.00680734 s, 770 MB/s
```

文件内容：

```
execve("/bin/dd", ["dd", "if=/dev/zero", "of=/tmp/file", "bs=1024k", "count=5"], [/*
62 vars */]) = 0
brk(0)                                  = 0x60d000
```

```
mmap(NULL, 4096, PROT_READ|PROT_WRITE, MAP_PRIVATE|MAP_ANONYMOUS, -1, 0) =
0x7ffff7ffa000
access("/etc/ld.so.preload", R_OK)      = -1 ENOENT (No such file or directory)

open("/etc/ld.so.cache", O_RDONLY)      = 3

fstat(3, {st_mode=S_IFREG|0644, st_size=127604, ...}) = 0

mmap(NULL, 127604, PROT_READ, MAP_PRIVATE, 3, 0) = 0x7ffff7fda000

close(3)                                = 0

open("/lib64/librt.so.1", O_RDONLY)     = 3

read(3,
"\177ELF\2\1\1\0\0\0\0\0\0\0\0\0\3\0>\0\1\0\0\0\340\"\0\0\0\0\0\0@\0\0\0\0\0\0\0\20
4\0\0\0\0\0\0\0\0

\0\0@\0008\0\t\0@\0%\0\"\0\6\0\0\0\5\0\0\0@\0\0\0\0\0\0\0@\0\0\0\0\0\0\0@\0\0\0\0\0\0
\0\370\1\0\0\0\0\0\0\370\

1\0\0\0\0\0\0\10\0\0\0\0\0\0\0\3\0\0\0\4\0\0\0000b\0\0\0\0\0\0000b\0\0\0\0\0\0000b\0\
0\0\0\0\0\34\0\0\0\0\0\0\

0\34\0\0\0\0\0\0\0\20\0\0\0\0\0\0\0\1\0\0\0\5\0\0\0\0\0\0\0\0\0\0\0\0\0\0\0\0\0\0\0\0
\0\0\0\0\0\0\0\274r\0\0\0

\0\0\0\274r\0\0\0\0\0\0\0\0 \0\0\0\0\0\1\0\0\0\6\0\0\0x}\0\0\0\0\0\0x} \0\0\0\0\0x}
\0\0\0\0\0\364\4\0\0\0\0\0

\0x\16\0\0\0\0\0\0\0\0 \0\0\0\0\0\2\0\0\0\6\0\0\0\260}\0\0\0\0\0\0\260}
\0\0\0\0\0\260} \0\0\0\0\0\360\1\0\0\0

\0\0\0\360\1\0\0\0\0\0\0\10\0\0\0\0\0\0\0\4\0\0\0\4\0\0\0008\2\0\0\0\0\0\0008\2\0\0\0
\0\0\0008\2\0\0\0\0\0\0\\

\0\0\0\0\0\0\0\\\0\0\0\0\0\0\0\4\0\0\0\0\0\0\0P\345td\4\0\0\0Lb\0\0\0\0\0\0Lb\0\0\0\0
\0\0Lb\0\0\0\0\0\0T\2\0\0

\0\0\0\0T\2\0\0\0\0\0\0\4\0\0\0\0\0\0\0Q\345td\6\0\0\0\0\0\0\0\0\0\0\0\0\0\0\0\0\0\0\
0\0\0\0\0\0\0\0\0\0\0\0\0

\0\0\0\0\0\0\0\0\0\0\0\0\10\0\0\0\0\0\0\0"..., 832) = 832
```

但是，我们可以进一步强化跟踪过程。例如，你不仅对一针见血的细节感兴趣，你也想查看进程的所有系统调用的摘要表，包括程序错误。这在比较一个健康系统和一个问题系统时是非常有用的，它能够让你立即发现显著的差异。

```
strace -c <command>
```

而我们的例子如下：

```
#strace -c -s 512 dd if=/dev/zero of=/tmp/file bs=1024k count=5

5+0 records in

5+0 records out

5242880 bytes (5.2 MB) copied, 0.00557598 s, 940 MB/s

% time     seconds  usecs/call     calls    errors syscall

------ ----------- ----------- --------- --------- ----------------

100.00    0.001924         241         8           write

  0.00    0.000000           0        10           read

  0.00    0.000000           0        11         2 open

  0.00    0.000000           0        12           close

  0.00    0.000000           0         7           fstat

  0.00    0.000000           0         1           lseek

  ...

------ ----------- ----------- --------- --------- ----------------

100.00    0.001924                   100         4 total
```

例如，我们有 11 个 open 调用，包括两个程序错误。百分百的进程时间花费在写上，这是 dd 命令所预期的。但是也有不少的读取。

其他有用的标志包括 -f（创建进程）和 -Tt（系统调用内或系统调用之间的时间）。要跟踪一个已经运行的进程，你需要用 -p 标志来标识进程号（PID），这可以通过运行 ps 根据进程名查找到进程号。

```
strace -p PID
```

现在我们知道如何使用 strace，让我们看看它能做什么。

测试案例 1

我们将复制一个文件，很简单。除了我们将确保源文件不存在，并将错误信息定向输出到 /dev/ null，命令行的用户不会知道执行 copy 命令时发生了什么。

```
#ls -l

total 8
```

```
-rw-r--r-- 1 root root  714 Dec  8 10:48 file1
-rw-r--r-- 1 root root 1780 Dec  8 10:48 file2
```

现在，如果我们重命名源文件，并尝试复制，我们将会获得一个程序错误：

```
#mv file1 file1.old
#cp file1 file3
cp: cannot stat `file1': No such file or directory
```

但是，如果你看不到 cp: 在屏幕上不显示错误信息，你怎么知道程序执行时什么时候出错，出什么错？为了演示，我们将所有输出定向到 /dev/null，所以在屏幕上没有任何消息显示给用户。

```
<command> > /dev/null 2>&1
```

最后一位 2>&1 告诉系统将 STDERR (FD 2) 定向输出到与 STDOUT (FD 1) 相同的位置，在本例中为 /dev/null，因此你将看不到任何错误。接下来，我们将使用 echo $? 检查退出状态。如果退出状态为 0，那么它是成功的，如果是其他的，就有错误。

```
#cp file1 file3 > /dev/null 2>&1
#echo $?
1
```

复制命令已经完成，没有可见的错误。现在检查退出状态，是 1，所以出问题了。当它是一个简单的复制时，研究起来很容易，但是如果你有一个复杂的脚本，它浏览几十个目录并复制数百个文件该怎么办？进入 strace，现在我们将跟踪复制失败的命令，然后分析 strace 日志。

```
strace -o /tmp/cp-fail -s 512 cp file1 file3 > /dev/null 2>&1
```

我们有日志文件，名为 cp-fail。在文本编辑器中打开并查看它。最大的问题是，我们在查找什么？好吧，在本例中，有一个复制命令，需要源和目的。问题可能出现在源 / 目的地是否存在、权限或者磁盘空间。任何一个都是一种可能。因此，我们将在日志中查找源文件名称，并查看是否有任何错误。

```
munmap(0x7ffff7ff2000, 4096)            = 0
geteuid()                               = 0
stat("file3", 0x7fffffffe130)           = -1 ENOENT (No such file or directory)
stat("file1", 0x7fffffffdf20)           = -1 ENOENT (No such file or directory)
write(2, "cp: ", 4)                     = 4
write(2, "cannot stat `file1'", 19)     = 19
write(2, ": No such file or directory", 27) = 27
```

事实上，那有问题！stat 系统调用失败。它退出的状态是 ENOENT（没有这样的文件或目录）。这正是问题所在——没有源文件。现在我们可以增强和简化搜索范围，将我们的调查限制在特定的系统调用，而不是跟踪一切。这是 -e 标志可以做的，-e 标志允许你仅跟踪特定的系统调用。例如：

```
strace -e trace=stat <command>
```

这意味着我们仅对 stat 系统调用感兴趣，没有其他的。事实上，现在输出更短、更容易排序，因为我们只有两个文件需要访问。

```
stat("file3", 0x7fffffffe130)           = -1 ENOENT (No such file or directory)
stat("file1", 0x7fffffffdf20)           = -1 ENOENT (No such file or directory
```

让我们来看看第二个例子。

测试案例 2

在本例中，我们将展示如何调试网络问题。我们将尝试 ping 局域网的网关。首先，我们看一个成功的例子，然后停止网络并看到一个错误。接下来我们将所有的错误定向写到 /dev/null 中，和复制命令的例子一样，所以我们不知道发生了什么。strace 将帮助我们精准定位根本原因。下面是一个成功的 ping：

```
#ping -c 3 10.184.201.254
PING 10.184.201.254 (10.184.201.254) 56(84) bytes of data.
64 bytes from 10.184.201.254: icmp_seq=1 ttl=64 time=0.524 ms
```

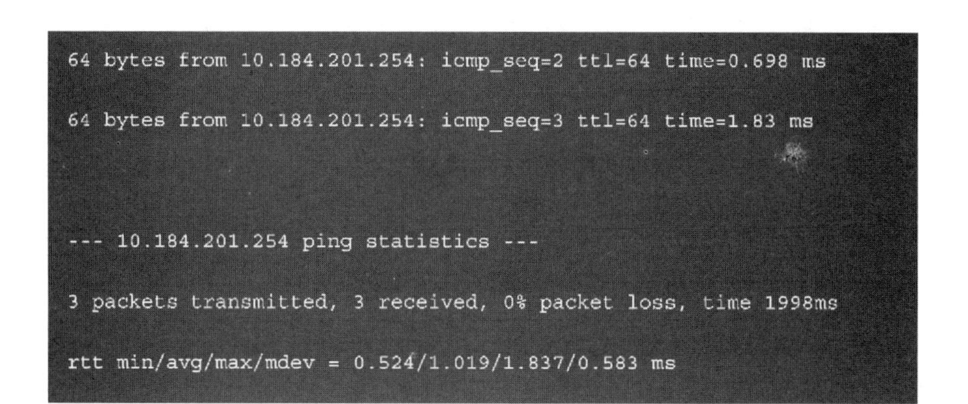

```
64 bytes from 10.184.201.254: icmp_seq=2 ttl=64 time=0.698 ms

64 bytes from 10.184.201.254: icmp_seq=3 ttl=64 time=1.83 ms


--- 10.184.201.254 ping statistics ---

3 packets transmitted, 3 received, 0% packet loss, time 1998ms

rtt min/avg/max/mdev = 0.524/1.019/1.837/0.583 ms
```

现在，我们关闭网络：

```
/etc/init.d/network stop
```

ping 失败，出现网络不可达的错误：

```
#ping -c 3 10.184.201.254

Connect: Network is unreachable
```

但是，我们把输出和错误重定向写到 /dev/null，这样我们看不到消息，不知道出了什么错。想象一下，一些应用程序 ping 它的服务器，以便获得许可或尝试获得更新。

```
ping -c 3 10.184.201.254 >/dev/null 2>&1

echo $?

2
```

如你所见，退出状态是 2，这是不对的，但是我们不知道为什么。现在是时候让 strace 工作，找出根本原因。

```
strace -o /tmp/ping -s 512 ping -c 3 10.184.201.254 > /dev/null 2>&1
```

现在，让我们看看日志文件。由于我们不知道期待什么，我们将浏览并查找到与 10.184.201.254 相关的错误。

```
rt_sigaction(SIGINT, {0x555555556990, [], SA_RESTORER|SA_INTERRUPT, 0x7ffff7882bd0},
NULL, 8) = 0

socket(PF_INET, SOCK_DGRAM, IPPROTO_IP) = 4

connect(4, {sa_family=AF_INET, sin_port=htons(1025),
sin_addr=inet_addr("10.184.201.254")}, 16) = -1 ENETUNREACH (Network is unreachable)

dup(2)
```

就在那里。我们打开一个套接字并尝试连接。但是，我们得到 ENETUNREACH 错误，这是“网络不可达”。根本原因找到了。当然，我们现在还需要了解为什么网络断掉了，但是，我们专注于解决问题的方法，而不是无所事事地想知道是什么可能出了问题。

总结

strace 是一个强大的工具，它使用简单，而且几乎是立等可取。但它并不适合每一个人，绝对不适合大多数的家庭用户，而那些有耐心、有基本研究能力并生性好奇也有学习欲望的人，可以有效地使用 strace。

ltrace

从现实的角度来看，ltrace 和 strace 用法是相同的。工具的标志和选项用法几乎一致。如果你熟悉了 strace，使用 ltrace 也没有问题。

ltrace 只是运行指定的命令，直到它退出。它拦截和记录执行程序调用的动态库调用和该进程接收的信号。它还可以拦截并打印出应用程序执行的系统调用。由于它更具侵入性，ltrace 在使用时可能导致应用程序崩溃。一个典型的用法如下所示：

```
32613 __libc_start_main(0x407ee0, 3, 0x7fffffffe058, 0x411da0, 0x411d90 <unfinished
...>

32613 strrchr("ls", '/')                                              = NULL

32613 setlocale(6, "")                                                =
"LC_CTYPE=en_US.UTF-8;LC_NUMERIC="...

32613 bindtextdomain("coreutils", "/usr/share/locale")                =
"/usr/share/locale"

32613 textdomain("coreutils")                                         = "coreutils"

32613 __cxa_atexit(0x40b8e0, 0, 0, 0x736c6974756572, 0x413f61)        = 0

32613 isatty(1)                                                       = 1

32613 getenv("QUOTING_STYLE")                                         = NULL

32613 getenv("LS_BLOCK_SIZE")                                         = NULL

...
```

我们将不展示任何 ltrace 之外的扩展使用。不过，我们将向你展示如何与 strace 一起使用 ltrace，以充分理解你所面临的问题。

结合两种工具获得最佳结果

现在，我们学习怎么同时使用 strace 和 ltrace。

我们的问题

好吧，让我们假设客户应用程序启动很慢，你需要等待 5 ～ 10 秒钟应用程序窗口才启动。有时，它启动很快，但是你不确定为什么会这样。通常，在注销会话或重新启动后会出现问题。最恼人的事情是，如果你使用 sudo 命令或 root 用户启动相同的程序，没有启动延迟，并且似乎都运行良好。那么你如何调试像这样的问题呢？记住，你的客户不满意。

信守的规则

让我们简要回顾一下在前几章中学到的内容。如果你想成为一个很棒的系统调试人员，那么当你试图解决一个棘手的问题时，必须遵循几个必要的规则。如果这是一个微不足道的小问题，你可以在 2 分钟内解决，那很好，但如果这是一个全新的问题，已经卡住你和你的同事超过一个小时，那么你应该暂停，反思，将其方法化。

方法化

有一个公式化的方法可能会让你看起来是一个菜鸟——或者是一个非常有效的人。这取决于你。对于每一个可能会出现的问题，你应该有一个统一、一般化、全方位的策略。这意味着你能够处理好遇到的所有情况，无论你是修理飞机的还是入侵内核的。

始终从简单的工具开始

理论上，你可以立刻尝试使用 gdb 修复任何问题，但这并不是一个明智的选择，或者由于你手边的工具或者由于你的理解力和时间。你应该总是从简单的事情开始。检查系统日志中奇怪的错误，检查 top 去评估系统的基本健康状况。确保不是内存用尽，检查磁盘和 CPU 的负载情况。

对比健康系统

我们在第 2 章已经提到了这种方法，事实上，这可能并不总是适用的，但是如果有一个硬件和软件配置一致的机器，不会出现相同的问题，或者两个负载场景产生不同的结果，那么，你应该对比它们，尝试找到可能导致系统不正确或组件行为异常的原因。这可能并不总是容易的，但组件搜索是统计工程中最强大的工具，它像适用于机械部件一样也适用于软件。现在，我们准备深入探究一下。

症状

我们的健康系统不到一秒钟就可以启动 xclock ——示例图形工具。坏的系统同样如此，除了它需要 10 倍长的时间。因此我们知道有事件被减慢了，但不一定损坏。

strace

在这个阶段，运行 strace 似乎是个好主意。相比于通过无尽的日志跟踪每个系统调用，我们使用 -c 标志仅执行摘要运行。我们想看看在工具运行中是否有重要的东西。

strace 日志，好系统

让我们看看，strace 运行会带给我们什么。输出如图 5.1 所示。

```
roger@linux-aif3:~> strace -c xclock
% time     seconds  usecs/call     calls    errors syscall
------ ----------- ----------- --------- --------- ----------------
 23.05    0.001397           4       375       151 read
 22.52    0.001365          28        48           mprotect
 17.35    0.001052           9       116        27 open
 11.86    0.000719          11        64           fstat
  7.64    0.000463           3       169           poll
  6.94    0.000421           5        92           mmap
  5.25    0.000318           3        91           close
  2.95    0.000179           4        48        19 access
  2.18    0.000132          12        11           munmap
  0.26    0.000016           0        66           writev
  0.00    0.000000           0         7           write
  0.00    0.000000           0        48         6 stat
  0.00    0.000000           0         2           lseek
  0.00    0.000000           0         8           brk
  0.00    0.000000           0         1           getpid
  0.00    0.000000           0         2           socket
  0.00    0.000000           0         2           connect
  0.00    0.000000           0         1           getsockname
  0.00    0.000000           0         1           getpeername
  0.00    0.000000           0         1           execve
  0.00    0.000000           0         4           uname
  0.00    0.000000           0         6           fcntl
  0.00    0.000000           0         2           getdents
  0.00    0.000000           0        19           gettimeofday
  0.00    0.000000           0         1           arch_prctl
------ ----------- ----------- --------- --------- ----------------
100.00    0.006062                  1185       203 total
roger@linux-aif3:~>
```

图 5.1　在好的系统上运行 strace-c 的输出

strace 日志，坏系统

同样的事情对于行为异常的情况，strace 输出如图 5.2 所示。

strace 对比

对比看这两个日志，我们可以看到在这两种情况下的行为有一处显著差异。在好的系统上，前四个系统调用是 read、mprotect、open 和 fstat。我们获得几十到几百个系统调用，有一些错误来自于在 $PATH 寻找文件。另一个重要的元素是执行时间，四个系统调用都大约各花费 1 ～ 2 毫秒。

在坏的系统上，前四个命中的系统调用是 open、munmap、mmap 和 stat。此外，有数千个系统调用，大约是前者的 10 ～ 20 倍。另外还有大量的 open 错误。执行时间大约是 8 ～ 12 毫秒，大概是前者的 10 倍长。因此，我们知道系统出错了，但是不知道究竟是哪出错了。

ltrace

我们现在使用 ltrace，可能会发现一些别的东西。系统调用显示出行为中的明显差异，但我们不知道是什么引起了这个问题。也许，我们能够通过查看库来确定问题，这正是 ltrace 要做的。同样，我们使用 -c 标志来运行 ltrace，以显示摘要信息。

```
roger@linux-aif3:~> strace -c xclock
% time     seconds  usecs/call     calls    errors syscall
------ ----------- ----------- --------- --------- ----------------
 21.27    0.012636           2      6407      1524 open
 15.03    0.008928           2      4794           munmap
 13.47    0.008001           2      4868           mmap
 12.60    0.007482           2      4846         6 stat
 10.16    0.006033           1      4885           close
 10.03    0.005956           1      4787           fcntl
  9.62    0.005714           1      4832           fstat
  1.95    0.001158           3       369       153 read
  1.25    0.000743          23        32           getdents
  1.05    0.000624           4       170           poll
  1.03    0.000614          13        48           mprotect
  0.76    0.000453          14        33           write
  0.42    0.000247           5        47           brk
  0.35    0.000205           2        87        32 access
  0.31    0.000185           3        66           writev
  0.27    0.000160          12        13           link
  0.23    0.000134          10        13        13 chmod
  0.20    0.000121           3        39        13 unlink
  0.00    0.000000           0        15           lseek
  0.00    0.000000           0         1           getpid
  0.00    0.000000           0         2           socket
  0.00    0.000000           0         2           connect
  0.00    0.000000           0         1           getsockname
  0.00    0.000000           0         1           getpeername
  0.00    0.000000           0         1           execve
  0.00    0.000000           0         4           uname
  0.00    0.000000           0        13           rename
  0.00    0.000000           0        21           gettimeofday
  0.00    0.000000           0         1           arch_prctl
------ ----------- ----------- --------- --------- ----------------
100.00    0.059394                 36398      1741 total
roger@linux-aif3:~>
```

图 5.2 在坏的系统上运行 strace-c 的输出

ltrace 日志，好系统

这给了我们一个全新的信息版图。最重要的库函数是创建 xclock 桌面小程序，这花费了 20 毫秒，几乎是总执行时间的 40%。列表中的第二项是 XftFontOpenName。如图 5.3 所示。

```
roger@linux-aif3:~> ltrace -c xclock
% time     seconds  usecs/call     calls      function
------ ----------- ----------- --------- --------------------
 47.25    0.200116      200116         1 XtCreateManagedWidget
 18.92    0.080115       80115         1 XftFontOpenName
 13.52    0.057246       57246         1 XtOpenApplication
  6.03    0.025551       25551         1 XSetWMProtocols
  5.27    0.022306       22306         1 setlocale
  2.00    0.008469        4234         2 XCreateBitmapFromData
  1.31    0.005536          44       124 XRenderCompositeDoublePoly
  1.19    0.005034        5034         1 XtRealizeWidget
  1.02    0.004310          34       124 XftDrawSrcPicture
  0.67    0.002832        2832         1 XCloseDisplay
  0.47    0.001978         989         2 XInternAtom
  0.34    0.001447         361         4 XtGetGC
```

图 5.3 在好的系统上 ltrace 的输出

ltrace 日志，坏系统

这里，我们看到一些别的东西。XftFontOpenName 是主要函数，总共执行时间是 18 秒。

然后是桌面小程序的创建，执行时间也不短，有 16 秒。然后没有什么其他的重要函数了。图 5.4 清楚地展示了这一点。

```
roger@linux-aif3:~> ltrace -c xclock
% time     seconds  usecs/call     calls      function
------ ----------- ----------- --------- --------------------
 52.56   17.908641    17908641         1 XftFontOpenName
 47.01   16.019731    16019731         1 XtCreateManagedWidget
  0.18    0.059982       59982         1 XtOpenApplication
  0.07    0.023112       23112         1 setlocale
  0.06    0.021342       21342         1 XSetWMProtocols
  0.03    0.008574        4287         2 XCreateBitmapFromData
  0.02    0.007340          59       124 XRenderCompositeDoublePoly
  0.02    0.005701        5701         1 XtRealizeWidget
  0.01    0.005058          40       124 XftDrawSrcPicture
  0.01    0.002659        1329         2 XInternAtom
  0.00    0.001059         176         6 XtDisplay
  0.00    0.000915         228         4 XtGetGC
```

图 5.4　在坏的系统上 ltrace 的输出

ltrace 比较

我们可以清楚地看到字体上有问题。在好的系统上，相关库的调用花费一小部分时间，而在坏的系统上持续了近 20 秒。现在在这两个日志的基础上交叉比较 strace 日志，我们开始有了更清晰的脉络。负责创建窗口小程序的函数执行时间较长，明确地解释了我们经历的启动程序缓慢的原因。此外，它和坏系统上大量的系统调用和错误吻合得很好，现在我们有了一个线索。

其他工具

我们使用 strace 和 ltrace 所做的初步研究，能够很大程度上指导我们查找潜在问题是什么。但是我们需要熟悉额外的软件，因为有时候我们不能或者不允许使用跟踪工具，可能性能损失太大，可能会消除影响客户端运行的微妙的时序问题，也可能会引起应用程序崩溃。此外，新工具的引入将帮助我们更好更深入地理解系统，以及我们可能面对的任何问题。

几种工具的组合方法

现在，我们将看一个例子，在其中交叉参考我们积累的知识和发现，通过使用许多不同的工具来创建我们所面对问题的全景图，从而找到问题的解决方案。

使用 vmstat 的额外分析

有些人可能认为他们已经有足够的信息——这似乎是字体的错误。但是，让我们假设你还不是 100% 的信服，你想了解更多。让我们尝试使用 vmstat，这已经在第 3 章中介绍过。

好系统

vmstat 工具提供有关内存和 CPU 使用情况的有用信息。现在，我们感兴趣的是最后五列的 CPU 指标，特别是标记为 us 和 sy 的两个，以及系统下的 cs 和 in 字段。

us 和 sy 分别表示用户和系统使用 CPU 的百分比。cs 和 in 表示上下文切换和中断。第一个指标粗略告诉我们，运行进程多久会让出它在运行队列中的位置给另一个等待进程。换句话说，存在从一个进程到另一个进程的上下切换。中断表明运行进程不得不访问底层硬件的次数，例如进程多少次访问磁盘从文件系统中读取文件、多少次轮询屏幕或者键盘等。

让我们看看启动 xclock 程序会发生什么。忽略第一行，因为它显示自上次正常运行以来的平均值。我们可以看到，用户 CPU 使用率有一个短暂的尖峰，也反映出较高数量的中断和上下文切换。xclock 在第四行显示的时间启动，如图 5.5 所示。

```
roger@linux-aif3:~> vmstat 1 10
procs -----------memory---------- ---swap-- -----io---- -system-- ------cpu-----
 r  b   swpd   free   buff  cache   si   so    bi    bo   in   cs us sy id wa st
 1  0  18508 225440     28 783740    3    5   411   103  479  636  4  6 87  3  0
 0  0  18508 225432     28 783740    0    0     0     0 1410 1705 11  9 81  0  0
 3  0  18508 223920     28 784236    0    0   480     0 1319 1791  5  8 86  0  0
 0  0  18508 223904     28 784220    0    0     0     0  452  459  1  4 95  0  0
 0  0  18508 223904     28 784220    0    0     0     0 1330 1646  2  6 93  0  0
 0  0  18508 224772     28 784220    0    0     0     0 1962 2492  6 10 84  0  0
 0  0  18508 224772     28 784220    0    0     0     0  959 1081  1  5 94  0  0
 0  0  18508 224772     28 784220    0    0     0     0  923 1108 10  8 82  0  0
 0  0  18508 224772     28 784220    0    0     0     0  324  300  1  4 96  0  0
 0  0  18508 224772     28 784220    0    0     0     0  360  284  0  3 96  0  0
roger@linux-aif3:~>
```

图 5.5 “好”系统上 vmstat 的输出，显示 xclock 程序启动时的 CPU 活动

坏系统

这里，情况有点不同。我们可以看到用户 CPU 指标有近 5 ～ 7 秒时间的显著增加。但是，上下文切换比之前少，有更多的中断。这是什么意思？我们可以看到启动 xclock 是一个交互式应用，因此应该被视为一个交互式进程，它表现得像一个计算（批处理）过程。

对于交互式进程，我们希望有尽可能多的响应，这意味着大量的上下文切换和少量的 CPU 活动，使我们能够从调度程序获得动态优先级，花费很少的时间思考，把控制权交给用户。然而，我们的情况是，进程比之前有较少的上下文切换，较多的 CPU 使用率，这是批处理进程的典型行为。这意味着思考又进了一步。所发生的事情是，当我们在等待 xclock 时，系统正在读取字体和创建缓存。这也解释了 IO 活动和一些 wa CPU 值的增加，因此我们必须在本地文件系统上执行此操作。如图 5.6 所示。

```
roger@linux-aif3:~> vmstat 1 30
procs -----------memory---------- ---swap-- -----io---- -system-- ------cpu-----
 r  b   swpd   free   buff  cache   si   so    bi    bo   in   cs us sy id wa st
 0  0  18140 228704     28 783132    3    5   403   101  479  634  4  6 87  3  0
 0  0  18140 228704     28 783132    0    0     0     0 1522 1847 13 10 78  0  0
 3  0  18140 228580     28 783132    0    0     0     0  393  352  0  4 96  0  0
 1  0  18140 224844     28 783412    0    0   152     0 1319  851 34  6 60  1  0
 2  0  18140 222860     28 783416    0    0     8  3200 2056 1001 50  8 41  3  0
 1  0  18140 223488     28 783672    0    0     0     0 1463 1062 48  8 43  0  0
 1  0  18140 223116     28 784052    0    0     0     0 1303  501 47  7 47  0  0
 0  0  18140 222248     28 784752    0    0   248     0 1530 1747 19  9 71  1  0
 0  0  18140 222256     28 784752    0    0     0     0 1144 1266  1  6 93  0  0
 0  0  18140 225596     28 784752    0    0     0     0 2226 2789  7 15 78  0  0
 1  0  18140 225596     28 784752    0    0     0     0 1669 2110  7  8 86  0  0
 0  0  18140 225596     28 784752    0    0     0     0  826  860  6  6 88  0  0
```

图 5.6 “坏”系统上 vmstat 的输出，显示 xclock 程序启动时的 CPU 活动；注意和“好”系统比较中断、上下文切换、用户空间 CPU 活动的差异

现在，重要的是要强调，如果你不知道进程应该如何行为和它应该做什么，这种分析是毫无意义的。但是，如果你有一个模糊的概念，即使 vmstat 输出的无趣的数字列表，也会给你提供大量的信息。

问题解决方案

我们相信已有足够的信息来解决这个问题。字体上有些不妥。应用程序花费这么长时间启动，可能表示每次都需要重建字体缓存，这反过来也表示用户启动的程序无法读取系统字体缓存。这也解释了为什么 sudo 权限和 root 用户不受影响。

回到我们的问题，客户应用程序加载缓慢。strace 日志表明 open 错误。我们现在可以运行一个完整的会话，了解这些错误的确切路径。我们可以使用 -e 标志来限定在 open 系统调用上以减少冗长，同时使用 -s 标志增加字符串长度，这样我们就可以看到失败路径的所有信息。我们将会了解到哪些字体不能被用户读取到。

但我们不需要这样做。我们交叉参照 ltrace 的信息，可以发现问题出在字体打开上。这个库调用阻止了窗口小程序的创建，这就是为什么应用程序启动缓慢的原因。vmstat 的运行提供了额外信息，有助于进一步缩小问题。

如果检查位于 /var/cache/fontconfig 下的系统字体缓存，我们了解到字体文件是以 600 权限来创建的，也就是说，它们只能被 root 用户读取。如果我们将权限值改为 644，就可以解决问题，所有的应用程序都可以快速启动。我们还节省了磁盘空间，因为这样就不要求所有的用户在自己主目录下创建字体副本。

lsof 来援救

现在我们简单说明另一个问题。这个问题和前面的例子完全不同。而且，在这个案例中，strace 和 ltrace 完全无用，因为进程陷入 D 状态。我们并不确切知道是什么可能出错了，但是上面所有的工具都帮不上忙。输入 lsof（lsof(8), n.d.），这是一个能够报告运行进程所有打开文件列表的工具，一个我们所知道的方便工具。

好了，我们假设你有一些 Java 进程，它们看起来像是“卡住了”没有响应。现在 Java 总是令人厌恶的，并带有可怕的异常跟踪，但我们必须调试问题，而传统工具不能提供任何有用的信息。事实上，这是用 strace 所看到的信息：

```
futex(0x562d0be8, FUTEX_WAIT, 18119, NULL
```

但是，如果你使用 lsof 检查相同的进程，你得到的内容是这样的：

```
java   11511   user   32u   ipv4   1920022313   TCP   rogerbox:44332->rogerbox:22122
(SYN_SENT)
```

瞧，我们可以看到 Java 正在使用两个 IPv4 端口进行内部通信。它将数据包从一个端口发送到另一个端口，启动一个 TCP 连接。这是 TCP 连接三次握手的第一个序列由 SYN_SENT 状态指示。由于某些原因，监听 22122 端口的服务器没有响应。

在这个阶段，你可能想检查为什么数据包没有被服务器拒绝或接收。是路由有问题吗？在本地机器上，这可能不适用，但目的地址可能是其他地方？是防火墙有问题吗？你能使用 telnet 连接到相关的机器和端口吗？在这一点上，你还没有用来修复这个问题的所有工具，但是你已经完全明白是什么导致 Java 的行为异常。从现实的角度来看，问题已经解决了。

使用 perf

分析系统问题并不仅局限于用户空间。影响你安装基础的问题可能有更深层的根本原因。在这种情况下，使用诸如 strace、ltrace 以及其他工具将不够有效。在这个阶段，明智之举是探索其他工具，比如进程调试器和性能分析工具。

性能分析（profiling）是一种动态的程序分析方法，能够测量程序的各种指标，比如内存、时间复杂度、特定指令的使用，或者函数调用的频率和持续时间。性能分析信息的最常见用法是辅助程序优化。性能分析是通过插桩程序的源代码或可执行的二进制格式来获得的，这个工具被称为 profiler（或代码分析器）。profiler 可以使用多种不同的技术，诸如基于事件、统计、插桩和模拟的方法。

市场上有很多可用的商用产品。例如，你可能对 Intel Vtune Amplifier（Intel(R) VTune(TM) Amplifier XE 2013, n.d.）感兴趣，它是一个基于 32 位和 64 位 x86 机器的性能分析工具。尽管基本功能同时适用于 Intel 和 AMD 硬件，但高级的基于硬件的采样需要 Intel 制造的 CPU 支持。VTune Amplifier 有助于各种代码分析，包括堆栈采样、线程分析和硬件事件采样。分析器的结果包含一些细节，诸如每个子程序花费的时间，这可以深挖到指令级别。指令花费的时间是指令在执行期间流水线中的任何停顿的指示。该工具也可以用于分析线程性能。

然后，你可能还想探讨和使用 Valgrind（Valgrind, n.d.），一种用于内存调试、内存泄漏检测和分析的编程工具。Valgrind 本质是一个使用即时（JIT）编译技术的虚拟机，包括动态重新编译。

这些工具以及其他工具都需要在目标主机上安装和使用它们自己的驱动程序，来进行收集和分析。在本节中，我们不会专注于性能分析的商业实现。相反，我们将介绍一个叫做 perf 的内置的内核功能，它在 2.6.31 以后的主线版本上可用（Perfcounters added to the mainline, n.d.）。

介绍

perf（Linux kernel profiling with perf, n.d.）是 Linux 的一个性能分析工具。perf 是用户

空间控制的工具，带有像 git 的子命令接口。它能够对整个系统（内核和用户代码）、单个 CPU 或多个线程进行统计分析。

这个工具和内核的接口由单个系统调用（sys_ perf_event_open）组成，并通过一个文件描述符和一个映射的内存区域完成。perf 还使用 CPU 上的专用寄存器来计数事件。对于那些想在代码中设置性能监视的，其他系统调用可用，但这个主题已经超出本章节讨论范围。

由于大多数功能都整合在内核中，perf 不需要系统守护进程，并且开销非常低，这使得它适用于大多数任务。此外，perf 能够在具有硬件计数器的多种架构平台上运行，包括 x86, PowerPC64, UltraSPARC III 和 IV, ARM v5、v6、v7, Cortex-A8 和 A9, Alpha EV56, 以及 SH。

为什么不用 OProfile

另一个与 perf 非常相关的性能分析工具是 OProfile（Oprofile, n.d.）。OProfile 是一个针对 Linux 的系统级的性能分析工具，最初是为 Linux 内核版本 2.4 编写的。它是由一个内核模块、一个用户空间守护进程和几个用户空间工具组成的。它的基本使用模型和 perf 很相似。事实上，人们声称，perf 是 OProfile 的继承者，显著的区别是 perf 已经被添加到主线内核。

OProfile 能够分析整个系统或其部件，从中断程序或驱动程序到用户空间进程。它具有开销低的特点。OProfile 最轻便的模式是使用系统计时器产生采样中断（事件）。稍不轻便的模式允许使用硬件性能计数器来采样事件的生成，适用于若干个处理器架构。它在 Linux2.6 家系及以上版本中，支持多种处理器架构，包括 x86（32 位和 64 位）、DEC Alpha、MIPS、ARM、sparc64、ppc64 和 AVR32。

由于两个工具使用模式的相似性，以及 perf 已成为主线内核有机组成部分的这一事实，我们将专注于 perf 而不是 OProfile，OProfile 的讲解超出了本书的范围。但是有几个在线的参考 (Smashing performance with OProfile, n.d.) (Tuning Performance with OProfile, n.d.) (Linux super-duper admin tools: OProfile, n.d.) 为 OProfile 的测试和使用提供了一个良好的起点。

前提

性能分析工具的使用远不是微不足道的。在大多数情况下，它需要非常好地理解系统和预期的行为，以产生有意义的结果。此外，你应该相当精通 Liunx 内核概念，并拥有一些编程知识，以便能够利用这些工具达到最佳效果。

基本使用

perf 工具用户空间包由几个命令组成。有时，这些命令可以作为独立包装脚本或者二进制文件使用。最基本的语法是：

```
perf <command> <optional arguments>
```

可用的命令包括：

- stat：测量单个程序或系统在某一段时间内总计的事件数。
- top：类似 top 的动态视图，给出最热门的函数。
- record：测量和保存单个程序的采样数据。
- report：分析由 perf record 产生的文件，可以生成平面或图形化的分析结果。
- annotate：注释源码或汇编码。
- sched：跟踪 / 测量调度器的动作和延迟。
- list：列出可用事件。

如上所述，任何一个命令可以以 perf 二进制和命令组合的形式执行，或者通过包装工具来执行，诸如 perf-stat、perf-sched 及其他的。

事件

perf 工具能够测量来自不同源的事件，包括软件事件，比如纯内核计数器（上下文切换、轻微故障等），以及硬件事件。perf 可以测量微体系结构事件，由处理器上的性能监视单元（PMU）来报告，包括周期数、高速缓存未命中等。具体可收集到的事件取决于处理器类型和模式。支持事件的可用列表可以通过运行 perf list 命令来获取。

```
List of pre-defined events (to be used in -e):

  cpu-cycles OR cycles                               [Hardware event]

  stalled-cycles-frontend OR idle-cycles-frontend    [Hardware event]

  stalled-cycles-backend OR idle-cycles-backend      [Hardware event]

  instructions                                       [Hardware event]

  cache-references                                   [Hardware event]

  cache-misses                                       [Hardware event]

  cpu-clock                                          [Software event]

  task-clock                                         [Software event]

  page-faults OR faults                              [Software event]

  minor-faults                                       [Software event]

  major-faults                                       [Software event]

  ...
```

性能统计

对于任何支持的事件，perf 可以在进程执行期间保持运行计数。在某种程度上，这种工作模式类似于使用 -e 标志运行 strace，它输出执行的系统调用、错误、每个条目花费总时间的摘要。类似地，perf stat 命令将在应用程序运行结束时显示聚合事件的输出。例如，ls 命令的输出：

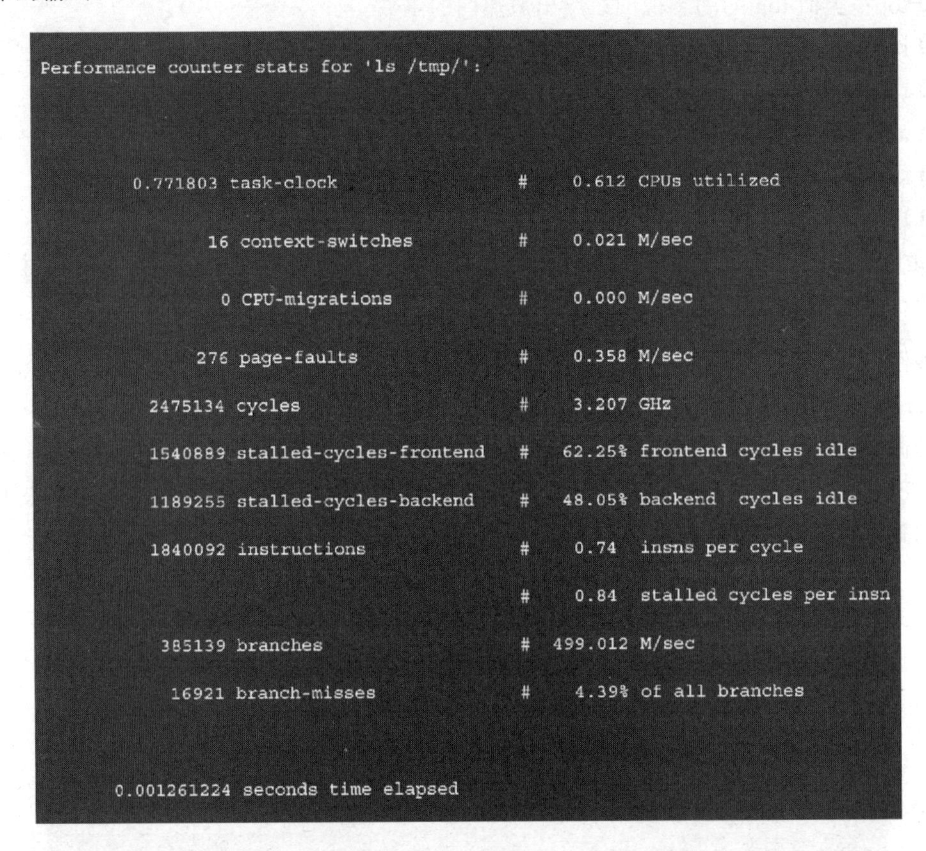

```
Performance counter stats for 'ls /tmp/':

        0.771803 task-clock                #    0.612 CPUs utilized
              16 context-switches          #    0.021 M/sec
               0 CPU-migrations            #    0.000 M/sec
             276 page-faults               #    0.358 M/sec
         2475134 cycles                    #    3.207 GHz
         1540889 stalled-cycles-frontend   #   62.25% frontend cycles idle
         1189255 stalled-cycles-backend    #   48.05% backend  cycles idle
         1840092 instructions              #    0.74  insns per cycle
                                           #    0.84  stalled cycles per insn
          385139 branches                  #  499.012 M/sec
           16921 branch-misses             #    4.39% of all branches

     0.001261224 seconds time elapsed
```

还可以通过指定一个或多个感兴趣的事件（类似于 strace 和 ltrace 使用 -e 标志）来缩小性能统计信息计数。事件选择可以通过使用显式的 -e 开关，以及可选的修饰符。例如：

- ❑ -e events：将测量用户和内核级别的事件。
- ❑ -e events：u 只测量用户级的事件。
- ❑ -e events：k 只计数内核事件。

另外有一些标志可用于虚拟化环境中主机或客户机操作系统上的管理程序和测量事件。有关详细信息请参阅官方文档。

硬件事件的收集可能更有趣，但它还需要使用硬件供应商文档，以及更深入地了解这些事件的作用。对于硬件事件，你需要使用十六进制参数代码。需要额外注意的是，当事件数量超过计数器数量时，需要使用多路复用和扩展。这超出了本书的范围。

perf也可以用来重复测量以评价进程执行的变化。如果你希望软件以可预测的方式运行，并且你需要了解可能改变执行结果的系统噪声或其他环境影响的水平，这将非常有用。反过来，这可能指向你设置或软件代码的问题。这种测量可以通过使用 -r 开关，类似于我们前面所看到的 iostat 和 vmstat 标志。

类似地，事件测量的粒度可以限于单个线程、进程和处理器（核），或者可以应用于整个系统。perf 还支持连接到正在运行的进程，如果你怀疑某个程序行为异常，并且希望实时检查其执行，这将会非常有用。

采样

采样与事件计数不同，因为它在相关采样计数器溢出时记录采样。数据使用 corerd 命令收集，然后产生的输出使用 report 和 annotate 命令分析。正如我们前面提到的，这种工作方式非常类似于 OProfile。

perf record 命令的默认采样事件是时钟周期事件。根据实际处理器架构，时钟周期事件将映射到特定硬件的事件，比如 Intel 架构上的 UNHALTED_CORE_CYCLES 或 AMD 处理器上的 CPU_CLK_UNHALTD。当处理器空闲时，不会报告时钟周期计数。让我们探讨一个例子。

我们做的是执行一个典型的内存 hog 进程，它占用 1GB 的内存，然后释放它。采样数据保存在名为 perf.data 的文件中，放在运行 perf record 命令的用户的主目录。

```
#perf record /tmp/memhog 1024M

hogging 1024 MB: 20 40 60 80 100 120 140 160 180 200 220 240 260 280 300 320 340 360
380 400 420 440 460 480 500 520 540 560 580 600 620 640 660 680 700 720 740 760 780
800 820 840 860 880 900 920 940 960 980 1000 1020 1024

[ perf record: Woken up 1 times to write data ]

[ perf record: Captured and wrote 0.114 MB perf.data (~5000 samples) ]
```

一个有趣的指标是，perf 工具收集大约 5000 个样本。默认采样率为 1000 Hz，这表明工具运行约 5 秒钟。这可以用于在各自环境中估计运行进程的预期事件速率，特别是在比较好（健康）系统和坏系统时。

如果你计时 memhog 1 GB 分配的执行时间，你应该看到一个总时间，大致近似于收集的样本数除以收集频率。

```
#/usr/bin/time /tmp/memhog 1024M

hogging 1024 MB: 20 40 60 80 100 120 140 160 180 200 220 240 260 280 300 320 340 360
380 400 420 440 460 480 500 520 540 560 580 600 620 640 660 680 700 720 740 760 780
800 820 840 860 880 900 920 940 960 980 1000 1020 1024
```

```
2.33user 0.44system 0:04.38elapsed 63%CPU (0avgtext+0avgdata 4015936maxresident)k
0inputs+0outputs (0major+251032minor)pagefaults 0swaps
```

要分析数据，只需运行 perf report 命令。运行示例如图 5.7 所示。

```
Events: 2K cycles
   88.22%  memhog  memhog              [.] main
    5.13%  memhog  [kernel.kallsyms]   [k] clear_page_c
    1.32%  memhog  [kernel.kallsyms]   [k] page_fault
    1.19%  memhog  [kernel.kallsyms]   [k] mem_cgroup_charge_common
    0.55%  memhog  [kernel.kallsyms]   [k] __mem_cgroup_commit_charge
    0.39%  memhog  ld-2.11.3.so        [.] dl_main
    0.33%  memhog  [kernel.kallsyms]   [k] __rmqueue
    0.29%  memhog  [kernel.kallsyms]   [k] page_add_new_anon_rmap
    0.22%  memhog  [kernel.kallsyms]   [k] mem_cgroup_add_lru_list
    0.18%  memhog  [kernel.kallsyms]   [k] get_page_from_freelist
    0.18%  memhog  [kernel.kallsyms]   [k] __alloc_pages_nodemask
    0.18%  memhog  [kernel.kallsyms]   [k] prep_new_page
    0.15%  memhog  [kernel.kallsyms]   [k] do_page_fault
    0.15%  memhog  [kernel.kallsyms]   [k] ____pagevec_lru_add_fn
    0.11%  memhog  [kernel.kallsyms]   [k] handle_mm_fault
    0.11%  memhog  [kernel.kallsyms]   [k] do_anonymous_page
    0.07%  memhog  [kernel.kallsyms]   [k] mem_cgroup_count_vm_event
    0.07%  memhog  [kernel.kallsyms]   [k] down_read_trylock
    0.07%  memhog  [kernel.kallsyms]   [k] _raw_spin_lock
    0.07%  memhog  [kernel.kallsyms]   [k] __inc_zone_page_state
    0.07%  memhog  [kernel.kallsyms]   [k] mem_cgroup_charge_statistics
```

图 5.7　perf report 的运行示例

在讨论实际结果之前，让我们简要介绍报告格式。第一列表示在相应函数中收集的总样本的百分比。第二列报告收集样本的进程。在每个线程 / 进程模式下，这将始终是受监视命令的名称。在 CPU-wide 模式下，命令名称可能不同。

第三列显示样本来自的 ELF 图像的名称。如果程序是动态链接的，则可以显示共享库的名称。当样本来自内核时，则使用伪 ELF 图像名称 [kernel.kallsyms]。第四列指示采样的特权级别，即程序在中断时运行的级别。对应于我们前面提到的修饰符，存在以下级别：

- [.]：用户级别
- [k]：内核级别
- [g]：客户内核级别（虚拟化）
- [u]：客户操作系统用户空间
- [H]：管理程序

最后一列显示符号名称。如果你有兴趣了解更多特定符号名称的详细信息，可以参考 Linux 交叉引用网站（The Linux Cross Reference, n.d.），并搜索特定的字符串条目，或者如果你有对应于发行版的可用内核源（通常在 /usr/src/linux 下），请查阅它们。

回到我们的例子，我们知道进程 memhog 在主函数中花费了 88% 的时间。但是，我们还有一些 clear_page_c 和 page_fault 事件。就其本身而言，报告可能没有意义，但它可以是具有不同性能或行为模式的系统或应用程序之间比较的有力指示符。有不同的输出格式选项可用。有关更多详细信息，请参阅官方文档和手册页。

注释

注释命令的使用允许你深入到要分析程序的指令级别。在这种模式下，所有采样的函数都被分解，每个指令将获得采样的相对百分比报告。解释这些信息超出了本书的范围，这是因为它的敏感性和对要分析进程的高水平理解需求。

perf 的 top 命令

perf 工具还可以在非常类似于 Linux top 命令的模式下操作，实时打印采样函数。默认情况工作在 processor-wide 模式下，top 命令将基于花费的时间显示一个自顶向下的采样函数列表。存在多种键盘快捷键可用于以不同的方式过滤显示的信息。我们可以在图 5.8 看到这一点。

```
   122 irqs/sec  kernel:73.0%  exact:  0.0% [1000Hz cycles],  (all, 16 CPUs)
-----------------------------------------------------------------------------

 samples  pcnt function                        DSO
 _______ _____ _____________________________  __________________________

  455.00 19.4% intel_idle                      [kernel.kallsyms]
  136.00  5.8% Perl_hv_common                  /usr/bin/perl
   77.00  3.3% find_busiest_group              [kernel.kallsyms]
   63.00  2.7% __pthread_getspecific_internal /lib64/libpthread-2.11.3.so
   56.00  2.4% Perl_sv_setsv_flags             /usr/bin/perl
   56.00  2.4% Perl_re_compile                 /usr/bin/perl
   56.00  2.4% _int_malloc                     /lib64/libc-2.11.3.so
   45.00  1.9% Perl_leave_scope                /usr/bin/perl
   43.00  1.8% Perl_pp_padsv                   /usr/bin/perl
   41.        1.7% rcu_needs_cpu               [kernel.kallsyms]
   39.        1.7% Perl_pp_rv2av               /usr/bin/perl
   37.00  1.6% Perl_re_intuit_start            /usr/bin/perl
   34.00  1.4% Perl_pp_helem                   /usr/bin/perl
   34.00  1.4% _int_free                       /lib64/libc-2.11.3.so
   33.00  1.4% memcpy                          /lib64/libc-2.11.3.so
```

图 5.8　perf top 输出

基础实例

现在，我们将执行系统问题的分析，其中性能的影响不能被包括跟踪程序在内的更多传统工具所感知或分析，并且系统信息工具也帮不上多少。

问题如下。在大型数据中心中，你的一个客户正在运行其软件工具的编译，以多线程执行，作业并行在几个主机上。在特定的主机群集上，客户在预期封装内报告结果，类似于其合成测试。但是，一个不同批次的服务器报告性能下降。

乍一看，服务器在硬件和软件堆栈的所有级别上都是一致的。它们都是相同的企业级系统，具有相同的规格，甚至相同的 BIOS 版本和配置。网络连接是相同的，内核以及安装在这些系统上的所有应用程序也是如此。使用一级和二级系统管理工具运行基本检查显示没有区别。

最初，你怀疑涉及一个网络组件，但网络管理团队报告在其监视器中没有性能下降。由于每个主机上正在运行多个任务，你无法轻松地隔离有问题的进程，这使问题进一步复杂化。

这种情况与你在大量公司中会遇到的情况没有太大的不同。但是，除了办公室政治和操作方式迥异之外，你都是希望解决问题，以便你的客户可以恢复正常工作。

我们现在将利用 perf 工具，在所谓的好系统和坏系统之间进行方法化的比较。我们已经结束了基于其他工具的基本分析，这就是为什么我们现在要使用 perf。

首先，让我们看看在“好”系统上的运行：

```
[ perf record: Woken up 773 times to write data ]

[ perf record: Captured and wrote 195.106 MB perf.data (~8524291 samples) ]
```

统计如下：

```
Performance counter stats for 'make 8':


    3798653.532225 task-clock                  #    8.051 CPUs utilized

         1390973 context-switches              #    0.000 M/sec

          190877 CPU-migrations                #    0.000 M/sec

       206911500 page-faults                   #    0.054 M/sec

    11702909085060 cycles                      #    3.081 GHz

     6184300130309 stalled-cycles-frontend     #   52.84% frontend cycles idle

     4662835577081 stalled-cycles-backend      #   39.84% backend  cycles idle

    12026471058401 instructions                #    1.03  insns per cycle

                                               #    0.51  stalled cycles per insn

     2635513137580 branches                    #  693.802 M/sec

       79976854111 branch-misses               #    3.03% of all branches


     471.846130001 seconds time elapsed
```

同样，perf 报告中的深度探讨显示如下的结果：

```
74.21%        cc1  cc1                  [.] 0x2e4b80
 3.62%         as  as                   [.] 0x10665
 2.15%        cc1  libc-2.11.3.so       [.] _int_malloc
 1.45%        cc1  [kernel.kallsyms]    [k] clear_page_c
 1.37%        cc1  libc-2.11.3.so       [.] __GI_memset
 0.70%        cc1  libc-2.11.3.so       [.] vfprintf
 0.69%   genksyms  genksyms             [.] yylex
 0.62%        cc1  libc-2.11.3.so       [.] _int_free
 0.60%        cc1  [kernel.kallsyms]    [k] page_fault
 0.59%        cc1  libc-2.11.3.so       [.] memcpy
 0.45%        cc1  libc-2.11.3.so       [.] __GI___libc_free
 0.41%        cc1  libc-2.11.3.so       [.] __GI___libc_malloc
 0.41%        cc1  libc-2.11.3.so       [.] malloc_consolidate
 0.38%        cc1  libc-2.11.3.so       [.] __calloc
 0.35%   genksyms  genksyms             [.] find_symbol
 0.31%        cc1  libc-2.11.3.so       [.] __strlen_sse42
```

“坏”系统的行为非常有趣，因为与“好”系统的差异在报告中没有直接证据。我们可以在捕获数据总大小和收集到样本的数量上看到细微的差异。

```
[ perf record: Woken up 850 times to write data ]
[ perf record: Captured and wrote 212.391 MB perf.data (~9279511 samples) ]
```

此外，实际报告几乎相同，大约70%的时间用于编译，紧跟着大约4%用于GNU汇编器。这些数字与“好”系统非常一致。

```
70.28%             cc1  cc1                  [.] 0x4893b0
 4.24%              as  as                   [.] 0xfe40
 1.97%             cc1  libc-2.11.3.so       [.] _int_malloc
 1.49%             cc1  [kernel.kallsyms]    [k] clear_page_c
```

```
1.28%         ccl  libc-2.11.3.so          [.] __GI_memset
0.79%    genksyms  genksyms                [.] yylex
0.70%         ccl  libc-2.11.3.so          [.] vfprintf
0.61%         ccl  [kernel.kallsyms]       [k] page_fault
0.57%         ccl  libc-2.11.3.so          [.] memcpy
0.57%         ccl  libc-2.11.3.so          [.] _int_free
0.41%         ccl  libc-2.11.3.so          [.] __GI___libc_free
0.38%      fixdep  fixdep                  [.] parse_dep_file
```

收集 perf 统计数据（使用 perf stat）应该更清楚地说明问题。确实，我们观察到两种类型系统行为的显著差异。在典型的坏主机上，采样花费了近一个小时。在这段时间内，我们看到平均 CPU 利用率只有 0.995 个核，尽管 make 命令具有并行性。

```
 Performance counter stats for 'make -j 8':

3506718.545209 task-clock                 #    0.995 CPUs utilized
      2892157 context-switches            #    0.001 M/sec
         2100 CPU-migrations              #    0.000 M/sec
    206912750 page-faults                 #    0.059 M/sec
11557036224689 cycles                     #    3.296 GHz
 6096210637867 stalled-cycles-frontend    #   52.75% frontend cycles idle
 4642587676357 stalled-cycles-backend     #   40.17% backend  cycles idle
11987904817934 instructions               #    1.04  insns per cycle
                                          #    0.51  stalled cycles per insn
 2622512483595 branches                   #  747.854 M/sec
   81167564946 branch-misses              #    3.10% of all branches
3524.728435564 seconds time elapsed
```

在好的系统上，执行明显更短，大约只有 15 分钟。虽然每个周期的指令数量和总体分支速度几乎相同，但是 CPU 利用率是不同的，有 8.051 个核，接近于使用 -j 8 标志运行 make 命令时的预期吞吐量。

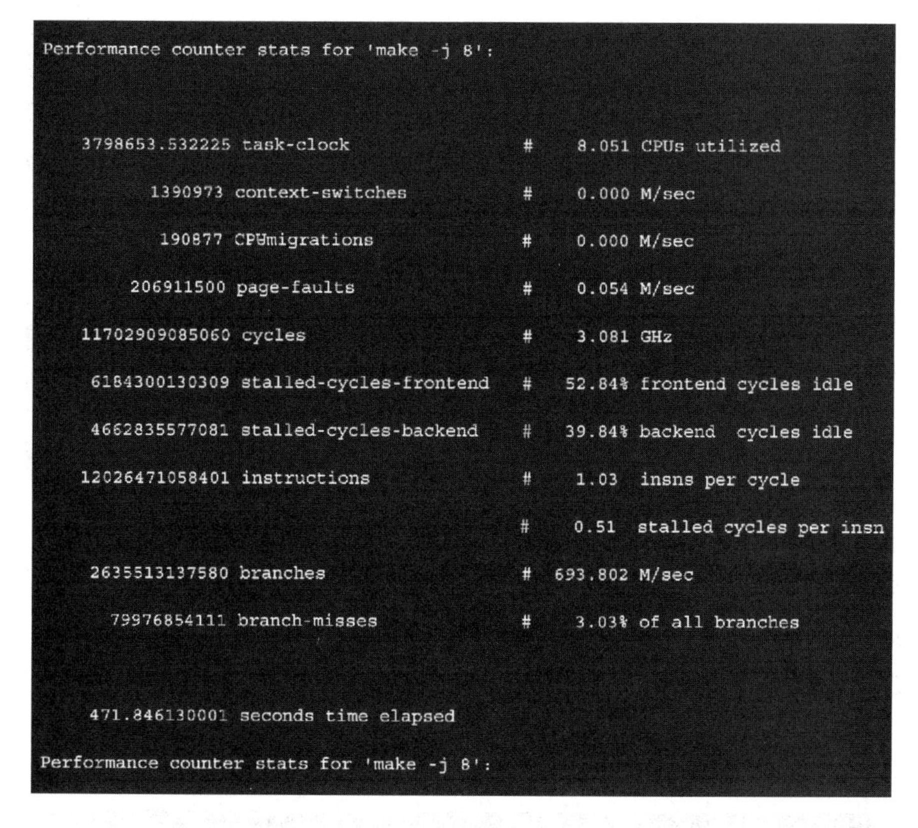

```
Performance counter stats for 'make -j 8':


    3798653.532225 task-clock                #    8.051 CPUs utilized
           1390973 context-switches          #    0.000 M/sec
            190877 CPUmigrations             #    0.000 M/sec
         206911500 page-faults               #    0.054 M/sec
    11702909085060 cycles                    #    3.081 GHz
     6184300130309 stalled-cycles-frontend   #   52.84% frontend cycles idle
     4662835577081 stalled-cycles-backend    #   39.84% backend  cycles idle
    12026471058401 instructions              #    1.03  insns per cycle
                                             #    0.51  stalled cycles per insn
     2635513137580 branches                  #  693.802 M/sec
       79976854111 branch-misses             #    3.03% of all branches


     471.846130001 seconds time elapsed
Performance counter stats for 'make -j 8':
```

我们在这里学到了什么？可以看到，由于某种原因，运行多线程编译时，坏批次的主机性能不佳。由于没有观察到任何硬件配置、BIOS设置或内核可调参数的问题，我们专注于应用程序堆栈。事实上，挖掘具体应用程序代码，揭示了在应用程序源文件中硬编码的NUMA逻辑有缺陷（基于假设的特定硬件集的网络拓扑）。

一旦客户意识到问题，他们调整了自己的软件，重新获得了性能，以及重新获得其任务的一致行为。在其他系统管理工具不能揭示问题根本原因的任何有用线索的情况下，使用perf工具是可能的。

高级实例

假设你有一个Linux系统，多个用户在上面工作，运行在NFS文件系统上。其中一个用户报告在访问网络对象比如文件和目录的时候性能降低。其他用户没有这样的困扰。你使用strace开始研究。

你使用-c标志执行概要运行；然而，在这两种情况下，系统调用和错误的数量以及它们的顺序是相同的。唯一的区别是，一个用户的特定系统调用比其他用户花费更长的时间。你可以使用-e标志缩小测试范围，跟踪单个调用。对于所谓的有问题的用户，stat系统调用的结果一贯很慢：

```
strace -tt -T -e lstat /usr/bin/stat /nfs/object.txt

14:04:28.659680 lstat("/nfs/object.txt", {st_mode=S_IFREG|0755,

st_size=291, ...}) = 0 <0.011364>
```

另一方面，所谓健康的用户没有这样的担忧：

```
strace -tt -T -e lstat /usr/bin/stat /nfs/object.txt

14:04:54.032616 lstat("/nfs/object.txt", {st_mode=S_IFREG|0755,

st_size=291, ...}) = 0 <0.000069>
```

两个用户的环境设置没有区别。他们都使用相同的 shell。一切都是完美的，除了在 stat 系统调用时间的一个小差异。如果使用通常的工具集，你就刚好走进了死胡同。

呼叫骑兵部队

现在，让我们看看 perf 可以做什么。在 stat 命令上运行测试包。这是一个启动研究的非常好的方式，因为你会得到关于内核中发生了什么的一个整洁总结，这有助于指出排除故障的下一个主导性线索。事实上，对于健康的系统，我们得到：

```
Performance counter stats for '/usr/bin/stat /nfs/object.txt':


      3.333125  task-clock-msecs        #      0.455 CPUs

             6  context-switches        #      0.002 M/sec

             0  CPU-migrations          #      0.000 M/sec

           326  page-faults             #      0.098 M/sec

       3947536  cycles                  #   1184.335 M/sec

       2201811  instructions            #      0.558 IPC

         45294  cache-references        #     13.589 M/sec

         11828  cache-misses            #      3.549 M/sec


   0.007327727  seconds time elapsed
```

对于行为异常的用户：

```
Performance counter stats for '/usr/bin/stat /nfs/object.txt':

      14.167143  task-clock-msecs         #      0.737 CPUs
              7  context-switches         #      0.000 M/sec
              0  CPU-migrations           #      0.000 M/sec
            326  page-faults              #      0.023 M/sec
       17699949  cycles                   #   1249.366 M/sec
        4424158  instructions             #      0.250 IPC
         304109  cache-references         #     21.466 M/sec
          60553  cache-misses             #      4.274 M/sec

    0.019216707  seconds time elapsed
```

两者之间有明显的区别。虽然CPU速度相同，并且迁移、上下文切换和页面故障的数量均相同，但是出问题的用户拖延了大约五倍时间，使用更多的时钟周期和指令，导致命令完成需要更多的总时间。这已经告诉我们出问题了。

让我们探索得更深一些。现在让我们记录运行，然后使用report命令分析数据。这将让我们对真正发生的事情有更详细的了解。下面是“好”用户的报告：

```
# Samples: 56
#
# Overhead  Command      Shared Object  Symbol
# ........  .......  .................  ......
#
     5.36%     stat  [kernel]           [k] page_fault
     5.36%     perf  /usr/bin/perf      [.] 0x0000000000d099
```

```
        3.57%     stat  [kernel]             [k] flush_tlb_others_ipi
        3.57%     stat  [kernel]             [k] handle_mm_fault
        3.57%     stat  [kernel]             [k] find_vma
        3.57%     stat  /lib64/libc-2...     [.] __GI_strcmp
        3.57%     stat  /lib64/ld-2.11...    [.] _dl_lookup_symbol_x
        3.57%     perf  [kernel]             [k] _spin_lock
        1.79%     stat  [kernel]             [k] flush_tlb_mm
        1.79%     stat  [kernel]             [k] finish_task_switch
        1.79%     stat  [kernel]             [k] ktime_get_ts
```

对于“坏”用户，我们看到一个不同的报告：

```
# Samples: 143
#
# Overhead  Command      Shared Object  Symbol
# ........  .......  .................  ......
#
    57.34%     stat  [kernel]           [k] rpcauth_lookup_credcache [sunrpc]
     2.80%     stat  [kernel]           [k] generic_match [sunrpc]
     2.10%     stat  [kernel]           [k] clear_page_c
     1.40%     stat  [kernel]           [k] flush_tlb_others_ipi
     1.40%     stat  [kernel]           [k] __do_fault
     1.40%     stat  [kernel]           [k] zap_pte_range
     1.40%     stat  [kernel]           [k] handle_mm_fault
     1.40%     stat  [kernel]           [k] __link_path_walk
     1.40%     stat  [kernel]           [k] page_fault
     1.40%     stat  /lib64/libc-2...   [.] __GI_strcmp
     1.40%     stat  /lib64/ld-2.11...  [.] _dl_load_cache_lookup
```

对报告的理解

多亏了 perf，我们可以直接看到差异。“坏”用户使用 rpcauth_lookup_credcache 符号浪费了大量时间，该符号链入 sunrpc 内核模块中。此刻，你有需要的所有信息，去上网做一个恰当限定的和智能的搜索。仅仅通过打出符号的名称，你会发现几个邮件列表引用指向这种现象，这反过来指向一个真正的错误。我们的问题没有立即得到解决，但我们找到了问题的来源，可以通过使用内核 profiler 获得的可靠信息来处理这个问题。

小结

perf 是一个强大的高级工具，用于检测系统中 CPU、内存和总线堆栈中的瓶颈。一方面，它需要对 Linux 系统有更深的理解，在没有上下文的情况下不能解释其结果，并且在分析时对系统应该做什么需要有一些基本的认识。另一方面，它提供了使用更传统的系统管理工具所不能获得的有用信息。

使用 gdb

在本章中，我们首先了解通过跟踪其系统调用和函数来分析应用程序。之后，我们深入挖掘并查看内核事件。现在，我们将进入应用程序空间，尝试通过逐步调试过程来检查二进制文件的行为，以了解如何检修问题。

简而言之，它归结为：你写了一段代码，想编译并运行它。或者你有一个二进制文件，正在运行它。唯一的问题是，执行因为段错误而失败。从现实的角度来看，你调用它一整天了。更糟糕的是，你的客户正大叫大嚷着强烈要求帮助，因为他们软件的关键部分失败了，而他们对可能的根本原因毫无线索。

为此，我们将讨论进程调试器的使用。也就是说，我们将关注广泛流行的 GNU 调试器，这是用于类 UNIX 系统的标准进程调试器。我们将学习如何处理行为异常的二进制代码，如何逐步检查其执行，如何解释错误和问题，甚至步进到汇编代码并寻找问题所在。

介绍

gdb 允许你看到在另一个程序执行过程中发生了什么——或者另一个程序在崩溃的时刻正在做什么。gdb 可以做四种主要的任务，从而帮助你在现场找到并捕捉 bug：

- 启动程序，指定可能影响其行为的任何内容。
- 让你的程序在指定条件下停止。
- 检查当程序停止时发生了什么。
- 更改程序中的内容，以便你可能纠正一个错误的影响后，继续了解另一个错误。

被调试的程序可以用 Ada、C、C++、Objective-C、Pascal 以及许多其他语言编写。这些程序可以与调试器（本机）在同一台机器上执行，或在另一台机器（远程）上执行。gdb

可以在最流行的 UNIXm 类 UNIX 和 Microsoft Windows 变体上运行。

前提

我们想强调的是，这并不容易。使用 gdb 不是任何人闲暇时都可以做的。你必须满足许多要求才能成功使用 gdb。

源文件

你可以调试代码而无需访问源文件。然而，你的任务将更加困难，因为你不能参考实际代码，并试图理解在执行中是否存在任何种类的逻辑错误。你只能跟随症状，并试图找出哪里的东西可能是错的，而无法知道为什么出错。

符号编译的源代码

出于这一考虑，你一定想要带有符号的源代码，以便你可以将二进制程序中的指令映射到源代码中的相应函数和行。否则，你只会在黑暗中摸索。

理解 Linux 系统

这可能是最重要的元素。首先，你需要一些 Linux 内存管理的核心知识，然后是基本概念，比如代码、数据、堆、栈等。你也应该能够在一定程度上操纵 /proc。举例来说，你还应该熟悉 AT & T 汇编语法，这是在 Linux 中使用的语法，与 Intel 语法相反。

简单实例

我们将从一个简单的实例开始：一个空指针。在门外汉看来，空指针是指向存储器空间中的某一地址的指针，该地址没有有意义的值，并且无论什么原因都不能被调用程序所引用。这通常会导致未处理的错误，从而导致段错误。以下就是我们的源代码：

```
#include <stdio.h>

int main (int argc, char* argv[])
{
   int* boom=0;
   printf("hello %d",*boom);
}
```

现在，让我们用符号来编译它，这通过在运行 gcc 时使用 -g 标志来完成。

```
gcc -g source.c -o binary.bin
```

然后我们运行它，并得到一个讨厌的段错误：

```
#./binary.bin
```

```
Segmentation fault
```

现在，你可能想尝试使用标准工具调试这个问题，例如strace、ltrace，也许lsof以及其他几个。通常，你会这样做，因为有一个有条理的方法解决问题总是好的，你应该从简单的事情开始。然而，现在我们将故意不这样做，去把事情简单化。随着逐章递进，我们也将看到更复杂的例子以及其他工具的使用。

好的，现在我们开始使用GNU调试器。我们将再一次启动程序，这次通过gdb。语法很简单：

```
#gdb binary.bin
GNU gdb (GDB) SUSE (7.3-0.6.1)
Copyright (C) 2011 Free Software Foundation, Inc.
License GPLv3+: GNU GPL version 3 or later <http://gnu.org/licenses/gpl.html>
This is free software: you are free to change and redistribute it.
There is NO WARRANTY, to the extent permitted by law.  Type "show copying"
and "show warranty" for details.
This GDB was configured as "x86_64-suse-linux".
For bug reporting instructions, please see:
<http://www.gnu.org/software/gdb/bugs/>...
Reading symbols from /tmp/binary.bin...done.
(gdb)
```

暂时，什么也没有发生。重要的是，gdb已经从我们的二进制文件读取符号。下一步是运行程序并重现段错误。要做到这一点，只需要在gdb内部运行命令。

```
(gdb) run
Starting program: /tmp/binary.bin

Program received signal SIGSEGV, Segmentation fault.
0x0000000000400557 in main (argc=1, argv=0x7fffffffe458) at file.c:6
6           printf("hello %d",*boom);
(gdb)
```

我们看到几个重要的细节。首先，我们看到程序崩溃。问题出在源代码的第六行，如图所示，我们的 printf 行。这是否意味着 printf 有问题？可能不是，但是问题很可能出在 printf 尝试使用的变量上。情况变得复杂起来。

其次，你可能还会看到一条消息，指出用于第三方库的个别 debuginfo（符号）缺失，第三方库不是我们自己代码的一部分。这意味着我们可以 hook 他们的执行，但不会看到任何符号。我们将很快看到一个例子。

我们在这里学到的是，我们有 gdb 不会自动运行的符号，以及我们有一个有意义的方式重现问题。记住这一点很重要，当我们讨论何时运行或不运行 gdb 时将会扼要重述。

断点

从头至尾运行程序不会产生足够有意义的信息。我们需要在 printf 行之前暂停执行。输入断点，就像使用编译器一样。我们将进入主函数，逐步执行直到问题再次出现，然后重新运行并中断，一次一个地执行命令以减少段错误。

至此，我们需要 break 命令，它允许你具体指定断点，或者在自己的函数或由外部库加载的第三方函数指定断点，或者在源代码的特定行指定断点——马上会有一个例子。然后，我们将使用 info 命令来检查断点。我们将断点放在 main（ ）函数中。作为一个基本原则，这总是一个好的起点。

```
(gdb) break main
Breakpoint 1 at 0x40054b: file file.c, line 5.
(gdb) info breakpoint
Num     Type           Disp Enb Address            What
1       breakpoint     keep y   0x000000000040054b in main at file.c:5
```

现在，我们再次运行代码。当我们到达 main() 时，执行暂停。

```
(gdb) run
The program being debugged has been started already.
Start it from the beginning? (y or n) y
Starting program: /tmp/binary.bin

Breakpoint 1, main (argc=1, argv=0x7fffffffe458) at file.c:5
```

```
5          int* boom=0;
(gdb)
```

逐步执行

现在我们已经停在 main 函数的入口，我们将使用 next 命令逐行执行代码。幸运的是，没有太多的代码需要执行。仅仅两步之后，我们遇到段错误。很好。

```
(gdb) next
6          printf("hello %d",*boom);
(gdb) next

Program received signal SIGSEGV, Segmentation fault.
0x0000000000400557 in main (argc=1, argv=0x7fffffffe458) at file.c:6
6          printf("hello %d",*boom);
(gdb)
```

我们现在重新运行代码，进入 main() 函数，做单步调试，直到 printf，然后暂停并检查汇编代码，这办法再好不过了！

```
(gdb) run
The program being debugged has been started already.
Start it from the beginning? (y or n) y
Starting program: /tmp/binary.bin

Breakpoint 1, main (argc=1, argv=0x7fffffffe458) at file.c:5
5          int* boom=0;
(gdb) next
```

```
6           printf("hello %d",*boom);

(gdb)
```

反汇编

事实上，在这个阶段，代码什么都不能告诉我们。我们已经穷尽了自己的理解也不知道代码里到底发生了什么。表面上看，似乎没有任何大问题，或者，我们还无法看到它。

所以我们将使用反汇编命令，它将转储（dump）汇编代码。只需在 gdb 中键入 disassemble，这将转储你的代码使用的汇编指令。

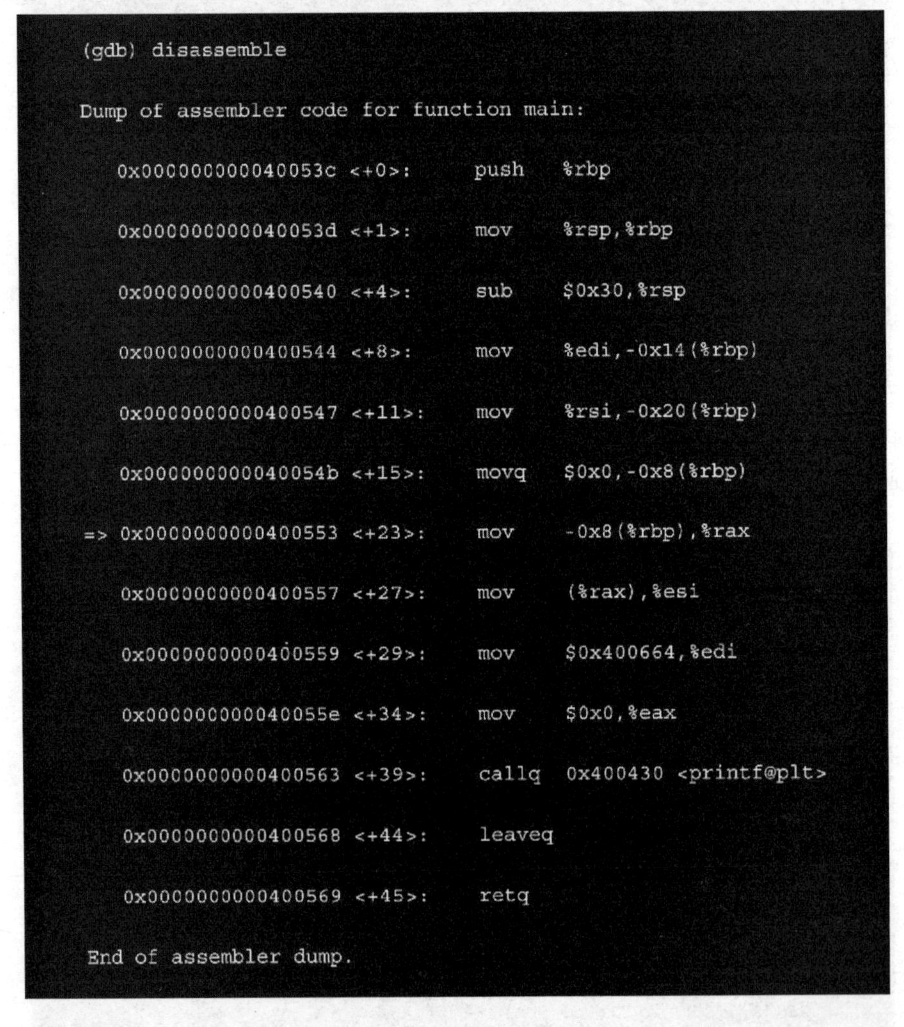

```
(gdb) disassemble

Dump of assembler code for function main:

   0x000000000040053c <+0>:     push   %rbp

   0x000000000040053d <+1>:     mov    %rsp,%rbp

   0x0000000000400540 <+4>:     sub    $0x30,%rsp

   0x0000000000400544 <+8>:     mov    %edi,-0x14(%rbp)

   0x0000000000400547 <+11>:    mov    %rsi,-0x20(%rbp)

   0x000000000040054b <+15>:    movq   $0x0,-0x8(%rbp)

=> 0x0000000000400553 <+23>:    mov    -0x8(%rbp),%rax

   0x0000000000400557 <+27>:    mov    (%rax),%esi

   0x0000000000400559 <+29>:    mov    $0x400664,%edi

   0x000000000040055e <+34>:    mov    $0x0,%eax

   0x0000000000400563 <+39>:    callq  0x400430 <printf@plt>

   0x0000000000400568 <+44>:    leaveq

   0x0000000000400569 <+45>:    retq

End of assembler dump.
```

这可能是教程中最困难的部分，让我们试着理解在这里看到的，再次用非常简化的语言。

左边是内存地址。第二列显示内存空间从起始地址开始的增量。第三列显示助记符。第四列包括实际寄存器和值。

有一个小箭头指向我们现在执行的内存地址。在偏移量 40054b 处，我们将移动存储在基本指针下 8 个字节的值到 RAX 寄存器中。在那之前的一行中，我们将值 0 移入 RBP-8 地址。所以现在，我们在 RAX 寄存器中的值为 0。

```
   0x000000000040054b <+15>:    movq   $0x0,-0x8(%rbp)

=> 0x0000000000400553 <+23>:    mov    -0x8(%rbp),%rax
```

我们的下一个指令会导致段错误，正如我们之前使用 next 命令逐步执行代码时所看到的。

```
0x0000000000400557 <+27>:    mov    (%rax),%esi
```

所以我们需要了解这里为什么会出错。让我们检查下 ESI 寄存器，它应该得到这个新的值。我们可以使用 examine 或 x 命令来做到这一点。你可以使用各种输出格式，但现在这并不重要。

```
(gdb) x $rax

0x7ffff7ddaf40 <environ>:       0xffffe468

(gdb) x $esi

0xffffffffffffe458:     Cannot access memory at address 0xffffffffffffe458
```

我们得到一个消息：我们不能访问指定地址的内存。这是其中的一个线索，现在问题解决了。我们尝试访问非法内存地址。至于我们为什么突破内存分配以及如何知道，我们将很快学习到。

不那么简单的实例

现在，我们做一些更复杂的事情。我们使用标准的内存分配子程序，创建一个称为指针的动态数组。然后我们将循环，每次迭代将 i 值加 1，直到指针超出其允许的内存空间，也称为堆溢出。作为一个实验例子可以理解，但让我们看看当现实生活中发生这种情况时，我们如何处理这样的问题。

最重要的是，我们将学习更多 gdb 命令。下面是源代码：

```
#include <stdio.h>
#include <stdlib.h>

main()
{
   int *pointer;
   int i;
   pointer = malloc(sizeof(int));
   for (i = 0; 1; i++)
   {
      pointer[i]=i;
      printf("pointer[%d] = %d\n", i, pointer[i]);
   }
   return(0);
}
```

让我们编译：

```
gcc -g seg.c -o seg
```

当我们运行它，我们看到的是这样的：

```
./seg
...
pointer[33785] = 33785
pointer[33786] = 33786
pointer[33787] = 33787
Segmentation fault
```

现在，在使用 gdb 和汇编之前，让我们尝试一些常规的调试。比如说，你想尝试使用标准系统管理和故障排除工具比如 strace 解决问题。在早些时候听说过 strace 之后，你知道了这个工具的价值，你想先尝试简单的步骤。事实上，strace 在大多数情况下都有效果。但在这里，是没有用的。

```
15715 write(1, "pointer[33784] = 33784\n", 23) = 23
15715 write(1, "pointer[33785] = 33785\n", 23) = 23
15715 write(1, "pointer[33786] = 33786\n", 23) = 23
15715 write(1, "pointer[33787] = 33787\n", 23) = 23
15715 --- SIGSEGV (Segmentation fault) @ 0 (0) ---
15715 +++ killed by SIGSEGV +++
```

真的没有什么是有用的。事实上，没有经典的工具会给你任何迹象表明这里发生了什么。所以我们需要一个调试器，在本例中是 gdb。加载程序。

```
gdb /tmp/seg
```

断点

像以前一样，我们设置一个断点。然而，在 main（）函数设置断点不会对我们有好处，因为程序将进入 main（）一次，然后循环，永远不会回到设置的断点。所以我们需要在别处设置。我们需要在代码的特定行中断。

为了确定最佳位置，我们可以运行代码，并尝试找出问题发生的位置。我们也可以看看代码，做一个有根据的猜测。这应该是在 for 循环中的某个地方。也许，是它开始的地方？

```
(gdb) break 10

Breakpoint 1 at 0x4005a9: file /tmp/seg.c, line 10.
```

条件

好吧，但这不够好。我们将在循环的每个入口都设置一个断点，并且从执行开始，我们看到将有超过 30K 的迭代。我们不能每次都手动输入 cont 并按 Enter。所以我们需要一个条件，一个 if 语句，当满足特定条件时才会中断。

从我们运行的例子来看，当 i 的值达到 33787 的值时出现问题，所以我们将在那之前的一或两个循环迭代位置设置一个条件断点。每个断点设置条件。设置好后注意断点号，因为我们需要该数字来设置条件。

```
break 10
Breakpoint 1 at ...
```

接着：

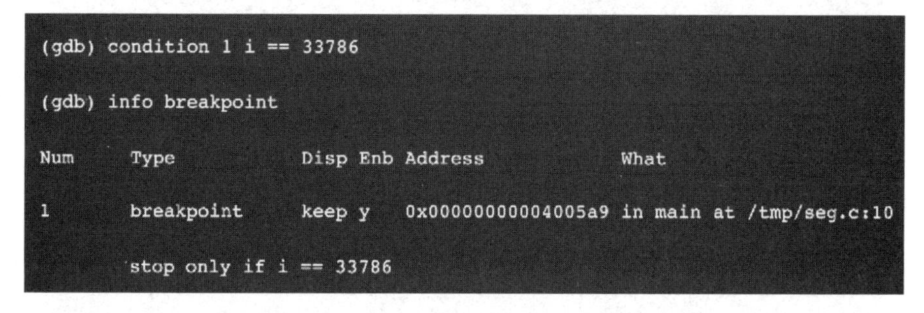

```
(gdb) condition 1 i == 33786

(gdb) info breakpoint

Num     Type           Disp Enb Address            What

1       breakpoint     keep y   0x00000000004005a9 in main at /tmp/seg.c:10

        stop only if i == 33786
```

如果你有多个断点，并且想设置多个条件，那么你需要启用正确的断点号。现在，我们准备滚动，输入 run 并让 for 循环快速运行一段时间。

```
pointer[33782] = 33782

pointer[33783] = 33783

pointer[33784] = 33784

pointer[33785] = 33785


Breakpoint 1, main () at /tmp/seg.c:11

11              pointer[i]=i;

(gdb)
```

现在，我们通过使用 next 命令，逐步遍历代码。

```
Breakpoint 1, main () at /tmp/seg.c:11

11              pointer[i]=i;

(gdb) next

12              printf("pointer[%d] = %d\n", i, pointer[i]);

(gdb)

pointer[33786] = 33786

9           for (i = 0; 1; i++)

(gdb)

13          }

(gdb)

11              pointer[i]=i;

(gdb)

12              printf("pointer[%d] = %d\n", i, pointer[i]);

(gdb)

pointer[33787] = 33787

9           for (i = 0; 1; i++)

(gdb)
```

```
13          }
(gdb)
11              pointer[i]=i;
(gdb)

Program received signal SIGSEGV, Segmentation fault.
0x00000000004005bc in main () at /tmp/seg.c:11
11              pointer[i]=i;
(gdb)
```

我们知道在 pointer [i] = i 被设置之后，当 i 值为 33787 时，问题发生了。这意味着，我们将重新运行程序，然后在短暂执行 pointer [i] = i 这行代码，直到打印 pointer[33787] = 33787 停止。现在，当下一次到达这一点时，我们创建汇编转储。

```
(gdb) disassemble
Dump of assembler code for function main:
   0x000000000040058c <+0>:     push   %rbp
   0x000000000040058d <+1>:     mov    %rsp,%rbp
   0x0000000000400590 <+4>:     sub    $0x10,%rsp
   0x0000000000400594 <+8>:     mov    $0x4,%edi
   0x0000000000400599 <+13>:    callq  0x400478 <malloc@plt>
   0x000000000040059e <+18>:    mov    %rax,-0x10(%rbp)
   0x00000000004005a2 <+22>:    movl   $0x0,-0x4(%rbp)
=> 0x00000000004005a9 <+29>:    mov    -0x4(%rbp),%eax
   0x00000000004005ac <+32>:    cltq
   0x00000000004005ae <+34>:    shl    $0x2,%rax
   0x00000000004005b2 <+38>:    mov    %rax,%rdx
   0x00000000004005b5 <+41>:    add    -0x10(%rbp),%rdx
   0x00000000004005b9 <+45>:    mov    -0x4(%rbp),%eax
   0x00000000004005bc <+48>:    mov    %eax,(%rdx)
   0x00000000004005be <+50>:    mov    -0x4(%rbp),%eax
   0x00000000004005c1 <+53>:    cltq
```

```
   0x00000000004005c3 <+55>:     shl    $0x2,%rax
   0x00000000004005c7 <+59>:     add    -0x10(%rbp),%rax
   0x00000000004005cb <+63>:     mov    (%rax),%edx
   0x00000000004005cd <+65>:     mov    -0x4(%rbp),%esi
   0x00000000004005d0 <+68>:     mov    $0x4006e4,%edi
   0x00000000004005d5 <+73>:     mov    $0x0,%eax
   0x00000000004005da <+78>:     callq  0x400468 <printf@plt>
   0x00000000004005df <+83>:     addl   $0x1,-0x4(%rbp)
   0x00000000004005e3 <+87>:     jmp    0x4005a9 <main+29>
End of assembler dump.
(gdb)
```

我们知道问题发生在地址偏移4005bc，在我们移动%eax的值到%rdx时。这与我们前面看到的类似。但我们需要了解在那之前发生了什么，所以需要往回一两个指令。

```
   0x00000000004005bc <+48>:     mov    %eax,(%rdx)
```

深入汇编转储信息

至此，我们将使用stepi命令，它可以逐行运行转储的汇编。这在某种程度上像next命令，但你可以说能控制单个寄存器。看看转储。转储中的最后一行是跳转（jmp）指令返回到偏移量<main + 29>，这使我们来到mov 0x00000000004005a9（%rbp），%eax。这就是我们的for循环。现在，当我们敲入stepi时，将执行4005ac行。我省略了读取cltq的行，因为它只是将2字节的EAX扩展为4字节的值。这是因为我们在64位系统上。

```
(gdb) stepi
0x00000000004005ac      11          pointer[i]=i;
(gdb) stepi
0x00000000004005ae      11          pointer[i]=i;
```

现在，我们有几行，其中i值递增。但关键行是少有段错误的行。我们需要了解这些寄存器内部是什么，或者我们是否可以访问它们。

```
(gdb) stepi
0x00000000004005b9      11          pointer[i]=i;
```

```
(gdb) stepi

0x00000000004005bc      11          pointer[i]=i;

(gdb) stepi


Program received signal SIGSEGV, Segmentation fault.

0x00000000004005bc in main () at /tmp/seg.c:11

11          pointer[i]=i;

(gdb)
```

而事实证明，我们不能。这就像我们早些时候，但为什么？我们如何知道这个地址是不受限的？我们怎么知道呢？

proc 映射

在 Linux 中，你可以通过 /proc/<pid>/maps 查看任何进程的内存映射，就像我们之前学到的。在继续之前，了解示例输出提供的内容很重要。让我们简要回顾一下：

```
#cat /proc/self/maps | grep -iv lc

00400000-0040b000 r-xp 00000000 08:02 248                    /bin/cat

0060a000-0060b000 r--p 0000a000 08:02 248                    /bin/cat

0060b000-0060c000 rw-p 0000b000 08:02 248                    /bin/cat

0060c000-0062d000 rw-p 00000000 00:00 0                      [heap]

7ffff7a67000-7ffff7bd4000 r-xp 00000000 08:02 22             /lib64/libc-
2.11.3.so

7ffff7bd4000-7ffff7dd4000 ---p 0016d000 08:02 22             /lib64/libc-
2.11.3.so

7ffff7dd4000-7ffff7dd8000 r--p 0016d000 08:02 22             /lib64/libc-
2.11.3.so

7ffff7dd8000-7ffff7dd9000 rw-p 00171000 08:02 22             /lib64/libc-
2.11.3.so

7ffff7dd9000-7ffff7dde000 rw-p 00000000 00:00 0

7ffff7dde000-7ffff7dfd000 r-xp 00000000 08:02 788            /lib64/ld-
2.11.3.so
```

```
7ffff7fd7000-7ffff7fda000 rw-p 00000000 00:00 0

7ffff7ff3000-7ffff7ffa000 r--s 00000000 08:05 238067
/usr/lib64/gconv/gconv-modules.cache

7ffff7ffa000-7ffff7ffb000 rw-p 00000000 00:00 0

7ffff7ffb000-7ffff7ffc000 r-xp 00000000 00:00 0                          [vdso]

7ffff7ffc000-7ffff7ffd000 r--p 0001e000 08:02 788                        /lib64/ld-
2.11.3.so

7ffff7ffd000-7ffff7ffe000 rw-p 0001f000 08:02 788                        /lib64/ld-
2.11.3.so


7ffff7ffe000-7ffff7fff000 rw-p 00000000 00:00 0

7ffffffde000-7ffffffff000 rw-p 00000000 00:00 0                          [stack]

ffffffffff600000-ffffffffff601000 r-xp 00000000 00:00 0                  [vsyscall]
```

第一行是代码（或文本），即实际的二进制指令。第二行显示数据，存储所有已经初始化的全局变量。第三部分是堆，用于动态分配，例如 malloc。有时，它还包括 .bss 段，存储静态链接的变量和未初始化的全局变量。当 .bss 段很小时，它可以驻留在数据段内部。

之后，你得到共享库，第一个是动态链接器本身。最后，你得到堆栈。最后两行是用于快速系统调用的 Linux 选通（添加链接）机制，其替代了过去使用的 int 0x80 系统调用。你可能会注意到，最后一行之上还有更多的内存地址，由内核保留。

所以这里，一目了然，你可以检查进程如何驻留在内存中。当通过 gdb 执行程序时，你可以使用 info proc mappings 命令查看其内存分配。

```
gdb) info proc mappings
process 44322
cmdline = '/tmp/seg'
cwd = '/tmp'
exe = '/tmp/seg'
Mapped address spaces:


      Start Addr           End Addr       Size     Offset objfile
        0x400000           0x401000     0x1000          0
/tmp/seg
        0x600000           0x601000     0x1000          0
/tmp/seg
        0x601000           0x602000     0x1000     0x1000
/tmp/seg
        0x602000           0x623000    0x21000          0
```

```
[heap]
    0x7ffff7a67000      0x7ffff7bd4000   0x16d000           0
/lib64/libc-2.11.3.so
    0x7ffff7bd4000      0x7ffff7dd4000   0x200000    0x16d000
/lib64/libc-2.11.3.so
    0x7ffff7dd4000      0x7ffff7dd8000     0x4000    0x16d000
/lib64/libc-2.11.3.so
    0x7ffff7dd8000      0x7f
/lib64/libc-2.11.3.so
    0x7ffff7dd9000      0x7ffff7dde000     0x5000           0
    0x7ffff7dde000      0x7ffff7dfd000    0x1f000           0
/lib64/ld-2.11.3.so
    0x7ffff7fd7000      0x7ffff7fda000     0x3000           0
    0x7ffff7ff9000      0x7ffff7ffb000     0x2000           0
    0x7ffff7ffb000      0x7ffff7ffc000     0x1000           0
[vdso]
    0x7ffff7ffc000      0x7ffff7ffd000     0x1000     0x1e000
/lib64/ld-2.11.3.so
    0x7ffff7ffd000      0x7ffff7ffe000     0x1000     0x1f000
/lib64/ld-2.11.3.so
    0x7ffff7ffe000      0x7ffff7fff000     0x1000           0
    0x7ffffffde000      0x7ffffffff000    0x21000           0
[stack]
  0xffffffffff600000 0xffffffffff601000     0x1000          0
[vsyscall]
```

比较有趣的三行是：代码、数据和堆。对于堆，我们可以看到结束地址是0x623000。我们不能使用它，所以我们得到段错误。回到C代码，我们需要弄清楚我们做错了什么。

```
          Start Addr           End Addr       Size     Offset objfile

            0x400000           0x401000     0x1000          0
/tmp/seg

            0x600000           0x601000     0x1000          0
/tmp/seg

            0x601000           0x602000     0x1000     0x1000
/tmp/seg

            0x602000           0x623000    0x21000          0
[heap]
```

我们需要开始计数字节。一般来说，我们给代码使用单个页面，因为我们的可执行文件很小。我们给数据使用单个页面。然后，有一些堆空间，总共是0x21000，这是132 KB

或更具体地是 135 168 字节。

另一方面，我们运行了 33 788 次迭代的 for 循环，每次 4 字节的大小（在 64 位系统上）。这里不是 33 787（像你认为的从程序运行的打印输出中所看到的那样），不过另一个原因是，我们从 i 等于 0 开始计数。

所以我们得到 135 152 字节，比我们的堆少 16 字节。你可能会问，额外的 16 个字节在哪里？那么，我们可以再次使用 examine 命令，更准确地检查在开始地址发生了什么。

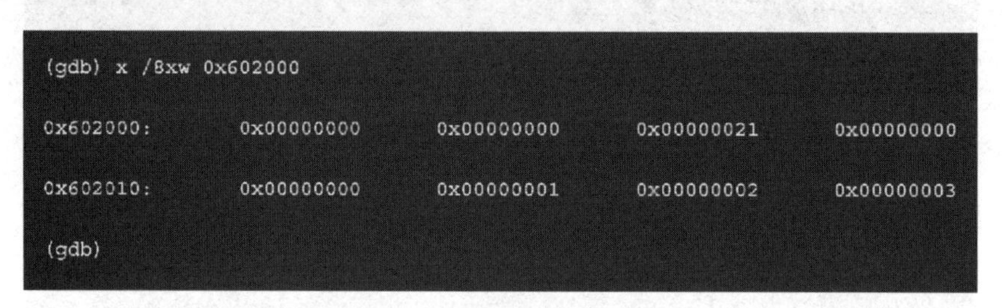

```
(gdb) x /8xw 0x602000
0x602000:    0x00000000    0x00000000    0x00000021    0x00000000
0x602010:    0x00000000    0x00000001    0x00000002    0x00000003
(gdb)
```

我们打印八个 4 字节十六进制值。前 16 个字节是堆头，从地址 0x501010 开始计算。堆头的大小加上 4 字节增量的总和为总堆空间。任何进一步的分配将超过此空间，从而导致违规。所以在这里都是好的，我们知道为什么会出现讨厌的段错误。我们可以检查源代码，并试图找出我们做错了什么。通过这两个例子，两个问题解决了。

其他有用的命令

使用应用程序核心时，还有一些其他有用的命令可供你使用。

使用 show 命令可以显示内容，很简单。使用 set 命令可以配置变量。例如，你可能需要查看程序启动的初始参数，然后更改它们。在堆溢出示例中，我们可以尝试更改 i 的值，看看是否影响程序。

```
(gdb) show args
Argument list to give program being debugged when it is started is "".
(gdb)
```

还可以操作如下：

```
(gdb) set args Chapter 6
(gdb) show args
Argument list to give program being debugged when it is started is "Chapter 6".
(gdb)
```

设置变量的语法十分简单。例如，set i = 4。你也可以设置寄存器，但如果你不知道你在做什么，不要这样做。list 命令允许你转储代码。你可以列出单个行、特定功能或整个代码。默认情况下，你会得到十行打印出来，有点像 tail 命令。

```
(gdb) list
77      #else
78
79      /* This is a "normal" system call stub: if there is an error,
80         it returns -1 and sets errno.  */
81
82      T_PSEUDO (SYSCALL_SYMBOL, SYSCALL_NAME, SYSCALL_NARGS)
83              ret
84      T_PSEUDO_END (SYSCALL_SYMBOL)
85
86      #endif
```

你可能想做的另一件事是详细检查堆栈结构。我们已经熟悉 info 命令，所以现在需要做的是针对特定的帧启用它，如在 backtrace（bt）命令中列出的。在我们的堆溢出示例中，只有一个帧。

我们在 main 函数中断，运行，显示回溯，然后检查 info frame 0，正如下面的屏幕截图所示。你获得大量信息，包括指令指针（RIP），来自前一帧保存的指令指针，地址和参数列表，地址和局部变量列表，上一个堆栈指针以及保存的寄存器。

```
(gdb) break main
Breakpoint 1 at 0x400594: file /tmp/seg.c, line 8.
(gdb) run
Starting program: /tmp/seg

Breakpoint 1, main () at /tmp/seg.c:8
warning: Source file is more recent than executable.
```

```
8          pointer = malloc(sizeof(int));

(gdb) bt

#0  main () at /tmp/seg.c:8

 (gdb) info frame 0

Stack frame at 0x7fffffffe3a0:

 rip = 0x400594 in main (/tmp/seg.c:8); saved rip 0x7ffff7a85c16

 source language c.

 Arglist at 0x7fffffffe390, args:

 Locals at 0x7fffffffe390, Previous frame's sp is 0x7fffffffe3a0

 Saved registers:

 rbp at 0x7fffffffe390, rip at 0x7fffffffe398

(gdb)
```

我们早些时候提到了 backtrace（bt），事实上，它是一个最有价值的命令，当你不知道你的程序在做什么时最好使用它。外部命令可以使用 shell 命令执行。例如，显示 /proc/PID/maps 也可以通过使用 shell 执行 cat /proc/PID/maps 代替我们之前使用的 info proc mappings 来完成。如果由于某种原因你不能使用任何一个，那么你可能想求助于 readelf（添加链接）尝试解释二进制文件。正如我们使用 next 和 stepi，你可以使用 nexti 和 step。另外不要忘记 finish、jump、until、以及 call。whatis 命令允许你检查变量。

结论

在本章中，我们专注于深入分析、应用程序性能分析，以及分析内核本身，通过使用不同的工具为我们的问题创建一个更完整的多维画面，并提出相关的解决方案。有条理的方法有助于确保我们不会偏离或失去方向，并且拥有多个数据源能够使我们的结果有更高的准确性。第 6 章会将我们的研究更进一步，我们将了解内核崩溃分析和内核调试器的使用。

参考文献

GDB: The GNU Project Debugger, n.d. Retrieved from: https://www.gnu.org/software/gdb/ (accessed May 2015).

Intel(R) VTune(TM) Amplifier XE 2013, n.d. Retrieved from: http://software.intel.com/en-us/intel-vtune-amplifier-xe (accessed May 2015).
Linux kernel profiling with perf, n.d. Retrieved from: https://perf.wiki.kernel.org/index.php/Tutorial (accessed May 2015).
Linux super-duper admin tools: OProfile, n.d. Retrieved from: http://www.dedoimedo.com/computers/oprofile.html (accessed May 2015).
lsof(8), n.d. Retrieved from: http://linux.die.net/man/8/lsof (accessed May 2015).
ltrace(1) – Linux man page, n.d. Retrieved from: http://linux.die.net/man/1/ltrace (accessed May 2015).
Oprofile, n.d. Retrieved from: http://oprofile.sourceforge.net/news/ (accessed May 2015).
Perfcounters added to the mainline, n.d. Retrieved from: http://lwn.net/Articles/339361/ (accessed May 2015).
ptrace(2) – Linux man page, n.d. Retrieved from: http://linux.die.net/man/2/ptrace (accessed May 2015).
Smashing performance with OProfile, n.d. Retrieved from: http://www.ibm.com/developerworks/library/l-oprof/ (accessed May 2015).
strace(1) – Linux man page, n.d. Retrieved from: http://linux.die.net/man/1/strace (accessed May 2015).
The GNU C Library, n.d. Retrieved from: http://www.gnu.org/software/libc/manual/html_node/System-Calls.html (accessed May 2015).
The Linux Cross Reference, n.d. Retrieved from: http://lxr.linux.no/linux/ (accessed May 2015).
Tuning Performance with OProfile, n.d. Retrieved from: http://people.redhat.com/~wcohen/Oprofile.pdf (accessed May 2015).
Valgrind, n.d. Retrieved from: http://www.valgrind.org/ (accessed May 2015).

Chapter 6 第 6 章

极客进级——应用和内核核心、内核调试器

收集应用核心

如果你有实时调试系统问题的权限，你很可能会重新运行可疑的进程并进行所有必要的分析。然而，大多数时候，问题只靠人敲键盘是解决不了的，你将不得不依靠自动化且无人值守的机制来收集所有必要的论证信息，以解决应用程序的挂起和崩溃。因此，你将希望能够收集到正在运行进程的内存核心，以用于离线研究。

本节将讨论 gdb 的其他功能。也就是说，我们会学习收集应用程序核心的关键步骤并分析。我们还将学习如何将调试器连接到正在运行的进程，以及其他有用的命令。最后，将探讨另一个例子，即在某种情况下，gdb 不会起到很大作用，但是汇编转储文件会告诉我们所有需要的信息，即使我们没有获取到源代码。

当一个运行中的应用程序出现异常时，它会停止运行。根据异常的特性，某些信号的默认动作是使进程终止并产生核心转储文件（core(5) – Linux man page, n.d.)，一个包含了终止时进程内存映像的磁盘文件。在调试器中该映像可以用于检查终止时的程序状态。在 signal(7) 手册页中，可以找到导致进程核心转储的信号列表。

进程可以设置其 RLIMIT_CORE 软资源限制，在接收到“核心转储”信号的情况下，为生成的核心转储文件的大小设置上限。然而，重要的是要注意，在不同的情况下有时是不会产生核心转储文件的：

- ❑ 进程没有写核心文件的权限。默认情况下，核心文件称为 core 并在当前工作目录中创建。如果需要创建核心文件的目录不可写，或者如果存在同名的文件并且不可写

或不是常规文件（即目录或符号链接），则写核心文件将会失败。

- 与用于核心转储文件的名字相同的（可写、常规）文件已存在，但是该文件上有多个硬链接。
- 创建核心转储文件的文件系统已满，文件系统的 inode 已用完，文件系统以只读方式挂载，或者用户已经用尽了他的文件系统配额。
- 要创建核心转储文件的目录不存在。
- 进程的 RLIMIT_CORE（核心文件大小）或 RLIMIT_FSIZE（文件大小）资源限制设置为零，稍后会讨论如何使用 shell 命令来克服这个限制。
- 进程正在执行的二进制没有启用读取权限。
- 进程正在执行一个 set-user-ID（set-group-ID）程序，该程序属于某个用户（组），而并非该进程的真实用户（组）ID。

现在，我们将学习如何设置 Linux 环境，以便能够收集崩溃应用程序的内存核心信息。

如何转储应用核心

你必须确保可以创建核（core）。这是通过 sysctl 管理的，但也可以在运行中进行更改。根据 shell，可以使用 limit 或 ulimit 内置函数（Shell Builtin Commands,n.d.）。例如，对于 BASH：

```
ulimit -c unlimited
```

以及对于 TCSH：

```
limit coredumpsize unlimited
```

转储模式

默认情况下，core 将转储到执行二进制文件的当前目录中。但是，core 名称可能没什么意义。因此，可以更改它的格式，这个由 /proc 下的 core_pattern 设置来控制。例如：

```
echo "/tmp/core-%p-%u" > /proc/sys/kernel/core_pattern
```

这样将在 /tmp 下转储一个带有 PID 和 UID 后缀的 core。当然，还有很多其他可用的选项。你也可以通过 sysctl.conf 永久设置此选项。

```
./seg
...
```

```
pointer[33785] = 33785
pointer[33786] = 33786
pointer[33787] = 33787
Segmentation fault (core dumped)
```

应用 core 使用

现在可以调用 gdb 来使用 core 文件。应用程序崩溃并创建 core 后，将使用 gdb：

```
gdb <binary> <core>
```

使用第 5 章的例子：

```
#gdb seg core-47335-0
GNU gdb (GDB) SUSE (7.3-0.6.1)
Copyright (C) 2011 Free Software Foundation, Inc.
License GPLv3+: GNU GPL version 3 or later <http://gnu.org/licenses/gpl.html>
This is free software: you are free to change and redistribute it.
There is NO WARRANTY, to the extent permitted by law.  Type "show copying"
and "show warranty" for details.
This GDB was configured as "x86_64-suse-linux".
For bug reporting instructions, please see:
<http://www.gnu.org/software/gdb/bugs/>...
Reading symbols from /tmp/seg...done.
[New LWP 47335]
Missing separate debuginfo for /lib64/ld-linux-x86-64.so.2
Try: zypper install -C "debuginfo(build-id)=31b3276dc0b305d25a213860d7d5a67601b1bb7a"
Missing separate debuginfo for
Try: zypper install -C "debuginfo(build-id)=31b3276dc0b305d25a213860d7d5a67601b1bb7a"
Core was generated by `./seg'.
Program terminated with signal 11, Segmentation fault.
#0  0x00000000004005bc in main () at /tmp/seg.c:11
11          pointer[i]=i;
```

重要的是，gdb 要成功读取并加载符号。现在可以像以前一样进行分析。有一些功能不可用，因为 core 不是一个运行中的应用程序，但我们仍然能够弄清楚出了什么问题。请注意，我们缺少其他系统库的调试符号。

连接到正在运行的进程

同样，可以将 gdb 连接到正在运行的进程。如果你觉得在环境中实时调试至关重要，那么你会希望这么做，而且如果你不立即执行该操作，这个问题会对你的客户群产生严重影响。此外，你可能没有权限重启该进程或尝试在稍后阶段重现该问题。这可能不是调试问题最有效的方法，但可以提供其他方法给不了的额外信息。

证明这一点最简单的方式是修改例子，在某个地方额外添加一个 sleep。然后，当程序运行时，找到它的 PID 并连接上。

```
gdb -p <process id>
```

将从一个简单的例子开始——一个当前休眠的进程，我们想知道为什么（休眠）。

```
#gdb -p 47684
GNU gdb (GDB) SUSE (7.3-0.6.1)
Copyright (C) 2011 Free Software Foundation, Inc.
License GPLv3+: GNU GPL version 3 or later <http://gnu.org/licenses/gpl.html>
This is free software: you are free to change and redistribute it.
There is NO WARRANTY, to the extent permitted by law.  Type "show copying"
and "show warranty" for details.
This GDB was configured as "x86_64-suse-linux".
For bug reporting instructions, please see:
<http://www.gnu.org/software/gdb/bugs/>.
Attaching to process 47684
Reading symbols from /tmp/segsleep...done.
Reading symbols from /lib64/libc.so.6...Reading symbols from
/usr/lib/debug/lib64/libc-2.11.3.so.debug...done.
done.
Loaded symbols for /lib64/libc.so.6
```

```
Reading symbols from /lib64/ld-linux-x86-64.so.2...Reading symbols from
/usr/lib/debug/lib64/ld-2.11.3.so.debug...done.

done.

Loaded symbols for /lib64/ld-linux-x86-64.so.2

0x00007ffff7b0ede0 in __nanosleep_nocancel () at ../sysdeps/unix/syscall-
template.S:82

82      T_PSEUDO (SYSCALL_SYMBOL, SYSCALL_NAME, SYSCALL_NARGS)
```

gdb 加载后，我们将检查被追踪进程的回溯信息：

```
(gdb) bt

#0  0x00007ffff7b0ede0 in __nanosleep_nocancel () at ../sysdeps/unix/syscall-
template.S:82

#1  0x00007ffff7b0ec1c in __sleep (seconds=<optimized out>) at
../sysdeps/unix/sysv/linux/sleep.c:138

#2  0x0000000000400601 in main ()

(gdb)
```

这个例子还显示了第三方库被剥离的事实，所以你得到函数名，但是不知道确切的代码行或变量。此外，使用 backtrace（bt）命令，我们看到程序当前正在休眠。

问题重现

这里最重要的问题是，何时使用或者不使用 gdb。当有可重现的问题且二进制文件已经带符号编译过，GNU 调试器是最有用的。也可以尝试在第三方函数上使用 gdb，但不能保证会很成功。

例如，我们知道在代码中使用 printf()。那么也许我们需要在那里设置断点？ gdb 通知我们该函数没有定义并将创建一个断点，用于挂起在以后加载的共享库。这不是一个坏主意，但请注意，我们没有看到 libc.so.6 的任何函数名称，因为我们没有符号，因此，我们甚至可能没有源代码。以上任一个都没有，就不容易找出是什么错误。

```
(gdb) break printf
Function "printf" not defined.
Make breakpoint pending on future shared library load? (y or [n]) y
Breakpoint 1 (printf) pending.
(gdb) run
```

```
Starting program: /tmp/segfaults/seg
Breakpoint 2 at 0x2aaaaac113f0
Pending breakpoint "printf" resolved
Breakpoint 2, 0x00002aaaaac113f0 in printf () from /lib64/libc.so.6
```

最后，使用gdb来解决偶然的随机问题（这些问题不容易重现，或者可能源自硬件问题）将是一个困难而艰巨的任务，只会产生很少量的结果。即使是微不足道的例子也不会显得那么微不足道，所以想象一下，在真实的生产系统上会发生什么，在这样的系统中二进制文件是从源代码文件的成千行代码中编译出来的。然而，你尝到了甜头并且现在深陷其中。

最后，看一个例子，在这里gdb是最差也是最好的分析工具。我们将创建一个无限循环的程序while true。这种程序将一直循环，扰乱CPU周期。如果尝试strace，你将得不到任何有用的信息。

```
#strace -p 29627
Process 29627 attached - interrupt to quit
```

现在使用gdb连接到进程。然后，在main函数中创建一个断点，并使用next命令恢复应用程序的运行。你会注意到调试器在这个断点挂起。

我们被迫中断执行，然后尝试一组不同的gdb命令来理解发生了什么。在例子中，使用反汇编命令将打印一小段汇编指令，显示了一个简单的跳转（jmp），它本质上是正在运行的无限循环程序。

```
#gdb -p 29894
GNU gdb 6.8
Copyright (C) 2008 Free Software Foundation, Inc.
License GPLv3+: GNU GPL version 3 or later <http://gnu.org/licenses/gpl.html>
This is free software: you are free to change and redistribute it.
There is NO WARRANTY, to the extent permitted by law.  Type "show copying"
and "show warranty" for details.
This GDB was configured as "x86_64-unknown-linux-gnu".
Attaching to process 29894
Reading symbols from /tmp/forever...done.
Reading symbols from /lib64/libc.so.6...done.
```

```
Loaded symbols for /lib64/libc.so.6

Reading symbols from /lib64/ld-linux-x86-64.so.2...done.

Loaded symbols for /lib64/ld-linux-x86-64.so.2

0x0000000000400500 in main () at /tmp/forever.c:2

2       void main () {

(gdb) bt

#0  0x0000000000400500 in main () at /tmp/forever.c:2

(gdb) disassemble

Dump of assembler code for function main:

0x00000000004004fc <main+0>:    push   %rbp

0x00000000004004fd <main+1>:    mov    %rsp,%rbp

0x0000000000400500 <main+4>:    jmp    0x400500 <main+4>

End of assembler dump.

(gdb) next
```

收集内核核心（Kdump）

Linux 内核是一个相当健全的实体。它具有稳定性和容错能力，通常不会遭遇那些使整个系统崩溃而不可恢复的错误，以至于需要重新启动以恢复正常。然而，这些问题确实会不时发生。它们称为内核崩溃，并且勾起了系统管理员的极大兴趣，对负责这些系统的管理员具有最大的重要性。如果能够检测崩溃，收集和分析问题，那么就为系统专家提供了一个强大的工具，用于查找崩溃的根本原因以及可能的解决方案以消除关键错误。

有几个原因可能导致内核崩溃，每一个都牵涉致命的、不可恢复的内部错误。此外，错误通常表现出两种特定的情况，称为 oops 和 panic。

oops（Oops tracing，n.d.）是一种相对 Linux 内核正确行为的偏离。当内核检测到问题时，它会打印一个 oops 消息并终止任何违规的进程。Linux 内核工程师使用该消息调试产生 oops 的情况并修复导致问题的编程错误。一旦系统经历了 oops，一些内部资源可能不再能够服务。即使系统看似工作正常，但由终止的任务导致的副作用仍存在。一旦系统尝试使用已丢失的资源，内核 oops 通常会导致内核错误。

内核错误是系统不可恢复的故障，只能通过硬件重启来解决。当这种情况发生时，可以将崩溃内核的内存镜像（image）转储到磁盘以供稍后分析。这必须在另一个内核的上下文中完成，在遇到 oops 或 panic 时就会调用。

oops 和 panic 可能由软件错误和硬件故障引起。在本节中，我们将学习如何配置系统，以对保存的内存核心进行内核崩溃转储收集和分析。这将使我们能够了解系统故障的根本原因，并努力在硬件和软件级别解决它。

Kdump 服务概览

保存内存核心的功能已存在多年。直到几年前，用于收集故障转储的流行技术仍然是 Linux 内核崩溃转储（LKCD）。然而，作为一个较老旧的项目，LKCD 在其功能方面表现出几个主要的限制：LKCD 无法保存内存转储到本地 RAID（md）设备（Linux Raid, n.d.），并且其网络功能限于将内存核心发送到仅在同一子网内的专用 LKCD netdump 服务器，前提是核的大小不超过 4 GB。超过 32 位大小限制的内存内核一旦进行传输便会损坏，因此无法进行分析。对于涉及数千台机器的大规模操作，处于相同子网的要求也是不切实际的。

Kdump 是一个灵活得多的工具，具有扩展的网络感知能力。它旨在取代 LKCD，同时提供更好的可扩展性。事实上，Kdump 可支持网络转储到一系列设备，包括本地磁盘，但也支持 NFS 区域、CIFS 共享或 FTP 和 SSH 服务器。这使得其在大型环境中的部署更具吸引力，而不是将操作限制到每个子网的单个服务器。

在本节中，我们将学习如何创建和配置 Kdump，用于内存核心转储到本地磁盘和网络共享。首先简要介绍基本的 Kdump 功能和术语。接着回顾一下使用 Kdump 所需的内核编译参数。之后，查看配置文件并逐步地学习每个伪指令。作为 Kdump 创建的一部分，我们还会编辑 GRUB 菜单。最后，演示一下 Kdump 功能，包括手动触发内核崩溃和将内存核心转储到本地和网络设备。

限制

一方面，本节非常详细地检查了 Kdump 实用性。另一方面，一些与 Kdump 相关的主题只简要讨论。重要的是，你要知道从本教程预期学到什么。

内核编译

虽然我们解读了正确的 Kdump 功能所需的参数，但不会在这里解释内核编译原理。内核编译是一个精细、复杂的过程，需要单独关注，这超出了本书的范围。

硬件特定配置

Kdump 还可以在 Itanium（ia64）和 Power PC（ppc64）体系结构上运行。然而，由于这些平台在家庭和商务使用上相对稀缺，我将关注 i386（和 x86-64）平台。有关 Itanium 和 PPC 机器的平台特定配置可以在官方 Kdump 文档中找到。

术语

为了更容易理解，这里简要汇总将在本文档中使用的重要术语：

❑ 标准（生产）内核：通常使用的内核。

❑ 崩溃（捕获）内核：专门用于收集故障转储的内核。

我们有时在使用这两个内核时只使用部分名称。一般来说，如果我们没有特别使用崩溃或捕获来描述内核，这意味着我们在谈论生产内核。Kdump 有两个主要组件：Kdump 和 Kexec。

Kexec

Kexec 是一种快速启动机制，允许从已经运行的内核的上下文来启动 Linux 内核，而无需通过 BIOS。BIOS 可能非常耗时，特别是在具有众多外设的大型服务器上。这可以为那些最终需要多次启动计算机的开发人员节省大量时间。

Kdump

Kdump 是一个（相对）新的内核崩溃转储机制，非常可靠。崩溃转储信息从新启动的内核的上下文中捕获，而不是从崩溃内核的上下文来捕获。每当系统崩溃时，Kdump 使用 Kexec 引导到第二个内核。第二个内核（通常称为崩溃或捕获内核）以非常少的内存启动并捕获转储镜像。

第一个内核保留一段内存，用于引导第二个内核。Kexec 支持不通过 BIOS 的情况下引导捕获内核；因此，保留了第一个内核的内存内容，这本质上是内核崩溃转储。

Kdump 安装

Kdump 工作必须满足几个要求。生产内核必须使用内核故障转储所需的一组特定参数进行编译。

生产内核必须安装 kernel-kdump 软件包。kernel-kdump 软件包包含了当标准内核崩溃时启动的崩溃内核，提供了一个环境可以捕获崩溃期间的标准内核状态。kernel-dump 软件包的版本必须与标准内核相同。

如果操作系统带有已经编译运行并使用 Kdump 的内核，你将节省相当多的时间。如果你没有内核支持 Kdump 功能，你将需要做很多工作，包括冗长的编译和配置过程，涉及标准的生产内核和崩溃（捕获）内核。

本节不介绍内核编译的细节。编译是一个通用的过程，不直接与 Kdump 相关，需要专门的关注。尽管如此，虽然我们不会编译，但是必须遍历需要配置的内核参数列表，以便你的系统可以支持 Kexec / Kdump 功能，从而收集故障转储。这些参数需要在内核编译之前配置。

我们现在将遍历需要定义的内核参数列表，以使 Kdump / Kexec 正常工作。为简单起见，本文档重点介绍 x86（和 x86_64）体系结构。

标准（生产）内核

标准内核可以是从 kernel.org（Linux Kernel Archives，n.d.）下载的 vanilla 内核，也可

以是任一你喜欢的发行版本。无论选择什么，你都不得不使用几个参数配置内核。

基于处理器类型和性质

启用 Kexec 系统调用。此参数告诉系统使用 Kexec 跳过 BIOS 来引导（新）内核。它对 Kdump 的功能至关重要。

```
CONFIG_KEXEC=y
```

启用内核崩溃转储。崩溃转储需要启用。没有这个选项，Kdump 将没有用处。

```
CONFIG_CRASH_DUMP=y
```

可选：启用高内存支持（对于 32 位系统）。你需要配置此参数以支持超过 32 位（4 GB）限制的内存分配。如果系统的内存小于 4GB 或者使用 64 位系统，则可能不适用。

```
CONFIG_HIGHMEM4G=y
```

可选：禁用对称多处理（SMP）支持。在某些旧版本的 Linux 上，Kdump 只能使用单个处理器。如果你只有一个处理器或在禁用 SMP 支持的情况下运行机器，则可以将此参数安全地设置为（n）。

```
CONFIG_SMP=n
```

另一方面，如果内核因为某些原因必须使用 SMP，你会想要设置这个伪指令为（y）。但是，在 Kdump 配置期间，必须记住这一点：必须将 Kdump 设置为只使用一个 CPU。这是非常重要的，切记！

回顾一下，可以在编译期间禁用 SMP，或者启用 SMP 但设置 Kdump 使用单个 CPU。该指令通过更改 Kdump 配置文件来完成。它不是内核编译配置的一部分。

配置文件的更改要求以特定方式配置其中一个选项。具体来说，在编译和安装内核后，需要在 /etc/sysconfig/kdump 下的 Kdump 配置文件中设置以下伪指令。

```
KDUMP_COMMANDLINE_APPEND="maxcpus=1 "
```

基于文件系统 > 伪文件系统

启用 sysfs 文件系统支持。现代内核（2.6 及以上版本）默认支持此设置，但检查一下也无妨。

```
CONFIG_SYSFS=y
```

启用 /proc/vmcore 支持。此配置允许 Kdump 将内存转储保存到 /proc/vmcore 中。后面再讨论这个。虽然在你的设置中可能不使用 /proc/vmcore 作为转储设备，但为了最大的兼容性，建议将此参数设置为（y）。

```
CONFIG_PROC_VMCORE=y
```

基于内核入侵

使用调试信息配置内核。此参数意味着内核将使用调试符号进行构建。虽然这将增加内核镜像的大小，但是可用符号的存在对于深入分析内核崩溃是非常有用的，因为它允许你不仅跟踪导致崩溃的有疑问的函数调用，还跟踪相关源代码中特定的代码行。我们将在讨论 crash、lcrash 和 gdb 调试实用程序的专门的教程集中详细讨论这一点。

```
CONFIG_DEBUG_INFO=y
```

其他设置

为崩溃内核配置保留 RAM 的起始部分。这是一个非常需要注意的重要设置。为了正常工作，崩溃内核使用一块专门为其保留的内存。这块内存分配的起始部分需要定义。例如，如果你打算在 16 MB 的位置启动崩溃内核 RAM，则该值需要如下设置（以十六进制形式）：

```
CONFIG_PHYSICAL_START=0x1000000
```

配置 Kdump 内核，使其可以识别。设置此后缀允许 Kdump 选择正确的内核进行引导，因为在系统的 /boot 目录下可能有多个内核。一般来说，经验法则要求将崩溃内核与生产内核以相同的名字命名，以 -kdump 后缀保存。可以通过在终端中运行 uname -r 命令来检查这一点，查看运行的内核版本，然后检查 /boot 目录中列出的文件。

```
CONFIG_LOCALVERSION="-kdump"
```

崩溃（捕获）内核

这个内核需要使用与上面相同的参数进行编译，来保存一个异常。Kdump 不支持压缩内核镜像作为崩溃（捕获）内核。因此，不应该压缩此镜像。这意味着虽然你的生产内核很可能命名为 vmlinuz，Kdump 崩溃内核需要解压缩，因此需要命名为 vmlinux 或者 vmlinuxkdump。

Kdump 软件包和文件

这是必需软件包的列表，只有在系统上安装了这些 Kdump 才能工作。请注意，内核必须正确编译，这些软件包才能按照预想正常使用。很可能你无论如何都会成功地安装，但这并不保证它们会正常工作。包名称及其信息如表 6.1 所示。

表 6.1 必需安装软件的包列表

软件包名称	软件包信息
Kdump	Kdump 软件包
Kexec-tools	Kexece 软件包
kernel-debuginfo*	崩溃分析软件包（可选）

*kernel-debuginfo 软件包需要匹配内核版本——默认、smp 等。

软件库是获取这些软件包的最佳方法。这能保证你使用最兼容的 Kdump 和 Kexec 版本。同样请注意，生产内核也必须安装 kernel-kdump 软件包。此软件包包含崩溃内核，它在标准内核崩溃时启动，从而提供可捕获崩溃期间的标准内核状态的环境。此软件包的版本必须与生产内核相同。

表 6.2 列出了最重要的 Kdump 相关文件。

表 6.2 Kdump 文件

路径	信息
/etc/init.d/kdump	Kdump 服务
/etc/sysconfig/kdump	Kdump 配置文件
/usr/share/doc/packages/kdump	Kdump 文档

Kdump 安装还包括 gdb Kdump 封装脚本（gdbkdump），用于简化 gdb 在 Kdump 镜像上的使用。与其他崩溃分析实用程序一样，使用 gdb 需要 kernel-debuginfo 软件包的存在。

Kdump 配置

上一节讨论了需要为 Kexec/Kdump 设置的内核配置参数，以便其能正常工作。现在，假设你有一个正常运行的内核已经引导到登录屏幕，并且是由供应商或是你自己使用相关参数编译的，我们将看到需要采取哪些额外的步骤使 Kdump 实际工作并收集故障转储。

我们将配置 Kdump 两次：一次为本地转储，一次为网络转储（类似于用 LKCD 做的）。这是非常重要的一步，因为 LKCD 仅限于在崩溃机器的特定子网内的网络转储。Kdump 提供了更强大更灵活的网络功能，包括 FTP、SSH、NFS 和 CIFS 支持。

配置文件

Kdump 的配置文件是 /etc/sysconfig/kdump。我们将从基本的本地转储功能开始。然后我们还将演示通过网络的崩溃转储。进行任意更改之前都应该保存备份！

```
Configure KDUMP_KERNELVER
```

这一设置涉及之前回顾过的 CONFIG_LOCALVERSION 的内核配置参数。指定了后缀 -kdump，它告诉系统使用带有 -kdump 后缀的内核作为崩溃内核。像简短的描述段落说明的那样，如果没有使用值，最近安装的 Kdump 内核将被使用。默认情况下，崩溃内核由 -kdump 后缀标识。

通常，仅当有非标准后缀用于 Kdump 内核时，这一设置才有意义。大多数用户不需要接触此设置，可以保留默认值，除非它们有非常具体的需求，要求特定的内核版本。

```
KDUMP_KERNELVER=""
```

配置 KDUMP_COMMANDLINE

这个设置告诉 Kdump 它需要用来引导崩溃内核的参数集。在大多数情况下，你将使用与生产内核相同的集合，因此你不必更改它。要查看当前集，你可以对 /proc/cmdline 发出 cat 命令。当没有指定字符串时，这将是被用作默认值的一组参数。当我们测试 Kdump（或者更确切地说，Kexec）并模拟崩溃内核启动时，我们将使用这个设置。

```
KDUMP_COMMANDLINE=""
```

配置 KDUMP_COMMANDLINE_APPEND

这是一个非常重要的伪指令。如果你使用或必须使用 SMP 内核，这是至关重要的。我们在配置内核编译参数时看到，Kdump 不能为崩溃内核使用多于一个的核。因此，如果在使用 SMP，则此参数是必需的。如果内核已配置为禁用 SMP，则可以忽略此设置。

```
KDUMP_COMMANDLINE_APPEND="MAXCPUS=1 "
```

配置 KEXEC_OPTIONS

如前所述，Kexec 是从生产内核的上下文启动崩溃内核的机制。为了正常工作，Kexec 需要一组参数。所使用的基本集由 /proc/cmdline 定义。使用此伪指令可以指定其他参数。在大多数情况下，字符串可以为空。但是，如果你在启动 Kdump 时收到奇怪的错误，则很可能你的特定内核版本上的 Kdump 无法正确解析参数。要使 Kdump 逐字解析附加参数，你可能需要添加字符串 -args-linux。

这两个设置你都应该尝试一下，看看哪一个对于你有用。如果你有兴趣，可以将搜索引擎指向“ --args-linux”，并查看围绕此主题的一系列邮件列表线程和错误条目。这里没有决定性的因素，所以反复试验是最好的选择。我们将在稍后讨论这一点。

```
KDUMP_OPTIONS="--args-linux "
```

配置 KDUMP_RUNLEVEL

这是另一个重要的伪指令。它定义崩溃内核应该引导的运行级别。如果你希望 Kdump 将崩溃转储仅仅保存到本地设备，则可以将运行级别设置为 1。如果你希望 Kdump 将转储保存到网络存储区域，例如 NFS、CIFS 或 FTP，则需要网络功能，这意味着运行级别应设置为 3。你还可以使用 2、5 和 s。如果选择运行级别 5（不推荐），那么请确保崩溃内核具有足够的内存引导到图形环境中。默认的 64 MB 很可能不够。

```
KDUMP_RUNLEVEL="1"
```

配置 KDUMP_IMMEDIATE_REBOOT

这个伪指令告诉 Kdump 是否在转储完成后重新启动离开崩溃内核。如果 KDUMP_DUMPDEV 参数（请参阅下文）不为空，则忽略此伪指令。换句话说，如果使用转储设备，则崩溃内核将不会重新启动，直到转储和可能的对转储镜像后处理到目标目录的操作完成。你很可能希望保留默认值。

```
KDUMP_IMMEDIATE_REBOOT="yes"
```

配置 KDUMP_TRANSFER

此设置告诉 Kdump 如何处理转储的内存核心。例如，你可能想立即进行后处理。

KDUMP_TRANSFER 需要使用非空的 KDUMP_DUMPDEV 伪指令。可用的选项是 /proc/vmcore 和 /dev/oldmem。类似于 LKCD 实用程序。通常，/proc/vmcore 或 /dev/oldmem 将指向未使用的交换分区。

从现在起，我们将只使用默认设置，这只是将保存的核心镜像复制到 KDUMP_SAVEDIR。我们将很快讨论 KDUMP_ DUMPDEV 和 KDUMP_SAVEDIR 伪指令。然而，我们将仅在讨论崩溃分析实用程序时研究更高级的传输选项。

```
KDUMP_TRANSFER=""
```

配置 KDUMP_SAVEDIR

这是一个非常重要的伪指令。它告诉我们内存核心将被保存在哪里。目前，我们正在谈论本地转储，所以现在，我们的目标将指向本地文件系统上的一个目录。稍后，我们将看到一个网络示例。默认情况下，设置指向 /var/log/dump。

```
KDUMP_SAVEDIR="file:///var/log/dump"
```

在我们的设置中，我们把这个改为：

```
KDUMP_SAVEDIR="file:///tmp/dump"
```

请注意语法。你也可以使用引号中没有前缀的绝对目录路径，但不建议使用。你应该指定使用什么样的协议，对于本地目录使用 file://，对于 NFS 存储使用 nfs://，等等。此外，你应该确保目标是可写的，并且有足够的空间来容纳内存内核。KDUMP_SAVEDIR 伪指令可以与 KDUMP_DUMPDEV 结合使用，稍后我们将讨论。

配置 KDUMP_KEEP_OLD_DUMPS

这一设置定义了在轮转之前应保留多少转储。如果你的空间不足或正在收集多个转储，你可能希望仅保留少量转储。另外，如果你需要尽可能长且详尽的回溯，请增加数量以满足你的需求。

要保留无限量的旧转储，请将数字设置为 0。要在写入新转储之前删除所有现有转储，请将数字设置为 -2。请注意这些违背常理的奇怪数值。表 6.3 显示了特殊值，默认值为保留五个内存内核。

表 6.3 保留在磁盘上的旧转储数目的特殊值

值	保留的转储数量
0	所有（无限量）
-2	无

```
KDUMP_KEEP_OLD_DUMPS=5
```

配置 KDUMP_FREE_DISK_SIZE

此值定义了目标分区要保留的最小可用空间，这一位置在内存核心转储所在的目标目录，在计算过内存核心大小后确定。如果此值不能得到满足，内存核心则不会被保存，以防止可能的系统故障。默认值为 64 MB。请注意，它与 GRUB 中的内存分配无关。这是一个不相关的纯磁盘空间设置。

```
KDUMP_FREE_DISK_SIZE=64MB
```

配置 KDUMP_DUMPDEV

这是一个非常重要的伪指令，我们之前已经提到过几次。KDUMP_ DUMPDEV 不是必须要使用，但你应该仔细考虑是否可能需要它。此外，请记住，此伪指令与其他几个设置密切相关，所以如果你确实要用它，Kdump 的功能将改变。

首先，让我们看看什么时候使用KDUMP_DUMPDEV是谨慎的。如果你可能面临文件系统损坏的情况，使用此伪指令可能很有用。在这种情况下，当崩溃发生时，可能无法挂载根文件系统并写入目标目录（KDUMP_SAVEDIR），结果是，崩溃转储将失败。使用KDUMP_DUMPDEV允许以raw格式写入设备或分区，无需考虑底层文件系统，避免任何与文件系统相关的问题。

这也意味着将不会有KDUMP_IMMEDIATE_REBOOT。该伪指令也将被忽略，允许你使用控制台尝试手动修复系统问题，如检查文件系统，因为没有分区将被挂载和使用。Kdump将检查KDUMP_DUMPDEV伪指令，如果它不为空，它将把内容从转储设备复制到转储目录（KDUMP_SAVEDIR）。

另一方面，使用KDUMP_DUMPDEV恢复内核环境时会增加磁盘损坏的风险。而且不会立即重新启动，因为这会减缓恢复。虽然这种解决方案对于小规模操作是有用的，但对于大型环境是不切实际的。此外，考虑到当转储被收集时，转储设备将总是被不可恢复地覆写，从而破坏其上存在的数据。其次，你不能使用活跃的交换分区作为转储设备。

```
KDUMP_DUMPDEV=""
```

配置KDUMP_VERBOSE

这是一个相当简单的管理指令。它告诉你有多少信息输出给用户，使用bitmask值以类似于chmod命令的方式。

默认情况下，Kdump进度被写入标准输出（STDOUT），Kdump命令行被写入syslog。如果求和这些值，我们得到command line（1）+ STDOUT（2）= 3。所有有关的可用值，请参见表6.4。

表6.4　Kdump详细程度

值	动作
1	Kdump命令行写入syslog
2	Kdump进度写入STDOUT
4	Kdump命令行写入STDOUT
8	Kdump传输脚本调试

```
KDUMP_VERBOSE=3
```

配置KDUMP_DUMPLEVEL

此伪指令定义内存转储提供的数据级别。值的范围从0到32。级别0表示内存的整个内容将被转储，没有细节遗漏。级别32表示是最小的镜像。默认值为0。

```
KDUMP_DUMPLEVEL=0
```

你应参考配置文件以了解每个级别提供的详细信息，并根据可用的存储和分析要求进行相应的计划。所有的值都欢迎你尝试。我们建议使用0，因为它提供了最多的信息，即使需要大量的硬盘空间。

配置 KDUMP_DUMPFORMAT

这一设置定义了转储格式。默认选择是 ELF，它允许你使用 gdb 打开转储并进行处理。你也可以使用压缩，但是你只能使用 crash 实用程序分析转储。我们将在单独的指南中详细讨论这两个工具。默认和推荐的选择是 ELF，即使转储文件较大。

```
KDUMP_DUMPLEVEL="ELF"
```

Kdump 工作所需的配置文件中的必要更改到此结束。

GRUB 菜单更改

由于工作方式的原因，Kdump 需要更改 GRUB（GNU GRUB，n.d.）菜单中的内核条目。正如你知道的，Kdump 的工作原理是从崩溃的内核上下文启动。为了使此特征发挥作用，崩溃内核必须有一部分内存可用，即使在生产内核崩溃的情况下也要有。为此，内存必须保留。

在早期的内核配置中，我们声明了内存保留的偏移点。现在，我们需要声明想要给崩溃内核多少 RAM。确切的数字将取决于几个因素，包括 RAM 的大小和可能的其他限制。如果你在线阅读各种源，你会注意到，大多数使用两个数字：64 和 128 MB。第一个是默认配置，应该可以工作。然而，如果因为某些原因它显得不可靠的时候，你可能想尝试第二个值。测试崩溃内核几次应该能给你一个很好的启示——关于你的选择是否明智。

现在，让我们编辑 GRUB 配置文件。我们将使用 GRUB Legacy 版本演示。GRUB2 引导加载程序的更改也类似，这个超出了本节的范围。首先，确保在做任何更改之前备份文件。

```
cp /boot/grub/menu.lst /boot/grub/menu.lst-backup
```

打开文件进行编辑。找到生产内核的入口并附加以下内容：

```
crashkernel=XM@YM
```

YM 是我们在内核编译期间声明的或由供应商为我们配置的偏移点。在我们的例子中是 16M。XM 是分配给崩溃内核的内存大小。正如我们前面提到的，最典型的配置将是 64 或 128 MB。因此，附加的条目应该为

```
crashkernel=64M@16M
```

menu.lst 文件中的完整小节如下：

```
title Some Linux
root (hd0,1)
kernel /boot/vmlinuz root=/dev/sda1 resume=/dev/sda5 ->
-> splash=silent crashkernel=64M@16M
```

将 Kdump 设置为在引导时启动

我们现在需要在启动时启用 Kdump。这可以使用基于 RedHat 发行版本的 chkconfig 或 Debian 发行版本的 sysv-rc-conf 完成。例如，使用 chkconfig 实用程序：

```
chkconfig kdump on
```

对配置文件的更改要求重新启动 Kdump 服务。但是，Kdump 服务无法运行，除非 GRUB 菜单已受到更改的影响并且系统重新启动。你可以通过尝试启动 Kdump 服务简单检查这一情况：

```
/etc/init.d/kdump start
```

如果你还没有分配内存或者使用了错误的偏移量，你会遇到一个像这样的错误：

```
/etc/init.d/kdump start
Loading kdump                                    failed
Memory for crashkernel is not reserved Please reserve memory by passing
"crashkernel=X@Y" parameter to the kernel Then try loading kdump kernel
```

如果你收到这个错误，就意味着 GRUB 配置文件还未正确编辑。你将不得不进行正确的更改，重新启动系统，然后重试。一旦这一操作正确完成，Kdump 应该启动而没有任何错误。当测试设置时，我们将再次提到这一点。

测试配置

在开始真正让内核崩溃之前，我们需要检查配置是否真的有效。这意味着要 Kexec 执行空转。换句话说，配置 Kexec 加载所需的参数并启动崩溃（捕获）内核。如果你成功通过此阶段，这意味着你的系统已正确配置，可以测试 Kdump 功能与真正的内核崩溃了。

再次，如果你的系统自带的内核已经编译使用 Kdump，你会节省很多时间和精力。基本上，Kdump 的安装和配置测试是完全不必要的。你可以直接进入使用 Kdump。

加载 Kexec 相关参数

我们的第一步是使用所需的参数将 Kexec 加载到现有内核中。通常，你希望 Kdump 与开机生产内核使用相同的参数来运行。所以，你可能会使用下面的配置来测试 Kdump：

```
/usr/local/sbin/kexec -l /boot/vmlinuz-`uname -r` --initrd=/boot/initrd-`uname -r`--
command-line=`cat /proc/cmdline`
```

然后，执行 Kexec（它将加载上述参数）：

```
/usr/local/sbin/kexec -e
```

你的崩溃内核应该开始启动了。如前所述，它将跳过 BIOS，因此你应该立即能在控制台中看到启动顺序。如果此步骤成功完成，没有错误，你就处于正确的路径上。我会很乐意在这里分享一个截图，但它看起来就像任意一个普通的引导过程，没什么用处。

下一步是加载新内核以用于 panic。重新启动然后测试：

```
/usr/local/sbin/kexec -p
```

可能的错误

在这个阶段，你可能会遇到一个错误，像这样：

```
kexec_load failed: Cannot assign requested address
entry = 0x96550 flags = 1
nr_segments = 4
segment[0].buf = 0x528aa0
segment[0].bufsz = 2044
segment[0].mem = 0x93000
segment[0].memsz = 3000
segment[1].buf = 0x521880
segment[1].bufsz = 7100
segment[1].mem = 0x96000
segment[1].memsz = 9000
segment[2].buf = 0x2aaaaaf1f010
segment[2].bufsz = 169768
segment[2].mem = 0x100000
segment[2].memsz = 16a000
segment[3].buf = 0x2aaaab11e010
segment[3].bufsz = 2f5a36
segment[3].mem = 0xdf918000
segment[3].memsz = 2f6000
```

如果发生这种情况，就意味着存在以下两个问题之一：

你还没有正确配置生产内核，Kdump 无法工作。你不得不再次仔细检查安装过程，其中包括使用相关参数编译内核。

你使用的 Kexec 版本与 kernel-kdump 软件包不匹配。确保你选择了正确的软件包。你应该检查两个软件包的安装版本：kernel-kdump 和 kexec-tools。或者，你可能在配置文件的 KEXEC_OPTIONS 下缺少 --argslinux。

一旦成功解决此问题，你就可以继续测试。如果崩溃内核启动没有任何问题，这意味着你进展不错，可以开始真正使用 Kdump。

Kdump 网络转储功能

能够发送内核故障转储到网络存储的能力使得 Kdump 在大型环境中的部署很有吸引力。它还允许系统管理员规避本地磁盘空间限制。与 LKCD 相比，Kdump 具有更多的网络感知能力；它不限于在同一子网上转储，并且不需要专用服务器。你可以使用 NFS 区域或 CIFS 共享作为归档目的地。最重要的是，这些更改只影响客户端。没有服务器端配置。

配置文件

为了使 Kdump 向网络存储发送故障转储，只需要更改配置文件中的两个伪指令即可使整个过程正常工作。其他设置与本地磁盘功能保持一致，包括在引导时启动 Kdump，添加 GRUB 菜单和 Kexec 测试。

配置文件位于 /etc/sysconfig/kdump 下。一如既往，在更改之前，需要备份配置文件。

配置 KDUMP_RUNLEVEL

为了使用网络功能，我们需要配置 Kdump 在运行级别 3 引导。默认情况下，使用运行级别 1。网络功能通过更改伪指令实现。

```
KDUMP_RUNLEVEL=3
```

配置 KDUMP_SAVEDIR

第二步是配置网络存储目的地。我们不能再使用本地文件，而需要使用 NFS 区域、CIFS 共享、SSH 服务器或 FTP 服务器。在本文档中，我们将配置 NFS 区域，因为它似乎是发送崩溃转储的最明智选择。其他两个的配置非常相似，并且同样简单。你需要注意的一件事是符号。还需要使用正确的语法：

```
KDUMP_SAVEDIR="nfs:///<server>:/<dir>"
```

<server> 通过名称或 IP 地址引用 NFS 服务器。如果使用名称，那么你的环境中需要具有某种名称解析机制，例如主机文件或 DNS。<dir> 是 NFS 服务器上导出的 NFS 目录。该

目录必须是 root 用户可写的。在我们的示例中，伪指令采用以下形式：

```
KDUMP_SAVEDIR="nfs:///nfsserver02:/dumps"
```

这些是在内核崩溃的情况下使 Kdump 将内存转储发送到 NFS 存储区域所需的两个更改。现在，我们将测试功能。

Kdump 使用

我们现在将模拟内核崩溃以检查我们的配置，并确保一切正常。

模拟内核崩溃

要手动使内核崩溃，你必须启用系统请求（SysRq）功能（也称为魔术键）（如果尚未在系统上启用它的话），然后触发内核错误。因此，首先，启用 SysRq：

```
echo 1 > /proc/sys/kernel/sysrq
```

然后，使内核崩溃：

```
echo c > /proc/sysrq-trigger
```

现在观察控制台。崩溃内核应该启动了。过一会儿，你应该看到 Kdump 在运行。看看控制台，过一段时间后应显示一个小计数器，显示转储过程的进度。这意味着你最大可能地正确配置了 Kdump，它正在按预期工作。等待，直到转储完成。转储完成后，系统应重新启动进入生产内核。检查目标目录，你确实应该看到了 vmcore 文件。存储器核心转储的过程如图 6.1 和图 6.2 所示。

```
Loading keymap i386/qwerty/us.map.gz                                done
Loading compose table winkeys shiftctrl latin1.add                  done
Start Unicode mode                                                  done
Loading console font lat9w-16.psfu  -m trivial G0:loadable          done
|----------------------------------------|        0 MB of 8128 MB (0.0%)
```

图 6.1 内核内存转储进行中

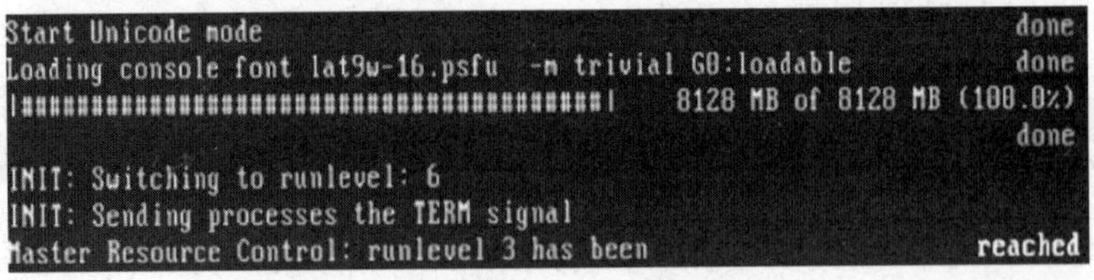

```
Start Unicode mode                                                  done
Loading console font lat9w-16.psfu  -m trivial G0:loadable          done
|########################################|   8128 MB of 8128 MB (100.0%)
                                                                    done
INIT: Switching to runlevel: 6
INIT: Sending processes the TERM signal
Master Resource Control: runlevel 3 has been                     reached
```

图 6.2 内核内存转储完成

Kdump的长时间详细配置和测试到此结束。如果到目前为止，你已成功管理所有阶段，这意味着你的系统已准备好投入工作并在内核错误情况发生时收集内存核心。

分析核心将为你提供有价值的信息，希望能帮助你找到并解决导致系统崩溃的根本原因。

小结

Kdump是一个强大而灵活的内核崩溃转储实用程序。在运行的生产内核上下文中执行崩溃内核的能力是一个非常有用的机制。类似地，在包括网络的几乎所有运行级别中使用崩溃内核的能力，以及使用各种协议将核心发送到网络存储的能力，显著扩展了我们控制环境的能力。

特别与旧的LKCD实用程序相比，它在所有级别上提供了改进的功能，包括更鲁棒的机制和更好的可扩展性。如果需要，Kdump可以使用本地RAID（md）设备。此外，它改进了对网络的感知，可以与许多协议包括NFS、CIFS、FTP和SSH兼容。存储器内核不再受32位的限制。

崩溃分析（crash）

内核崩溃分析是我们研究的下一步。在我们收集了内存核心后，现在需要处理它们。用于这一任务的标准实用程序是crash(Anderson,2008)，它基于SVR4 UNIX的crash命令，并通过与gdb工具合并来增强。我们现在将扩展对它的使用，看看它如何可以帮助我们做故障排除。

前提

你必须正确设置Kdump并正常工作。

crash设置

crash可以在所有主要发行版的资源库中找到，包括企业版本。

内存内核

内存核心被称为vmcore，你会发现它们在崩溃目录的有日期的目录里面。在旧版本的Kdump上，目录只包含vmcore文件。较新的版本还将内核和系统映射文件复制到目录中，使核心处理更容易。

调用crash

crash实用程序可以以多种方式调用。首先，Kdump的旧版本和较新版本有一些区别，主要涉及它们可以做什么以及如何处理内存核心方面。其次，crash实用程序可以手动运行或无人值守运行。

原来的（经典的）调用

原来的调用是以下列方式完成的：

```
crash <System map> <vmlinux> vmcore
```

<System map> 是系统映射文件的绝对路径，通常位于 /boot 下。此文件必须与崩溃时使用的内核版本相匹配。

系统映射文件是内核使用的符号表。符号表是符号名称及其在内存中地址之间的对照表。符号名称可以是变量的名称或函数的名称。System.map 在需要符号名称的地址时是必要的。它对于调试内核 panic 和内核 oops 时尤其有用，也就是我们在这里所需要的。

- <vmlinux> 是在主机上收集内存核心时运行的内核的未压缩版本。
- vmcore 是内存核心。

System-map 和 vmlinux 文件保留在 /boot 目录中，不会复制到崩溃目录中。然而，它们可以手动复制到其他机器，对于其他系统或内核上收集的内存核心，允许崩溃的可移植使用。

新调用

Kdump 的较新版本可以工作在压缩的内核镜像。此外，它们将系统映射文件和内核镜像复制到 crash 目录中，使得使用 crash 实用程序更简单。最后，可以有两种方法处理核心。根据你选择的发行版本，用法语法可能有些不同：

```
crash /usr/lib/debug/boot/<kernel>.debug vmcore

crash /usr/lib/debug/lib/modules/<kernel>/vmlinux vmcore
```

移植使用

要在其他机器上处理核心，你可以复制系统映射和内核或只是调试信息文件。较新版本的 Kdump 和 crash 可以工作在压缩的内核镜像上。调试信息必须与内核版本完全匹配，否则会出现例如 CRC 匹配错误。

```
crash: /usr/lib/debug/boot/vmlinux-2.6.31-default.debug:

CRC value does not match
```

运行 crash

好的，现在我们知道了一些小细节，让我们运行 crash 吧。Kdump 工作了，犹如在后台“变魔术”。如果在调用 crash 命令后遇到崩溃提示，可以使用旧的或新的语法，然后一切就 OK 了。

```
crash 5.0.1

Copyright (C) 2002-2010  Red Hat, Inc.

Copyright (C) 2004, 2005, 2006  IBM Corporation

Copyright (C) 1999-2006  Hewlett-Packard Co

Copyright (C) 2005, 2006  Fujitsu Limited

Copyright (C) 2006, 2007  VA Linux Systems Japan K.K.

Copyright (C) 2005  NEC Corporation

Copyright (C) 1999, 2002, 2007  Silicon Graphics, Inc.

Copyright (C) 1999, 2000, 2001, 2002  Mission Critical Linux, Inc.

This program is free software, covered by the GNU General Public License,

and you are welcome to change it and/or distribute copies of it under

certain conditions.  Enter "help copying" to see the conditions.

This program has absolutely no warranty.  Enter "help warranty" for details.


NOTE: stdin: not a tty


GNU gdb (GDB) 7.0

Copyright (C) 2009 Free Software Foundation, Inc.

License GPLv3+: GNU GPL version 3 or later <http://gnu.org/licenses/gpl.html>

This is free software: you are free to change and redistribute it.

There is NO WARRANTY, to the extent permitted by law.  Type "show copying"

and "show warranty" for details.

This GDB was configured as "x86_64-unknown-linux-gnu"...

please wait... (gathering kmem slab cache data)

please wait... (gathering module symbol data)

please wait... (gathering task table data)
```

```
please wait... (determining panic task)

SYSTEM MAP: /boot/System.map-2.6.32.59-0.3.1-default

DEBUG KERNEL: /boot/vmlinux-2.6.32.59-0.3.1-default (2.6.32.59-0.3.1-default)

      DUMPFILE: /tmp/dump/2013-03-05-12:57/vmcore

        CPUS: 32

        DATE: Tue Mar  5 12:56:34 2013

      UPTIME: 57 days, 15:12:15

LOAD AVERAGE: 15.67, 15.93, 15.07

       TASKS: 882

    NODENAME: icsl0745

     RELEASE: 2.6.32.59-0.3.1-default

     VERSION: #1 SMP 2012-04-27 11:14:44 +0200

     MACHINE: x86_64  (2600 Mhz)

      MEMORY: 128 GB

       PANIC: "[4968899.568159] Oops: 0000 [#1] SMP " (check log for details)

         PID: 27010

     COMMAND: "task.bin"

        TASK: ffff880a8e68a500  [THREAD_INFO: ffff880a77f98000]

         CPU: 19

       STATE: TASK_RUNNING (PANIC)
```

crash 命令

一旦 crash 运行，你要盯着 crash 提示，及时尝试一些 crash 命令。在本教程中，我们不会过多关注命令或理解它们的输出。现在，只是简要概述我们需要的东西。crash 命令在 RedHat Crash 白皮书（Anderson，n.d.）中高质量地详细列出。事实上，文档里几乎有你使用 crash 所需要的一切。以下是会需要到的一些重要而有用的命令。

backtrace

backtrace 命令显示内核堆栈踪迹回溯。如果没有给出参数，则显示当前上下文的堆栈踪迹。

```
PID: 27010  TASK: ffff880a8e68a500  CPU: 19  COMMAND: "task.bin"
 #0 [ffff880a77f99970] machine_kexec at ffffffff81020ac2
 #1 [ffff880a77f999c0] crash_kexec at ffffffff81088830
 #2 [ffff880a77f99a90] oops_end at ffffffff8139f790
 #3 [ffff880a77f99ab0] __bad_area_nosemaphore at ffffffff8102ed15
 #4 [ffff880a77f99ae0] put_rpccred at ffffffffa023f150
 #5 [ffff880a77f99af8] update_cpu_power at ffffffff8103ccf7
 #6 [ffff880a77f99b70] page_fault at ffffffff8139ea0f
 #7 [ffff880a77f99bf8] nfs_lookup_revalidate at ffffffffa02bafe9
 #8 [ffff880a77f99c20] nfs_lookup_revalidate at ffffffffa02baf75
 #9 [ffff880a77f99cb0] dput at ffffffff811127ea
#10 [ffff880a77f99cd0] nfs_lookup_revalidate at ffffffffa02bb01a
#11 [ffff880a77f99ce0] bit_waitqueue at ffffffff810657d0
#12 [ffff880a77f99d00] nfs_access_get_cached at ffffffffa02b8c87
#13 [ffff880a77f99d40] nfs_do_access at ffffffffa02b9059
#14 [ffff880a77f99dc0] __lookup_hash at ffffffff81108936
#15 [ffff880a77f99e00] lookup_one_len at ffffffff81109649
#16 [ffff880a77f99e30] nfs_sillyrename at ffffffffa02b8043
#17 [ffff880a77f99e60] nfs_unlink at ffffffffa02b9806
#18 [ffff880a77f99e90] vfs_unlink at ffffffff8110a0b1
#19 [ffff880a77f99eb0] do_unlinkat at ffffffff8110c911
#20 [ffff880a77f99f10] mntput_no_expire at ffffffff81119a43
#21 [ffff880a77f99f40] filp_close at ffffffff810fd096
#22 [ffff880a77f99f80] system_call_fastpath at ffffffff81002f7b
    RIP: 00002aaaacd99007  RSP: 00007fffffff6c68  RFLAGS: 00000202
    RAX: 0000000000000057  RBX: ffffffff81002f7b  RCX: 00002aaaad029e60
    RDX: 0000000000000041  RSI: 00002aaaacdf6650  RDI: 0000000001661238
```

```
RBP: 00007fffffff6cc0   R8: 736a2e73746c7573   R9: 00000000016615d0
R10: 00002aaaada82120  R11: 0000000000000202  R12: 00007fffffff6e00
R13: 00007fffffff6d10  R14: 0000000001661238  R15: ffff88100e5d5a40
ORIG_RAX: 0000000000000057  CS: 0033  SS: 002b
```

转储系统消息缓冲区

log 命令按时间顺序转储内核 log_buf 内容。

```
[    0.000000] Initializing cgroup subsys cpuset
[    0.000000] Initializing cgroup subsys cpu
[    0.000000] Linux version 2.6.32.59-0.3.1-default (geeko@buildhost) (gcc version
4.3.4 [gcc-4_3-branch revision 152973] (SUSE Linux) ) #1 SMP 2012-04-27 11:14:44
+0200
[    0.000000] Command line: root=/dev/disk/by-id/cciss-
3600508b1001c3794d87c4706c7c5dc6a-part2 resume=/dev/disk/by-id/cciss-
3600508b1001c7df40d7a8a6a2a2d146c-part1 splash=silent crashkernel=128M@32M
[    0.000000] KERNEL supported cpus:
[    0.000000]   Intel GenuineIntel
[    0.000000]   AMD AuthenticAMD
[    0.000000]   Centaur CentaurHauls
[    0.000000] BIOS-provided physical RAM map:
[    0.000000]  BIOS-e820: 0000000000000000 - 0000000000097400 (usable)
[    0.000000]  BIOS-e820: 0000000000097400 - 00000000000a0000 (reserved)
[    0.000000]  BIOS-e820: 00000000000f0000 - 0000000000100000 (reserved)
[    0.000000]  BIOS-e820: 0000000000100000 - 00000000bddcc000 (usable)
[    0.000000]  BIOS-e820: 00000000bddcc000 - 00000000bddde000 (ACPI data)
[    0.000000]  BIOS-e820: 00000000bddde000 - 00000000bdddf000 (usable)
[    0.000000]  BIOS-e820: 00000000bdddf000 - 00000000d0000000 (reserved)
[    0.000000]  BIOS-e820: 00000000fec00000 - 00000000fee10000 (reserved)
[    0.000000]  BIOS-e820: 00000000ff800000 - 0000000100000000 (reserved)
[    0.000000]  BIOS-e820: 0000000100000000 - 000000203ffff000 (usable)
[    0.000000] DMI 2.7 present.
```

```
[    0.000000] last_pfn = 0x203ffff max_arch_pfn = 0x400000000
[    0.000000] MTRR default type: write-back
[    0.000000] MTRR fixed ranges enabled:
[    0.000000]   00000-9FFFF write-back
[    0.000000]   A0000-BFFFF uncachable
```

显示进程状态信息

ps 命令显示系统中选定的或系统中所有进程的进程状态。如果未输入任何参数，则将为所有进程显示进程数据。

```
   PID    PPID  CPU       TASK        ST  %MEM     VSZ    RSS  COMM
      0      0   0  ffffffff8180c020  RU   0.0       0      0  [swapper]
      0      0   1  ffff881030f70180  RU   0.0       0      0  [swapper]
      0      0   2  ffff882030f56080  RU   0.0       0      0  [swapper]
      0      0   3  ffff881030d6e2c0  RU   0.0       0      0  [swapper]
>     0      0   4  ffff882030f5a0c0  RU   0.0       0      0  [swapper]
>     0      0   5  ffff88103136c400  RU   0.0       0      0  [swapper]
>     0      0   6  ffff882030f5e100  RU   0.0       0      0  [swapper]
      0      0   7  ffff88103114c540  RU   0.0       0      0  [swapper]
>     0      0   8  ffff882030b48140  RU   0.0       0      0  [swapper]
      0      0   9  ffff881031164680  RU   0.0       0      0  [swapper]
>     0      0  10  ffff882031350180  RU   0.0       0      0  [swapper]
>     0      0  11  ffff88103117a140  RU   0.0       0      0  [swapper]
      0      0  12  ffff88203115a1c0  RU   0.0       0      0  [swapper]
>     0      0  13  ffff881031752280  RU   0.0       0      0  [swapper]
      0      0  14  ffff882031746200  RU   0.0       0      0  [swapper]
>     0      0  15  ffff8810315483c0  RU   0.0       0      0  [swapper]
      0      0  16  ffff88203176e240  RU   0.0       0      0  [swapper]
>     0      0  17  ffff881031562500  RU   0.0       0      0  [swapper]
```

```
>     0     0  18  ffff882031776280  RU   0.0       0      0  [swapper]
      0     0  19  ffff881031b62640  RU   0.0       0      0  [swapper]
>     0     0  20  ffff88203177c2c0  RU   0.0       0      0  [swapper]
      0     0  21  ffff881031942100  RU   0.0       0      0  [swapper]
      0     0  22  ffff882031540300  RU   0.0       0      0  [swapper]
      0     0  23  ffff88103197e240  RU   0.0       0      0  [swapper]
>     0     0  24  ffff882031544340  RU   0.0       0      0  [swapper]
```

其他有用的命令

你可能会需要尝试 help 和 h（命令行历史记录）。

创建崩溃分析文件

处理命令的输出可以发送到外部文件。你只需要使用重定向符号（>）并指定文件名。这与 lcrash 实用程序（LKCD 框架的一部分）的使用形成对比，其中特别需要使用 -w 标志来写入文件。

崩溃运行在无人值守模式

现在我们知道如何运行 crash 命令和产生分析文件，为什么不开启完全无人值守的模式？这可以通过从文件指定命令行输入来完成。

命令可以通过两种方式发送到 crash：

```
crash -i inputfile
```

或使用重定向：

```
crash < inputfile
```

在这两种情况下，crash 输入文件是每行一个崩溃命令的文本文件。要使 crash 实用程序退出，你还需要在结尾处包含 exit 命令。就像如下所示：

```
bt
log
ps
exit
```

因此，完整的无人值守的分析采用如下形式：

```
crash <debuginfo> vmcore < inputfile > outputfile
```

或者也可以采用以下形式：

```
crash <System map> <vmlinux> vmcore < inputfile > outputfile
```

还有很多其他命令。真正的研究从这里开始。我们将很快复习这些命令的用法。我们还将检测几个模拟的研究案例，以及生产系统上的实际崩溃。

可能的错误

运行 crash 实用程序时，可能会遇到各种错误。我们现在将详细说明在尝试打开崩溃核心时可能发生的许多典型问题。

无调试数据可用

运行 crash 后，你可能会看到以下错误：

```
crash: /boot/vmlinuz-2.6.18-164.10.1.el5: no debugging data available
```

这意味着你可能缺少 debuginfo 包。你应该启动包管理器并仔细检查。如果你还记得，我已经反复说明安装 debuginfo 包是正确使用 Kdump 和 crash 的先决条件。

vmlinux 和 vmcore 不匹配（CRC 不匹配）

你也可能会收到以下错误：

```
crash: /usr/lib/debug/boot/vmlinux-2.6.31-default.debug:

CRC value does not match
```

如果你看到消息“vmlinux and vmcore do not match！”或“CRC does not match”，这意味着你调用 crash 使用了错误版本的 debuginfo，它与 vmcore 文件不匹配。记住，你必须使用完全相同的版本！

无保证

可能还有其他问题。你的转储可能无效或不完整。文件头可能已经损坏。转储文件可能是未知格式。并且即使已经处理了 vmcore，其中的信息可能是部分的或丢失的。例如，crash 可能无法找到导致崩溃的进程的任务：

```
   STATE: TASK_RUNNING

WARNING: panic task not found
```

不能保证一切都可以工作。系统崩溃相当暴力，事情可能不会像你想要的那么顺利，特别是如果崩溃是由硬件问题引起的。有关可能出现的错误的详细信息，请参阅前面提到的 RedHat Crash 白皮书。

内核崩溃核心分析

一旦使用 crash 实用程序成功处理了内核，下一步是收集存储在内存转储中的有用信息，并尝试了解导致内核 oops 或 panic 的第一现场。为此，我们将学习如何使用几个类似 gdb 的 crash 命令。乍一看，收集的输出可能看起来像一种新的语言，但我们很快将学习如何解释外来语法，并了解影响我们系统的基本问题。

第一步

一旦启动 crash，你将获得打印到控制台的初始报告信息。这是崩溃分析开始的地方。以下是典型的 crash 运行的示例输出：

```
crash 4.0-8.9.1.el5.centos
Copyright (C) 2002, 2003, 2004, 2005, 2006, 2007, 2008, 2009  Red Hat, Inc.
Copyright (C) 2004, 2005, 2006   IBM Corporation
Copyright (C) 1999-2006   Hewlett-Packard Co
Copyright (C) 2005, 2006  Fujitsu Limited
Copyright (C) 2006, 2007  VA Linux Systems Japan K.K.
Copyright (C) 2005  NEC Corporation
Copyright (C) 1999, 2002, 2007  Silicon Graphics, Inc.
Copyright (C) 1999, 2000, 2001, 2002  Mission Critical Linux, Inc.
This program is free software, covered by the GNU General Public License, and you are
welcome to change it and/or distribute copies of it under certain conditions.  Enter
"help copying" to see the conditions. This program has absolutely no warranty.  Enter
"help warranty" for details.

NOTE: stdin: not a tty

GNU gdb 6.1
Copyright 2004 Free Software Foundation, Inc.
GDB is free software, covered by the GNU General Public License, and you are welcome
to change it and/or distribute copies of it under certain conditions.
Type "show copying" to see the conditions.
There is absolutely no warranty for GDB.  Type "show warranty" for details. This GDB
was configured as "x86_64-unknown-linux-gnu"...


bt: cannot transition from exception stack to current process stack:
```

```
   exception stack pointer: ffff810107132f20
     process stack pointer: ffff81010712bef0
        current_stack_base: ffff8101b509c000

      KERNEL: /usr/lib/debug/lib/modules/2.6.18-164.10.1.el5.centos.plus/vmlinux
    DUMPFILE: vmcore
        CPUS: 2
        DATE: Tue Jan 19 20:21:19 2010
      UPTIME: 00:00:00
LOAD AVERAGE: 0.00, 0.04, 0.07
       TASKS: 134
    NODENAME: testhost2@localdomain
     RELEASE: 2.6.18-164.10.1.el5
     VERSION: #1 SMP Thu Jan 7 19:54:26 EST 2010
     MACHINE: x86_64  (3000 Mhz)
      MEMORY: 7.5 GB
       PANIC: "SysRq : Trigger a crashdump"
         PID: 0
     COMMAND: "swapper"
        TASK: ffffffff80300ae0  (1 of 2)  [THREAD_INFO: ffffffff803f2000]
         CPU: 0
       STATE: TASK_RUNNING (ACTIVE)
```

让我们通读一下报告。你看到的第一件事是某种错误：在你使用时，可能会也可能不会遇到它。

```
bt: cannot transition from exception stack to current process stack:
    exception stack pointer: ffff810107132f20
      process stack pointer: ffff81010712bef0
         current_stack_base: ffff8101b509c000
```

这个错误的技术解释有点棘手。引用崩溃实用程序邮件列表线程（Crash version 4.0.8-11 announcement，n.d.）中关于崩溃实用程序 4.0-8.11 发布版本的更改，我们了解以下信息：

```
If a kdump NMI issued to a non-crashing x86_64 cpu was received while
running in schedule(), after having set the next task as "current" in
the cpu's runqueue, but prior to changing the kernel stack to that of
the next task, then a backtrace would fail to make the transition
from the NMI exception stack back to the process stack, with the
error message "bt: cannot transition from exception stack to current
process stack". This patch will report inconsistencies found between
a task marked as the current task in a cpu's runqueue, and the task
found in the per-cpu x8664_pda "pcurrent" field (2.6.29 and earlier)
or the per-cpu "current_task" variable (2.6.30 and later). If it can
be safely determined that the runqueue setting (used by default) is
```

```
premature, then the crash utility's internal per-cpu active task will
be changed to be the task indicated by the appropriate architecture
specific value.
```

这是什么意思？这是一个警告，你应该在分析崩溃报告时注意。它将帮助我们确定需要查看哪个任务结构来解决崩溃原因。现在，忽略此错误。理解崩溃报告所包含的内容并不重要。你可能看到或看不到它。现在，让我们检查此错误下面的代码。

- KERNEL：指定崩溃时运行的内核。
- DUMPFILE：是转储内存核心的名称。
- CPUS：是机器上的 CPU 数量。
- DATE：指定崩溃的时间。
- TASKS：表示崩溃时内存中的任务数。任务是一组加载到内存中的程序指令。
- NODENAME：是崩溃主机的名称。
- RELEASE 和 VERSION：指定内核发布和版本。
- MACHINE：指定 CPU 的体系结构。
- MEMORY：崩溃机器上的物理内存大小。
- PANIC：指定在机器上发生什么类型的崩溃。你可以看到有几种类型。

SysRq（系统请求）指的是魔术键，它允许你直接将指令发送到内核。它们可以通过使用键盘序列或通过回显字母命令到 /proc/sysrq-trigger 来调用，前提是该功能已启用。我们在 Kdump 部分讨论过这个问题。

oops 是与预期的内核正确行为的偏差。通常，oops 会导致违例进程被杀死。系统可能会也可能不会恢复正常行为。最可能的是，系统将进入不可预测的不稳定状态，如果稍后请求一些有 bug 的被杀死的资源可能导致内核错误。

panic 是系统遇到致命错误并且无法重新恢复的状态。panic 可能是由于尝试访问禁止的地址、强制加载或卸载内核模块或者硬件问题引起的。在我们第一个最好的例子中，PANIC：string 指的是使用魔术键。我们故意引发了崩溃。

- PANIC：“SysRq：触发故障转储”。
- PID：是导致崩溃的任务的进程 ID。
- COMMAND：是进程的名称，在本例中为交换程序。
- COMMAND：“交换程序”。

交换程序（swapper）或者 PID 为 0 是调度器。它是一个进程，安排可运行进程之间的 CPU 时间，如果运行队列中没有其他进程，则由它接管控制。可以这么说，你可能想称交换程序为空闲任务。

每个 CPU 有一个交换程序，当我们开始更深入地探索崩溃时，你很快就会看到。但这不是真的很重要。我们将遇到许多具有不同名称的进程。

- TASK：是违例进程在内存中的地址。稍后我们将使用此信息。32 位和 64 位体系结构的存储器寻址有所不同。
- CPU：是崩溃时运行违例进程的 CPU（若多于一个则为相关的）的编号。CPU 指的是 CPU 核心，而不仅仅是物理 CPU。如果你正在启用超线程运行你的 Linux，那么你也要将单独的线程计数为 CPU。这一点很重要，因为在一个特定 CPU 上的重复崩溃可能表示这个 CPU 有问题。

如果运行的进程被关联设置为某些 CPU（taskset），那么在分析崩溃报告时，可能更难以确定与 CPU 相关的问题。你可以通过运行 cat /proc/cpuinfo 来检查 CPU 的数量。

- STATE：表示崩溃时的进程状态。TASK_RUNNING 是指可运行进程，即可以继续执行的进程。我们将在后面再讨论这个。

其他崩溃核心信息

到目前为止，我们已经看到一个良性的例子。这只是一个介绍。我们将再看几个例子，包括真实情况。现在，我们对崩溃知之甚少，除了导致它的过程。我们现在会再研究几个例子，并试图理解所看到的东西。

让我们来看一个不同的例子。看看下面的输出。虽然信息的排列有些不同于我们之前看到的，但实质上，它是相同的事情。我们有一个 Fedora 12 系统崩溃的例子。

```
Pid: 0, comm: swapper Not tainted 2.6.31.5-127.fc12.i686 #1

Call Trace:

 [<c0436d93>] warn_slowpath_common+0x70/0x87

 [<c0417426>] ? native_apic_write_dummy+0x32/0x3c

 [<c0436dbc>] warn_slowpath_null+0x12/0x15

 [<c0417426>] native_apic_write_dummy+0x32/0x3e

 [<c040fd2c>] intel_init_thermal+0xc3/0x168

 [<c040e8ce>] ? mce_init+0xa9/0xbd

 [<c040f600>] mce_intel_feature_init+0x10/0x50

 [<c040dcc9>] mce_cpu_features+0x1b/0x24

 [<c0760681>] mcheck_init+0x249/0x28b

 [<c075ea6e>] identify_cpu+0x37f/0x38e

 [<c0990265>] identify_boot_cpu+0xd/0x23
```

```
[<c09903df>] check_bugs+0xb/0xdc

[<c0478a33>] ? delayacct_init+0x47/0x4c

[<c09898a3>] start_kernel+0x31c/0x330

[<c0989070>] i386_start_kernel+0x70/0x77
```

在这里我们有不同类型的信息：

```
Pid: 0, comm: swapper Not tainted.
```

让我们关注“非染色”字符串一下。这是什么意思？这意味着内核没有运行任何强制加载的模块。换句话说，我们可能在某处面临一个代码错误，而不是内核违规。你可以通过执行以下操作来检查运行的内核：

```
cat /proc/sys/kernel/tainted
```

到目前为止，我们已经又学到了一些信息。我们稍后会讨论这个。现在，让我们探讨另一个显示在官方的 Crash 白皮书中的例子。看下面：

```
 MEMORY: 128MB
  PANIC: "Oops: 0002" (check log for details)
    PID: 1696
COMMAND: "insmod"
```

我们在这里得到了什么？我们有一个新的信息，即 Oops: 0002，这是什么意思？

内核页错误

这四位数字是内核页错误的十进制代码。你可以在内核源代码树中的 arch/arch/mm/fault.c 下找到此信息：

```
/* Page fault error code bits */
#define PF_PROT  (1<<0) /* or no page found */
#define PF_WRITE (1<<1)
#define PF_USER  (1<<2)
#define PF_RSVD  (1<<3)
#define PF_INSTR (1<<4)
```

- 如果第一位被清（0），则异常是由访问不存在的页引起的；如果该位被设置为（1），这意味着无效的访问权限。
- 如果第二位清（0），则异常是由读取或执行访问引起；如果设置为（1），则该异常是由写访问引起的。
- 如果第三位清（0），则异常是处理器处于内核模式时引发的；否则，它发生在用户模式。
- 第四位告诉我们故障是否为指令获取。这仅适用于64位架构。由于我们的机器是64位的，这一位是有意义的。

这很有趣。看似不可理解的信息开始感到非常合乎逻辑。哦，你也可以看到内核页面错误的格式如下，见表6.5所示。

表6.5 内核页错误，原因

	值	
比特	0	1
0	没有找到页	无效访问
1	读或执行	写
2	内核模式	用户模式
3	非指令获取	指令获取

有时，无效访问也称为保护故障。因此，要理解发生了什么，我们需要将十进制代码翻译成二进制，然后检查这四位，从右到左。为了说明这样做的目的，请在转置表（表6.6）中查阅此信息。

表6.6 内核页错误，转置

	比特	0	1	2	3
值	0	没有找到页	读或执行	内核模式	非指令获取
	1	无效访问	写	用户模式	指令获取

在我们的例子中，十进制2是二进制10。从右到左看，位1是零，位2被点亮，位3和4是零。注意二进制计数，从零开始。换一种说法：

```
0002 (dec) --> 0010 (binary) --> Not instruction fetch|Kernel mode|Write|Invalid
access
```

因此，我们有一个页面在内核模式下的写操作期间找不到了；故障不是指令获取。当然这个问题有一点更复杂，但我们还是对于正在发生的事情有了一个很好的想法。好了，它开始变得有趣，是不是？

看看违例进程insmod，这告诉我们相当多的信息。我们试图加载一个内核模块。它试图写到一个页面，却找不到，意味着有保护故障，这导致我们的系统崩溃。这可能是代码中写得很差的一部分。

状态检查

好的，到目前为止，我们已经看到了很多有用的信息。我们了解了崩溃报告中的基本标识符字段。我们了解了不同类型的错误。我们学习了识别违规进程，决定内核是否被污染，以及在崩溃时发生了什么样的问题。但我们才刚刚开始分析。让我们把这个分析提高到一个新的水平。

命令和详细用法

早些时候，我们了解了一些基本命令。现在是时候更好地运用它们了。我们想到的第一个命令是 bt - backtrace。我们想要看到违规进程的执行历史，即向后追踪。

```
PID: 0      TASK: ffffffff80300ae0  CPU: 0   COMMAND: "swapper"
 #0 [ffffffff80440f20] crash_nmi_callback at ffffffff8007a68e
 #1 [ffffffff80440f40] do_nmi at ffffffff8006585a *
 #2 [ffffffff80440f50] nmi at ffffffff80064ebf *
    [exception RIP: default_idle+61]
    RIP: ffffffff8006b301  RSP: ffffffff803f3f90  RFLAGS: 00000246
    RAX: 0000000000000000  RBX: ffffffff8006b2d8  RCX: 0000000000000000
    RDX: 0000000000000000  RSI: 0000000000000001  RDI: ffffffff80302698
    RBP: 0000000000090000   R8: ffffffff803f2000   R9: 000000000000003e
    R10: ffff810107154038  R11: 0000000000000246  R12: 0000000000000000
    R13: 0000000000000000  R14: 0000000000000000  R15: 0000000000000000
    ORIG_RAX: ffffffffffffffff  CS: 0010  SS: 0018
--- <exception stack> ---
 #3 [ffffffff803f3f90] default_idle at ffffffff8006b301 *
 #4 [ffffffff803f3f90] cpu_idle at ffffffff8004943c
```

在这里有很多数据，让我们开始慢慢消化。

调用跟踪

以散列符号（#）开头的编号行序列是调用跟踪。它是在崩溃之前执行的内核函数的列表。关于在系统崩溃之前发生了什么，这给了我们一个很好的参考。

```
 #0 [ffffffff80440f20] crash_nmi_callback at ffffffff8007a68e
 #1 [ffffffff80440f40] do_nmi at ffffffff8006585a *
 #2 [ffffffff80440f50] nmi at ffffffff80064ebf *
    [exception RIP: default_idle+61]
    RIP: ffffffff8006b301  RSP: ffffffff803f3f90  RFLAGS: 00000246
    RAX: 0000000000000000  RBX: ffffffff8006b2d8  RCX: 0000000000000000
    RDX: 0000000000000000  RSI: 0000000000000001  RDI: ffffffff80302698
    RBP: 0000000000090000   R8: ffffffff803f2000   R9: 000000000000003e
    R10: ffff810107154038  R11: 0000000000000246  R12: 0000000000000000
    R13: 0000000000000000  R14: 0000000000000000  R15: 0000000000000000
    ORIG_RAX: ffffffffffffffff  CS: 0010  SS: 0018
--- <exception stack> ---
 #3 [ffffffff803f3f90] default_idle at ffffffff8006b301 *
 #4 [ffffffff803f3f90] cpu_idle at ffffffff8004943c
```

指令指针

第一个真正有趣的行是这一个：

```
[exception RIP: default_idle+61]
```

我们发现异常 RIP：default_idle + 61，这是什么意思？让我们讨论 RIP。三个字母的首字母缩略词代表返回指令指针（Return Instruction Pointer）；换句话说，它指向内存地址，指示程序在内存中执行的进度。在我们的例子中，你可以看到在括起来的异常行下面一行的确切地址：

```
[exception RIP: default_idle+61]
RIP: ffffffff8006b301 RSP: ffffffff803f3f90 ...
```

现在，地址本身并不重要。注意：在 32 位架构上，指令指针称为 EIP。

信息的第二部分对我们更有用。RIP 所在的内核函数的名称是 default_idle：+61，它是十进制格式的偏移量，位于发生异常的所述函数内部。这是我们以后将在分析中使用的真正重要的一点。

代码段（CS）寄存器

括号内的字符串之间的代码下降到 --- <exception stack> --- 是转储寄存器。大多数对我们没有用，除了 CS 寄存器。

```
CS: 0010
```

我们再次遇到一个四位数的组合。为了解释这个概念，我需要偏离一下主题，谈谈特权级别。

特权级别

特权级别是保护 CPU 上资源的概念。不同的执行线程可以具有不同的权限级别，这些权限级别授予对系统资源的访问权，例如内存区域、I/O 端口等。一共有四个级别，范围从 0 到 3。

级别 0 是最高特权的，称为内核模式。级别 3 是最低权限的，称为用户模式。

大多数现代操作系统（包括 Linux）忽略中间两个级别，仅使用 0 和 3。级别也称为环。

当前权限级别（CPL）

代码段（CS）寄存器是一个指向段的寄存器，其中设置了程序指令。该寄存器的两个最低有效位指定 CPU 的当前特权级别（CPL）：两位，表示 0 和 3 之间的数字。

描述符特权级别（DPL）和请求的特权级别（RPL）

描述符特权级别（DPL）是可以访问资源的最高特权级别，也是被定义的最高特权级别。此值在段描述符中定义。请求的特权级别（RPL）在段选择器中定义，即其中的最后两位。在数学上，CPL 不允许超过 MAX（RPL，DPL），如果超过了，将导致通常的保护故障。现在你会问为什么这一切很重要？

例如，如果你遇到这样一种情况，在 CPL 为 3 时系统崩溃，则这可能暗示硬件有故障，因为系统不应该会由于用户模式中的问题而崩溃。或者，可能存在错误的系统调用问题。这些只是一些粗略的例子。现在，让我们继续分析崩溃日志：

```
CS: 0010
```

就像我们知道的，两个最低有效位指定 CPL。两位表示四个级别；然而，级别 1 和 2 被忽略。这使我们分别有 0 和 3，即内核模式和用户模式。翻译成二进制格式，即我们有 00 和 11。

用于呈现描述符数据的格式可能令人困惑，但它非常简单。如果最右边的数字是偶数，那么我们处于内核模式；如果最后一个数字是奇数，那么我们处于用户模式。因此，我们看到 CPL 为 0，则是导致崩溃的违规任务正在内核模式下运行。这是需要知道的重要信息。它可以帮助我们了解问题的性质。以下是一个崩溃发生在用户模式例子，仅供参考：

```
#20 [ffff880a77f99f10] mntput_no_expire at ffffffff81119a43

#21 [ffff880a77f99f40] filp_close at ffffffff810fd096

#22 [ffff880a77f99f80] system_call_fastpath at ffffffff81002f7b

    RIP: 00002aaaacd99007  RSP: 00007fffffff6c68  RFLAGS: 00000202

    RAX: 0000000000000057  RBX: ffffffff81002f7b  RCX: 00002aaaad029e60

    RDX: 0000000000000041  RSI: 00002aaaacdf6650  RDI: 0000000001661238

    RBP: 00007fffffff6cc0   R8: 736a2e73746c7573   R9: 00000000016615d0

    R10: 00002aaaada82120  R11: 0000000000000202  R12: 00007fffffff6e00

    R13: 00007fffffff6d10  R14: 0000000001661238  R15: ffff88100e5d5a40

    ORIG_RAX: 0000000000000057  CS: 0033  SS: 002b
```

回到我们的例子，我们已经学到了很多有用而重要的细节。我们知道在崩溃时指令指针所在的确切内存地址。我们知道特权级别。

更重要的是，我们知道内核函数的名称和 RIP 在崩溃时所指向的偏移量。实际上，我们只需要找到源文件并检查代码。当然，出于各种原因这个方法可能不总是可行的，但作为练习，我们将这样操做一下。

因此，我们知道crash_nmi_callback（）函数由do_nmi（）调用，do_nmi（）由nmi（）调用，而nmi（）由default_idle（）调用，正是它导致的崩溃。我们可以检查这些功能，并尝试更深入地了解它们所做的。我们很快就会这样做。现在，让我们再次回顾一下Fedora的例子。

```
Pid: 0, comm: swapper Not tainted 2.6.31.5-127.fc12.i686 #1

Call Trace:

 [<c0436d93>] warn_slowpath_common+0x70/0x87

 [<c0417426>] ? native_apic_write_dummy+0x32/0x3e

 [<c0436dbc>] warn_slowpath_null+0x12/0x15

 [<c0417426>] native_apic_write_dummy+0x32/0x3e

 [<c040fd2c>] intel_init_thermal+0xc3/0x168

 [<c040e8ce>] ? mce_init+0xa9/0xbd

 [<c040f600>] mce_intel_feature_init+0x10/0x50

 [<c040dcc9>] mce_cpu_features+0x1b/0x24

 [<c0760681>] mcheck_init+0x249/0x28b

 [<c075ea6e>] identify_cpu+0x37f/0x38e

 [<c0990265>] identify_boot_cpu+0xd/0x23

 [<c09903df>] check_bugs+0xb/0xdc

 [<c0478a33>] ? delayacct_init+0x47/0x4c

 [<c09898a3>] start_kernel+0x31c/0x330

 [<c0989070>] i386_start_kernel+0x70/0x77
```

既然明白了什么是错误的，我们可以再次看看Fedora示例，并尝试了解问题。我们发现一个未经处理的内核崩溃，由交换进程引起。崩溃报告指向native_apic_write_dummy函数。

然后，还有一个很长的调用跟踪，包含相当多的有用信息，应该有助于我们解决问题。我们将了解如何使用崩溃报告，来帮助开发人员修复错误并做出更好更稳定的软件。现在，让我们更多地关注崩溃和基本命令。

所有任务的回溯

默认情况下，崩溃将显示活动任务的回溯。但你也可能想看到所有任务的回溯。在这种情况下，你会想要运行 foreach：

```
foreach bt
```

转储系统消息缓冲区

此命令按时间顺序转储内核 log_buf 内容。内核日志错误（log_buf）可能包含崩溃之前的有用线索，这可能有助于我们更容易地查明问题，并了解我们的系统为什么“掉线”。

如果你有间歇性硬件问题或纯软件错误，日志命令可能不是真的很有用，但是绝对值得尝试。以下是我们的崩溃日志的最后几行：

```
ide: failed opcode was: 0xec
mtrr: type mismatch for f8000000,400000 old: uncachable new: write-combining
ISO 9660 Extensions: Microsoft Joliet Level 3
ISO 9660 Extensions: RRIP_1991A
SysRq : Trigger a crashdump
```

或者，硬件相关的问题如下：

```
HARDWARE ERROR

CPU 6: Machine Check Exception:                    5 Bank 3: b62000070002010a

RIP !INEXACT! 33:<00002aaac1de6224>

TSC 33241ebfff96 ADDR 7641b7080

This is not a software problem!

Run through mcelog --ascii to decode and contact your hardware vendor
```

显示进程状态信息

此命令显示系统中所选进程或所有进程的状态。如果未输入任何参数，则将显示所有进程的数据。

crash 实用程序可能加载一个任务，该任务不会导致错误或可能无法找到错误的任务。这都是没有保证的。如果你使用虚拟机（包括 VMware 或 Xen），那么事情可能会变得更加复杂。

```
   STATE: TASK_RUNNING

 WARNING: panic task not found
```

对所有进程使用 backtrace（使用 foreach），并运行 ps 命令，你应该能够定位到有问题的进程并检查其任务。

超级极客技能：C 代码分析

我们现在将尝试不仅仅是了解崩溃核心的报告，而且还试图找出如何解决代码级别上的问题。你甚至可能想分析 C 代码中的违规函数。不用说，你应该有 C 源文件可用并且能够读取它们。这不是每个人都应该做的，但它是一个有趣的脑力练习。

源代码

好吧，你想检查代码。首先，你必须获得源文件。你也可以访问 Linux Kernel Archive 并下载与你的版本匹配的内核，虽然一些源文件可能与你系统上使用的不同，因为一些供应商会进行自己的定制更改。一旦你有了源文件，现在就是检查它们的时候了。

cscope

你可以使用标准工具（如 find 和 grep）浏览源代码，但这可能相当冗长乏味。浏览 C 代码的非常整洁的实用程序称为 cscope（CScope，n.d.）。该工具从命令行运行并使用类似 vi 的接口。默认情况下，它将搜索当前目录中的源文件，但你可以按任何方式配置它。现在，在包含源文件（默认情况下为 /usr/src/linux）的目录中，运行 cscope：

```
cscope -R
```

cscope 将递归搜索所有子目录、索引源，并显示主界面。了解其他用途可以尝试手册页或 --help 标志。当第一次启动时，cscope 将花费几分钟建立其索引。然后，在主页面上，你可以搜索所需的符号、全局定义、函数、字符串、模式和其他信息，如图 6.3 所示。

我们将从“Find this C symbol”开始。使用光标键前进到此行，然后键入所需的函数名称，按下 Enter 键。结果将显示出来，如图 6.4 所示。

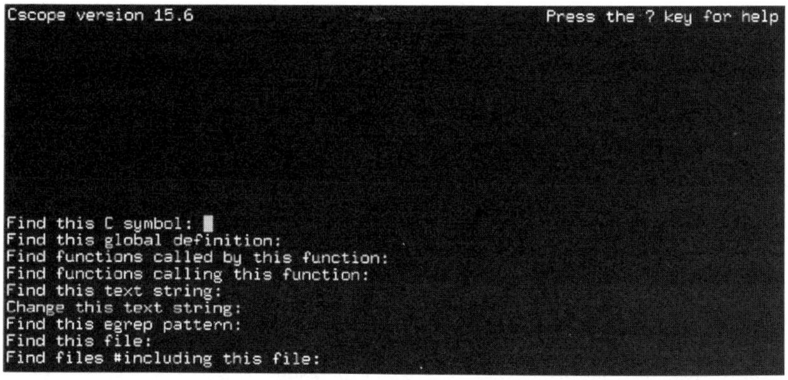

```
Cscope version 15.6                                   Press the ? key for help









Find this C symbol: █
Find this global definition:
Find functions called by this function:
Find functions calling this function:
Find this text string:
Change this text string:
Find this egrep pattern:
Find this file:
Find files #including this file:
```

图 6.3 cscope 接口

```
C symbol: default_idle

  File          Function             Line
0 process.c     <global>              170 void (*pm_idle)(void ) = default_idle;
1 system.h      <global>               87 void default_idle(void );
2 process.c     <global>               90 extern void default_idle(void );
3 process.c     <global>               71 void (*idle)(void ) = default_idle;
4 system.h      <global>              194 void default_idle(void );
5 process_mm.c  <global>               83 void (*idle)(void ) = default_idle;
6 process_no.c  <global>               63 void (*idle)(void ) = default_idle;
7 system.h      <global>               80 void default_idle(void );
8 system.h      <global>              142 void default_idle(void );

* 45 more lines - press the space bar to display more *
Find this C symbol:
Find this global definition:
Find functions called by this function:
Find functions calling this function:
Find this text string:
Change this text string:
Find this egrep pattern:
Find this file:
Find files #including this file:
```

图 6.4 cscope 搜索

根据发生了什么，你可能会得到很多结果或没有结果。很有可能是，没有包含崩溃报告中看到的函数的源代码。如果结果太多，则可能需要通过使用函数选项中的 Find 函数来搜索调用 trace 中的下一个函数。使用 Tab 在输入和输出部分之间跳转。如果你有官方供应商支持，是时候把命令结束，都交给他们操作吧。

如果你坚持研究，那么寻找调用 trace 中列出的其他函数可以帮助缩小你需要的 C 文件。但是，这并不保证有用而且这会是一个漫长繁冗的过程。此外，任何时候你需要帮助，只要按“?”就会得到一个基本的使用指南。此外，在内核源目录中，你还可以通过运行 make cscope 来创建 cscope 索引，以便将来更快的搜索。

```
make cscope
```

反汇编对象

假设你已经找到源代码，是时候反汇编从这个源编译的对象。首先，如果你正在运行调试内核，然后所有对象都已使用调试符号进行编译，那么你是幸运的。只需要将对象和地址转储到混合的汇编 -C 代码中。如果不是，你将必须使用调试符号重新编译源代码，然后进行反向工程。

这不是一个简单或微不足道的任务。首先，如果你使用的编译器不是原始用来编译这些代码的那个，那么你的对象会与崩溃报告中的不同，所以说你需要艰难的努力一点都不过分。

小例子

我们说这个例子初级，是因为它与内核完全无关。它只是演示了如何编译对象，然后反汇编它们。

运行 make <object name>，例如：

```
make object.c
```

请注意，make 如果没有一个 Makefile 是没有意义的，Makefile 会指定所需要做的。但是我们有一个 Makefile，它是在运行 ./configure 之后创建的。否则，这一切都不会真正工作起来。Makefile 非常重要。我们将很快看到一个稍微重要一点的例子。

如果你不删除现有对象，那么就可能无法 make。比较一下源文件和对象的时间戳，因此除非更改源，否则对象的重新编译将失败。

现在，这里有另一个简单的例子，注意创建对象大小的差异，一次使用调试符号而一次没有：

```
#gcc memhog.c -o memhog.no.symbols

#ls -l memhog.no.symbols

-rwxr-x--- 1 iljubunc syseng 10417 2013-12-15 12:17 memhog.no.symbols


#gcc -g memhog.c -o memhog.symbols

#ls -l memhog.symbols

-rwxr-x--- 1 iljubunc syseng 12553 2013-12-15 12:18 memhog.symbols
```

如果你没有 Makefile，可以使用各种标志手动调用 gcc。你将需要与创建崩溃的内核的体系结构和内核版本相匹配的内核头文件；否则，新编译的对象将与你可能希望分析的对象完全不同，包括函数和偏移量。

objdump

要用于反汇编的实用程序是 objdump（objdump（1）-Linux man page，n.d.）。你可能想要使用带有 -S 标志的实用程序，这意味着显示源代码，夹杂在汇编指令中。你可能还需要 -s 标志，它将显示所有段的内容，包括空段。-S 隐含 -d，它显示来自 objfile 的机器指令的汇编器助记符，此选项仅反汇编那些预期包含指令的段。或者，对所有段使用 -D。因此，包含信息量最大的 objdump 将是

```
objdump -D -S <compiled object with debug symbols> > <output file>
```

它将看起来如图 6.5 所示。

```
kernel/watchdog.o:     file format elf64-x86-64


Disassembly of section .text:

0000000000000000 <touch_softlockup_watchdog>:
        __this_cpu_write(watchdog_touch_ts, get_timestamp(this_cpu));
}

void touch_softlockup_watchdog(void)
{
        __this_cpu_write(watchdog_touch_ts, 0);
   0:   65 48 c7 04 25 00 00    movq   $0x0,%gs:0x0
   7:   00 00 00 00 00 00
}
   d:   c3                      retq
   e:   66 90                   xchg   %ax,%ax

0000000000000010 <touch_softlockup_watchdog_sync>:

#endif

watchdog lines 1-23/1681 0%
```

图 6.5　反汇编对象

推进到内核源

一旦你操练初级代码有信心了，是时候推进到内核了。确保你不会删除任何重要的文件。为了练习，移动或重命名任何你发现可能会潜伏着危机的现有的内核对象。

然后，重新编译它们。你将需要 .config 文件用来编译内核。它应该包括在源中。或者，你可以从 /proc/config.gz 或者 /boot 下转储它。确保使用了匹配崩溃内核的那一个，并将其复制到源目录。如果需要，编辑一些选项，如 CONFIG_DEBUG_INFO。更多内容在后面会叙述。

没有 .config 文件，你将无法编译内核源代码。你可能会遇到一个错误，按照推测缺少了 Makefile，但它却实际在那里。在这种情况下，你可能是面临了一个相对简单的问题，即错误设置了 $ ARCH 环境变量。例如，i585 与 i686 以及 x86-64 与 x86_64。注意错误，并将架构与 $ ARCH 变量进行比较。在最坏的情况下，你可能需要正确导出。例如：

```
export ARCH=x86_64
```

作为一个长期的解决方案，你也可以在 /usr/src/linux 下创建符号链接，从可能错误的架构到正确的架构。这与内核崩溃的分析并不严格相关，但如果当你编译内核源时，你可能会遇到这个问题。

关于 CONFIG_DEBUG_INFO 变量，如果你记得早先的 Kdump 部分，这是我们要求的前提条件，以便能够成功地排除内核崩溃。这部分告诉编译器创建带有调试符号的对象。或者，在 shell 中导出变量，如 CONFIG_DEBUG_ INFO = 1。

```
export CONFIG_DEBUG_INFO-1
```

然后，看看Makefile。你应该看到，如果设置了此变量，那么对象将使用调试符号（-g）编译。这是我们需要的。之后，我们将再次使用objdump。

现在，Makefile可能真的会丢失。在这种情况下，你会得到一大堆与编译过程相关的错误。但是正常包含Makefile的情况下，应该都能顺利运行。

```
#make kernel/watchdog.o

  CHK     include/linux/version.h

  CHK     include/generated/utsrelease.h

  CALL    scripts/checksyscalls.sh

  CC      kernel/watchdog.o
```

然后，还有“对象更新”的例子。如果你不删除一个现有的，你将无法编译一个新的，特别是如果你需要为以后反汇编调试符号的情况。

```
#make kernel/watchdog.o

  CHK     include/linux/version.h

  CHK     include/generated/utsrelease.h

  CALL    scripts/checksyscalls.sh

make[1]: `kernel/watchdog.o' is up to date.
```

最后，反汇编的对象如图6.6所示。

```
kernel/watchdog.o:     file format elf64-x86-64

Disassembly of section .text:

0000000000000000 <touch_softlockup_watchdog>:
        __this_cpu_write(watchdog_touch_ts, get_timestamp(this_cpu));
}

void touch_softlockup_watchdog(void)
{
        __this_cpu_write(watchdog_touch_ts, 0);
   0:   65 48 c7 04 25 00 00    movq   $0x0,%gs:0x0
   7:   00 00 00 00 00 00
}
   d:   c3                      retq
   e:   66 90                   xchg   %ax,%ax

0000000000000010 <touch_softlockup_watchdog_sync>:

#endif

watchdog lines 1-23/1681 0%
```

图6.6　反汇编内核对象文件

我们现在干什么

你查找在异常 RIP 中列出的函数，并标记起始地址。然后将偏移量添加到此数值，转换为十六进制格式。然后，转到指定的行。剩下的只是试图理解真正发生的事情。你将看到列出一条汇编指令，可能有一些 C 代码，告诉我们什么可能会出错。

这并不容易。实际上，这是非常困难的。但是令人兴奋的，你可能还是能够成功，成功地发现在操作系统中的错误。更有趣的是什么呢？上面，我们学习了编译和反汇编的过程，没有真正做任何具体的工作。现在我们知道了如何编译内核对象并将它们分解成小部分，让我们做一些实际工作吧。

中级例子

我们现在将尝试一些更像那么回事的事情。获取崩溃内核的概念验证代码，编译它，检查崩溃报告，然后寻找正确的源文件，执行我们上面提到的整个过程，并尝试读取外来的混合汇编和 C 代码。当然，这是作弊，因为我们知道我们正在寻找的是什么，但这仍然是一个很好的练习。

最基本的重要例子是创建一个引起错误的内核模块。在崩坏内核之前，让我们简要概述一下内核模块编程基础。

创建有问题的内核模块

这个练习使我们先偏离崩溃分析流程，而是从内核角度简要地看一下 C 编程语言。我们想要崩溃内核，所以我们需要内核代码。虽然我们将使用 C，但它有点不同于日常的代码。内核有自己的规则。

我们将有一个内核模块编程的采样。我们编写自己的模块和 Makefile，编译模块，然后将其插入内核。我们的模块会故意写得不好，以用来崩溃内核。然后，我们将分析崩溃报告。使用报告中获得的信息，我们将尝试找出源代码有什么问题。

步骤 1：内核模块

我们首先需要编写一些 C 代码。让我们从一个非常简单和良性的 hello.c 开始。没有太多技术，这里是最基本的模块，带有 init 和 cleanup 功能。该模块除了向内核日志记录工具打印消息之外，没有什么特别的。

```
/*
 *  hello.c - The simplest kernel module.
 */

#include <linux/module.h>       /* Needed by all modules */
#include <linux/kernel.h>       /* Needed for KERN_INFO */

int init_module(void)
```

```
{
    printk(KERN_INFO "Hello world.\n");

    /*
     * A non 0 return means init_module failed; module can't be loaded.
     */
    return 0;
}

void cleanup_module(void)
{
    printk(KERN_INFO "Goodbye world.\n");
}
```

我们需要编译这个模块，所以需要一个Makefile——又回到了最基本的例子：

```
obj-m += hello.o

all:
    make -C /lib/modules/$(shell uname -r)/build M=$(PWD) modules

clean:
    make -C /lib/modules/$(shell uname -r)/build M=$(PWD) clean
```

现在只需要运行make命令：

```
#make

make -C /lib/modules/3.0.51-0.7.9-default/build M=/usr/src/linux/test modules

make[1]: Entering directory `/usr/src/linux-3.0.51-0.7.9-obj/x86_64/default'

make -C ../../../linux-3.0.51-0.7.9 O=/usr/src/linux-3.0.51-0.7.9-
obj/x86_64/default/. modules

  Building modules, stage 2.

  MODPOST 1 modules

make[1]: Leaving directory `/tmp/src/linux-3.0.51-0.7.9-obj/x86_64/default'
```

我们的模块已经编译。让我们将它插入内核。这是使用insmod命令完成的。然而，在这样做之前，我们可以检查模块，看看它做了什么。也许，模块会告诉我们某些有价值的位信息。为此使用modinfo命令。

```
#/sbin/modinfo hello.ko
filename:       hello.ko
srcversion:     67A7C9765BA14A0A1C8B6CF
depends:
vermagic:       3.0.51-0.7.9-default SMP mod_unload modversions
```

在这种情况下，没有什么特别的。现在，插入模块：

```
/sbin/insmod hello.ko
```

如果模块正确加载到内核中，你将能够使用 lsmod 命令查看它：

```
#/sbin/lsmod | grep hello
hello                  12426  0
```

请注意，我们的模块的使用计数为 0。这意味着我们可以从内核卸载它而不会导致问题。通常，内核模块用于各种目的，例如与系统设备通信。最后，要删除模块时请使用 rmmod 命令：

```
/sbin/rmmod hello
```

如果你查看 /var/log/messages，你会注意到 Hello 和 Goodbye 消息，分别属于 init_module 和 cleanup_module 函数：

```
Dec 22 14:47:47 test kernel: [  826.491060] hello: module license 'unspecified' taints kernel.
Dec 22 14:47:47 test kernel: [  826.491065] Disabling lock debugging due to kernel taint
Dec 22 14:47:47 test kernel: [  826.491592] Hello world.
Dec 22 14:48:20 test kernel: [  859.338064] Goodbye world.
```

这只是一个快速演示如何制作内核模块的例子。内核还没有崩溃。但是，我们有一个将代码插入内核的机制。如果代码不好，我们会得到一个 oops 或 panic。

步骤 2：内核崩溃

我们现在将创建一个新的 C 程序，在初始化时使用 panic 系统调用。这没有多大作用，但也足够用来展现崩溃分析的力量。下面是代码，我们称之为 kill-kernel.c：

```
/*
 * kill-kernel.c - The simplest kernel module to crash kernel.
 */

#include <linux/module.h>    /* Needed by all modules */
#include <linux/kernel.h>    /* Needed for KERN_INFO */

int init_module(void)
{
    printk(KERN_INFO "Hello world. Now we crash.\n");
    panic("Down we go, panic called!");

    return 0;
}

void cleanup_module(void)
{
    printk(KERN_INFO "Goodbye world.\n");
}
```

当插入时，此模块将向 /var/log/messages 写入消息，然后发生崩溃。事实上，这也确实发生了。一旦执行 insmod 命令，机器将冻结，重新启动，转储内核内存，然后重新启动回生产内核。

步骤 3：分析

让我们来看看 vmcore。

```
NODENAME: testhost1
 RELEASE: 3.0.51-0.7.9-default
 VERSION: #1 SMP Thu Nov 29 22:12:17 UTC 2012 (f3be9d0)
 MACHINE: x86_64  (2593 Mhz)
  MEMORY: 64 GB
   PANIC: "[  120.201319] Kernel panic - not syncing: Down we go, panic called!"
     PID: 8956
 COMMAND: "insmod"
    TASK: ffff88100d24a600  [THREAD_INFO: ffff88100d7e8000]
```

```
        CPU: 0
       STATE: TASK_RUNNING (PANIC)

PID: 8956   TASK: ffff88100d24a600  CPU: 0   COMMAND: "insmod"
 #0 [ffff88100d7e9d80] machine_kexec at ffffffff8102676e
 #1 [ffff88100d7e9dd0] crash_kexec at ffffffff810a3a3a
 #2 [ffff88100d7e9ea0] panic at ffffffff81441e53
 #3 [ffff88100d7e9f20] init_module at ffffffffa03da030 [kill_kernel]
 #4 [ffff88100d7e9f30] do_one_initcall at ffffffff810001cb
 #5 [ffff88100d7e9f60] sys_init_module at ffffffff8109930f
 #6 [ffff88100d7e9f80] system_call_fastpath at ffffffff8144ca12
    RIP: 00007ffff7b4135a  RSP: 00007fffffffe308  RFLAGS: 00010202
    RAX: 00000000000000af  RBX: ffffffff8144ca12  RCX: 00007ffff7b33130
    RDX: 0000000000603010  RSI: 0000000000014488  RDI: 0000000000603030
    RBP: 0000000000020000   R8: 00007fffffffe420   R9: 0000000000000001
    R10: 00007ffff7b33130  R11: 0000000000000202  R12: 0000000000020000
    R13: 0000000000014488  R14: ffffffff8109930f  R15: 0000000000603010
    ORIG_RAX: 00000000000000af  CS: 0033  SS: 002b
```

我们在这里得到了什么？首先是一个有趣的位，即 PANIC 字符串：

```
"[  120.201319] Kernel panic - not syncing: Down we go, panic called!"
```

那一位看起来很熟悉。事实上，这是我们对于 panic 使用的我们自己定义的信息。它具有一定的信息功能，因为我们知道发生了什么。如果我们遇到代码中的错误，想让用户知道问题是什么，那么我们可能会使用类似的东西。

另一个有趣的部分是 CS 寄存器的转储 CS：0033。看来，我们在用户模式下崩溃了内核。正如我之前提到的，如果你有硬件问题或者有一个系统调用的问题，这可能发生。在我们的例子中，它是后者。

困难的例子

现在让我们来看另一个更难一些的例子。我们用 panic 来使内核报错。现在，让我们尝试一些编码错误并创建一个 NULL 指针测试用例。我们早已看到如何创建一个内核模块。现在，让我们调整代码。我们现在将创建一个典型的 NULL 指针示例，这是程序最典型的问题。NULL 指针可能导致各种意外的行为，包括内核崩溃。我们的程序称为 null-pointer.c，像这样：

```
/*
 * null-pointer.c - A not so simple kernel module to crash kernel.
 */

#include <linux/module.h>    /* Needed by all modules */
#include <linux/kernel.h>    /* Needed for KERN_INFO */

char *p=NULL;

int init_module(void)
{
    printk(KERN_INFO "We is gonna KABOOM now!\n");

    *p = 1;
    return 0;
}

void cleanup_module(void)
{
    printk(KERN_INFO "Goodbye world.\n");
}
```

我们声明一个 NULL 指针，然后间接引用它。这不是一种健康的做法。我想程序员说这个会比我更有说服力，但你不能让一个一直指向空的东西突然获得一个有效的地址。在内核中，这会导致 panic。事实上，在制作这个模块后并尝试插入它的时候，我们得到了 panic。

分析

看看崩溃报告，我们看到一堆有价值的信息：

```
NODENAME: testhost1
 RELEASE: 3.0.51-0.7.9-default
 VERSION: #1 SMP Thu Nov 29 22:12:17 UTC 2012 (f3be9d0)
 MACHINE: x86_64  (2593 Mhz)
  MEMORY: 64 GB
```

```
       PANIC: "[  349.339852] Oops: 0002 [#1] SMP " (check log for details)
         PID: 9689
     COMMAND: "insmod"
        TASK: ffff88100e038140  [THREAD_INFO: ffff88100e438000]
         CPU: 0
       STATE: TASK_RUNNING (PANIC)

PID: 9689   TASK: ffff88100e038140  CPU: 0   COMMAND: "insmod"
 #0 [ffff88100e439b70] machine_kexec at ffffffff81026 76e
 #1 [ffff88100e439bc0] crash_kexec at ffffffff810a3a3a
 #2 [ffff88100e439c90] oops_end at ffffffff81446238
 #3 [ffff88100e439cb0] __bad_area_nosemaphore at ffffffff81032555
 #4 [ffff88100e439d70] do_page_fault at ffffffff8144887b
 #5 [ffff88100e439e70] page_fault at ffffffff814453e5
    [exception RIP: init_module+25]
    RIP: ffffffffa0402029  RSP: ffff88100e439f28  RFLAGS: 00010292
    RAX: 0000000000000000  RBX: ffffffffa0404000  RCX: 000000000000293b
    RDX: 000000000000293b  RSI: 0000000000000046  RDI: 0000000000000246
   RBP: 00000000000143ee   R8: 0000000000000000   R9: 0720072007200720
   R10: 0720072007200720  R11: 0720072007200720  R12: ffffffffa0402010
   R13: 0000000000000000  R14: 00007fffffffe78b  R15: 0000000000603030
   ORIG_RAX: ffffffffffffffff  CS: 0010  SS: 0018
#6 [ffff88100e439f30] do_one_initcall at ffffffff810001cb
#7 [ffff88100e439f60] sys_init_module at ffffffff8109930f
#8 [ffff88100e439f80] system_call_fastpath at ffffffff8144ca12
   RIP: 00007ffff7b4135a  RSP: 00007fffffffe308  RFLAGS: 00010202
   RAX: 00000000000000af  RBX: ffffffff8144ca12  RCX: 00007ffff7b33130
```

```
RDX: 0000000000603010  RSI: 00000000000143ee  RDI: 0000000000603030
RBP: 0000000000020000   R8: 00007fffffffe420   R9: 0000000000000001
R10: 00007ffff7b33130  R11: 0000000000000202  R12: 0000000000020000
R13: 00000000000143ee  R14: ffffffff8109930f  R15: 0000000000603010
ORIG_RAX: 00000000000000af  CS: 0033  SS: 002b
```

让我们来消化崩溃报告中显示的东西。

```
PANIC: "[  349.339852] Oops: 0002 [#1] SMP " (check log for details)
```

我们在 CPU 1 上有一个 Oops。0002 翻译成二进制为 0010，意味着在内核模式的写操作期间没有找到页。这正是我们努力要实现的。我们也参考了日志。接下来，我们有异常指针：

```
[exception RIP: init_module+25]
```

异常 RIP 显示 init_module + 25。这是有用的信息。然而，如果我们查阅日志，可以得到更多的细节：

```
[  349.339505] null_pointer: module license 'unspecified' taints kernel
[  349.339510] Disabling lock debugging due to kernel taint
[  349.339835] We will KABOOM now!
[  349.339841] BUG: unable to handle kernel NULL pointer dereference at
(null)
[  349.339844] IP: [<ffffffffa0402029>] init_module+0x19/0xff0 [null_pointer]
[  349.339849] PGD 80b9e5067 PUD 80bc6d067 PMD 0
[  349.339852] Oops: 0002 [#1] SMP
[  349.339861] CPU 0
[  349.339862] Modules linked in: null_pointer(PN+) autofs4 binfmt_misc edd
rpcsec_gss_krb5 nfs lockd fscache auth_rpcgss nfs_acl sunrpc cpufreq_conservative
cpufreq_userspace cpufreq_powersave pcc_cpufreq mperf microcode nls_iso8859_1
nls_cp437 vfat fat loop dm_mod joydev usbhid hid ipv6_lib hpilo hpwdt iTCO_wdt sg
pcspkr serio_raw tg3(X) iTCO_vendor_support container rtc_cmos acpi_power_meter
button ext3 jbd mbcache uhci_hcd ehci_hcd usbcore usb_common sd_mod crc_t10dif
```

```
thermal processor thermal_sys hwmon scsi_dh_hp_sw scsi_dh_alua scsi_dh_rdac
scsi_dh_emc scsi_dh ata_generic ata_piix libata hpsa scsi_mod
[  349.339908] Supported: Yes, External
[  349.339909]
[  349.339911] Pid: 9689, comm: insmod Tainted: P NX 3.0.51-0.7.9-default #1 HP
ProLiant DL360p Gen8
[  349.339914] RIP: 0010:[<ffffffffa0402029>]  [<ffffffffa0402029>]
init_module+0x19/0xff0 [null_pointer]
[  349.339918] RSP: 0018:ffff88100e439f28  EFLAGS: 00010292
[  349.339920] RAX: 0000000000000000 RBX: ffffffffa0404000 RCX: 000000000000293b
[  349.339922] RDX: 000000000000293b RSI: 0000000000000046 RDI: 0000000000000246
[  349.339924] RBP: 00000000000143ee R08: 0000000000000000 R09: 0720072007200720
[  349.339926] R10: 0720072007200720 R11: 0720072007200720 R12: ffffffffa0402010
[  349.339928] R13: 0000000000000000 R14: 00007fffffffe78b R15: 0000000000603030

[  349.339930] FS:  00007ffff7fd8700(0000) GS:ffff88083fa00000(0000)
knlGS:0000000000000000
[  349.339932] CS:  0010 DS: 0000 ES: 0000 CR0: 0000000080050033
[  349.339934] CR2: 0000000000000000 CR3: 000000080c4b4000 CR4: 00000000000406f0
[  349.339936] DR0: 0000000000000000 DR1: 0000000000000000 DR2: 0000000000000000
[  349.339938] DR3: 0000000000000000 DR6: 00000000ffff0ff0 DR7: 0000000000000400
[  349.339940] Process insmod (pid: 9689, threadinfo ffff88100e438000, task
ffff88100e038140)
[  349.339942] Stack:
[  349.339943]  0000000000603010 ffffffff810001cb 0000000000603030 ffffffffa0404000
[  349.339947]  00000000000143ee 0000000000603030 0000000000603010 ffffffff8109930f
[  349.339951]  00000000000143ee 0000000000020000 0000000000020000 ffffffff8144ca12
```

```
[  349.339955] Call Trace:
[  349.339972]  [<ffffffff810001cb>] do_one_initcall+0x3b/0x180
[  349.339979]  [<ffffffff8109930f>] sys_init_module+0xcf/0x240
[  349.339985]  [<ffffffff8144ca12>] system_call_fastpath+0x16/0x1b
[  349.339990]  [<00007ffff7b4135a>] 0x7ffff7b41359
[  349.339991] Code: <c6> 00 01 31 c0 48 83 c4 08 c3 00 00 00 00 00 00 00 00 00 00 00
00
[  349.340000] RIP  [<ffffffffa0402029>] init_module+0x19/0xff0 [null_pointer]
[  349.340003]  RSP <ffff88100e439f28>
[  349.340004] CR2: 0000000000000000
```

除此之外，我们学习了一个空指针 bug 的经典案例：

```
BUG: unable to handle kernel NULL pointer dereference at           (null)
```

我们的模块也污染了内核。最后，对异常 RIP 中有问题的偏移量的引用是以十六进制代码编写，显式信息表明我们遇到一个空指针。

```
[  349.340000] RIP  [<ffffffffa0402029>] init_module+0x19/0xff0 [null_pointer]
```

我们在这里取得了进展。我们知道在 init_module 函数中有一个 NULL 指针的问题。现在，是时候反汇编对象，看看出了什么问题。

```
objdump -d -S null-pointer.ko > /tmp/kernel.objdump
```

为了简洁起见，我们不会显示转储文件中的所有字段。相反，让我们只关注 init_module 部分：

```
int init_module(void)
{
  10:   48 83 ec 08             sub    $0x8,%rsp
  14:   48 c7 c7 00 00 00 00    mov    $0x0,%rdi
```

```
1b:   31 c0                  xor    %eax,%eax
1d:   e8 00 00 00 00         callq  22 <init_module+0x12>

22:   48 8b 05 00 00 00 00   mov    0x0(%rip),%rax        # 29 <init_module+0x19>
29:   c6 00 01               movb   $0x1,(%rax)
2c:   31 c0                  xor    %eax,%eax
2e:   48 83 c4 08            add    $0x8,%rsp
32:   c3                     retq
...
```

有问题的行甚至为我们标记了一个注释：# 29 <init_module + 0x19>。

```
27:   c6 00 01               movb   $0x1,(%rax)
```

我们在这里看到了什么？我们正在尝试将值为 1($ 0x1 ）的数据加载到 RAX 寄存器（% rax）中。现在，为什么会造成这么大的问题？让我们回到日志，看看 RAX 寄存器的内存地址。RAX 寄存器是：0000000000000000。换句话说，零。我们正试图写入内存地址 0。这会导致页面错误，导致内核崩溃。问题解决了！

当然，在现实生活中，没有什么会是那么容易，但这是一个开始。在现实生活中，你将面临许多困难，包括缺少源文件、错误版本的 GCC 和各种问题，这些将使崩溃分析非常非常困难。记住这个！

有关更多信息，请参阅 RedHat Crash 白皮书中显示的案例研究。而且，当你知道你在寻找什么时是更容易的。你在线看到的任何示例都将比实际崩溃简单几个数量级，但是展示一个囊括全部的抽象实例真的非常困难。不过，我希望这两个例子足够让你有个开始。

内核崩溃的 bug 报告

最大的问题是，崩溃报告告诉了我们什么？好吧，使用可用的信息，我们尝试了解受到困扰的系统正在发生什么。首要地，我们可以比较不同的崩溃，并尝试了解是否有任何共同的元素。然后，我们可以尝试查找单独事件、环境更改和系统更改之间的相关性，尝试隔离出可能导致崩溃的罪魁祸首。

通过向供应商和开发人员提交崩溃报告，以及充分利用 Google 和其他资源（例如邮件列表和论坛），我们可以缩小搜索范围，并大大简化问题的解决。

当你的内核崩溃，你可能想主动提交报告给供应商，以便他们可以检查，并可能修复错误。这是一件非常重要的事情。你不仅会帮助自己，还可能会帮到世界各地每个在使用 Linux 的人。此外，内核崩溃是很有价值的。如果在某处有一个错误，开发人员会找到它并解决它。

Kerneloops.org

Kerneloops.org（Linux kernel oopses，n.d.）是一个专门用于收集和列出各种内核版本和崩溃原因的网站，允许内核开发人员识别最关键的 bug 并解决它们，并提供给系统管理员、工程师和发烧友丰富的关键信息数据库。网站的界面如图 6.7 所示。

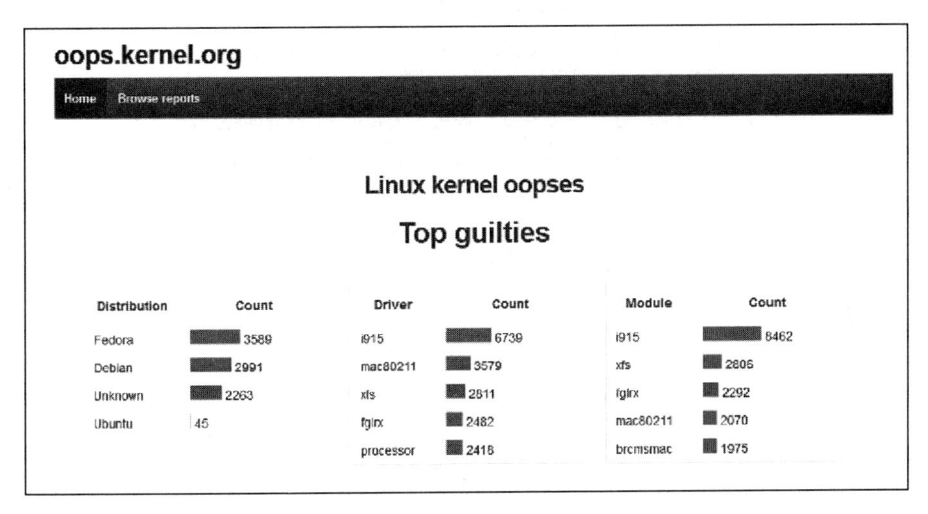

图 6.7 oops.kernel.org 网站

搜索信息

这个听起来很平凡，但实际上并不平凡。如果你有一个内核崩溃，那很可能别人碰巧也看到了。虽然环境彼此不同，但对于所有这些环境仍然可能有一些共性，可是话又说回来，也可能没有。一个具有 10 个数据库计算机和本地登录的站点，与大量使用 autofs 和 NFS 的 10 000 台机器的站点相比，可能会遇到不同类型的问题。同理，使用这些站点或与这个硬件供应商合作的公司更可能会遇到平台特定的问题，这些问题在其他地方是不容易找到的。

搜索数据的最简单方法是将异常 RIP 粘贴到搜索框中，并查找讨论相同或类似项目的邮件列表主题和论坛帖子。再次，使用 Fedora 案例做一个例子（图 6.8）。

重新安装和软件更改

软件设置的更改是否以某种方式与内核崩溃相关？如果是，你知道是哪个更改吗？你可以在其他主机上重现更改以及后续的崩溃吗？有时，它可以很简单；有时，你可能无法轻松地从内核或底层硬件隔离软件。

如果可以，尝试隔离更改，看看更改与否系统会怎样响应。如果有一个软件 bug，那么你可能只是足够幸运，不得不处理一个可重现的错误。由于软件中的某个错误导致的内核崩溃可能看起来几乎相同。但是，不能保证你会有那么容易就重现出来。

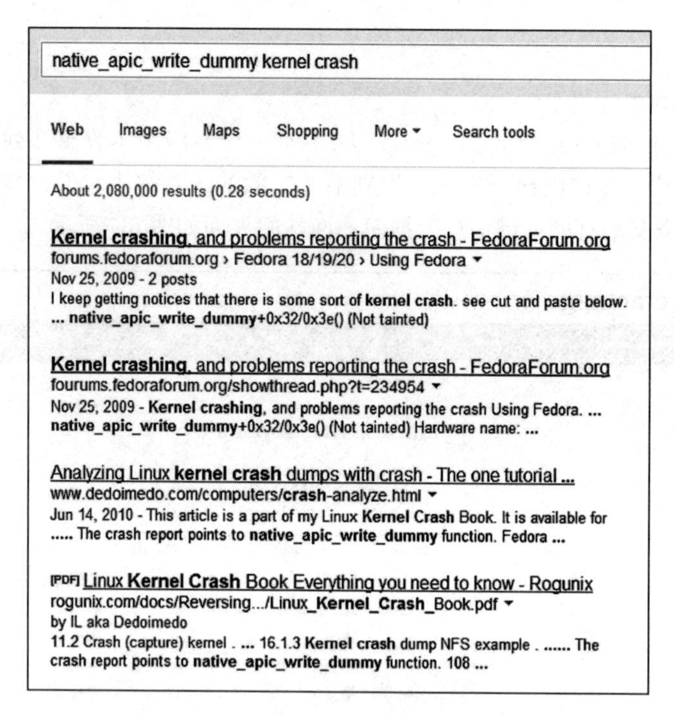

图 6.8　在线搜索内核崩溃异常

现在，如果你的系统是一个不在本地磁盘上保留任何关键数据的通用计算机，你可能需要考虑将系统彻底清理干净——重新开始，使用一个你知道的稳定的全新安装。这是值得一试的方法。

提交给开发者 / 供应商

无论你发现了什么，或者你认为问题是什么，你应该将内核崩溃报告发送给相关的开发人员和供应商。即使你绝对确定问题是什么，而且你已经找到修复的方法，你仍然应该把工作交到官方修理人员的手中，他们就是以此为生的。

我们在整个章节中都强调了这一点，因为我们真的相信这是重要、有价值而又有效的做法。通过提交一些简短的文本报告，你可以轻松地贡献 Linux 内核代码的质量。它是那样简单，然而效果却是强大的。

崩溃分析结果

在你用尽所有可用的渠道后，现在是时候通读收集的信息和数据，并尝试达成关于手头问题的决定或解决方案。

我们从内核不稳定并且崩溃的情况开始。为了解决这个问题，我们建立了一个强大的基础设施，包括内核崩溃收集机制和分析转储内存核心的工具。我们现在明白了看似神秘的报告是什么意思。

在我们漫长的旅程中，把学到的所有经验结合起来，我们就能够决定接下来应该做什么。如何对待我们崩溃的机器？它们是需要进行硬件检查、重新安装或者是别的什么？也许在内核内部有一个错误？无论什么原因，我们有工具来快速有效地处理问题。最后，关于下一步要做什么我们有一些非常通用而笼统的小提示。

单次崩溃

单次崩溃可能看起来信息太少无法分析。不要气馁。如果可以，自己分析核心信息或发送到你的供应商售后支持。发现问题的机会是均等的，无论是手头的软件、内核或者底层的硬件。

硬件检查

说到硬件，内核崩溃可能是由硬件故障造成的。这样的崩溃通常看起来很零星和随机。如果遇到一台主机经历了很多崩溃，所有这些崩溃都有不同的 panic 任务，你可能需要考虑安排一段停机时间并在主机上运行硬件检查，包括 memtest、CPU 压力、磁盘检查等。

对于什么是经历了“许多”崩溃、机器是多么的关键、你能负担得起多长时间的停机，以及你打算如何处理手头情况的确切定义都取决于个人，每个管理员的定义是不同的。

但是，重要的是区分问题是由软件引起还是由硬件问题引起的。每当看到对用户空间任务的追踪时，因为我们假设没有用户空间应用程序会崩溃内核，那么很可能崩溃是由一个错误的系统调用或硬件错误引起的。这是一个重要的信息，特别是当你使用第三方软件而它实现了自己的函数调用时。此外，如果你认为没有软件问题，那么它可能是一个硬件故障。

内核 bug 与硬件错误

尝试辨别内核错误和硬件错误可能很棘手，特别是如果崩溃核心报告没有具体指出类型。我们已经看到了内存问题和使用字符串 bug 的例子，这使我们的调试生活更轻松。

```
[  349.339841] BUG: unable to handle kernel NULL pointer dereference at
(null)
```

```
HARDWARE ERROR

CPU 6: Machine Check Exception:          5 Bank 3: b62000070002010a

RIP !INEXACT! 33:<00002aaac1de6224>

TSC 33241ebfff96 ADDR 7641b7080

This is not a software problem!
```

然而，当异常只是一个符号的名称加函数中的偏移量时，你能做什么？幸运的是，有一种相对简单的方法来尝试辨别两种类型。

单个主机多次崩溃并且具有不同的异常——这很可能是由错误的 CPU 或内存引起的与硬件相关的问题。内核将在代码中的不同位置 oops 或 panic，只需研究底层硬件问题。

几个主机的多次崩溃都有相同的异常——如果你遇到一些内核崩溃具有相同的异常和偏移字符串，你可以假设这是一个在内核或某一加载模块中的错误。通常，异常 RIP 字符串是内核问题的唯一标识符，你可以使用它来了解和隔离环境问题。

小结

我们循序渐进地介绍了内核崩溃分析的一系列过程。在最后一部分，我们终于身体力行地深入查看了崩溃内部，现在有合适的工具和知识来了解什么正在困扰我们的内核。利用这些新的有价值的信息，我们可以努力使系统更好、更智能、更稳定。

内核调试器

一个成熟的内核调试器（Wessel，2010）是尝试排除内核相关问题的最后手段。如果你遇到一个罕见的问题，你怀疑在崩溃后可能不会轻易重现，你需要执行初始调查，那么，对于运行中的内核，你唯一的选择是启动内核调试器。

这个操作是破坏性的，因为当调试器运行时，内核的执行将被停止。从在主机上运行活动会话或任务的任何用户的角度来看，它看起来好像主机已临时冻结，并且大多数具有网络相关活动的应用程序将不会以“优雅”的方式中断。更糟的是，它们恢复时可能会伴随着意想不到的损坏（可能不容易被注意到），或者是出现一些影响运行时结果的奇怪行为。

调试运行中的内核还意味着，你操作时的任何错误都会改变内核结构，这可能会引发崩溃。与在离线模式下使用 crash 实用程序相比，在线执行成功分析需要更高阶的知识储备。最后，你需要使用串行控制台连接到主机，因为任何基于网络的连接（比如远程 shell 或者 VNC）都将被挂起。

内核编译

内核调试可以使用 kdb 或 kgdb 执行。为了简单起见，在本章中，我们将只关注 kdb。该程序提供了一个类 shell 接口，你可以使用它来检查内存、寄存器、进程列表、内核日志和设置断点。为了能够使用 kdb，内核必须使用某些选项进行编译。你可以检查内核配置，以确定是否可以立即使用 kdb。大多数企业版本确实提供开箱即用的必要支持。

```
CONFIG_FRAME_POINTER=y
```

```
CONFIG_KGDB=y

CONFIG_KGDB_SERIAL_CONSOLE=y

CONFIG_KGDB_KDB=y

CONFIG_KDB_KEYBOARD=y
```

进入调试器

你可以将系统配置为进入调试器以解决一个不可恢复的错误，但是主机将挂起并等待直到你执行分析。这对于非常小的部署和测试机器是实用的，这时你可以负担得起长时间和可能任意时机的停机。对于大型环境，使用 kdump + crash 组合是一个更有利的选择。手动方式下，kdb 可以通过在 /proc/sysrq-trigger 可调参数中输入正确的值来进入，如下所示：

```
echo g > /proc/sysrq-trigger

[     132.2101919] SysRq : DEBUG

Entering kdb (current=0xffff88005a15e5c0, pid 1579) on processor 1 due to Keyboard
Entry

[1]kdb>_
```

基本命令

一旦进入调试器 shell，你就可以开始分析系统。如果你不熟悉可用的命令，则可以一直使用 help 选项获取列表（图 6.9）。

```
[1]kdb> help
Command         Usage                Description
----------------------------------------------------------
md              <vaddr>              Display Memory Contents, also mdWcN, e.g. md
8c1
mdr             <vaddr> <bytes>      Display Raw Memory
mdp             <paddr> <bytes>      Display Physical Memory
mds             <vaddr>              Display Memory Symbolically
mm              <vaddr> <contents>   Modify Memory Contents
go              [<vaddr>]            Continue Execution
rd                                   Display Registers
rm              <reg> <contents>     Modify Registers
ef              <vaddr>              Display exception frame
bt              [<vaddr>]            Stack traceback
btp             <pid>                Display stack for process <pid>
bta             [D|R|S|T|C|Z|E|U|I|M|A]
                                     Backtrace all processes matching state flag
btc                                  Backtrace current process on each cpu
btt             <vaddr>              Backtrace process given its struct task addr
ess
env                                  Show environment variables
set                                  Set environment variables
help                                 Display Help Message
more> _
```

图 6.9　kdb 帮助

实质上，这些命令与我们在使用crash时的命令非常相似。我们可以显示堆栈跟踪，显示特定或所有进程的堆栈（包括匹配状态标志），按处理器过滤，显示和设置环境变量，显示和修改寄存器等。所有这些操作都需要我们非常清楚地知道在做什么，并且没有简单便捷的方法来一般化，因为每个用例都不同。几个简单的例子在下面的图中给出（图 6.10 ～图 6.12）。

```
[1]kdb> ps
1 idle process (state I) and
66 sleeping system daemon (state M) processes suppressed,
use 'ps A' to see all.
Task Addr               Pid   Parent [*] cpu State Thread             Command
0xffff88005a15e5c0     1579      692  1    1   R  0xffff88005a15eab8 *bash

0xffff88005cd86040        1        0  0    0   S  0xffff88005cd86538  systemd
0xffff8800366f2400      235        1  0    1   S  0xffff8800366f28f8  systemd-jo
urnal
0xffff880059d9a740      265        1  0    0   S  0xffff880059d9ac38  systemd-ud
evd
0xffff88005acac340      495        1  0    0   S  0xffff88005acac838  avahi-daem
on
0xffff880036594640      498        1  0    1   S  0xffff880036594b38  nscd
0xffff88005a354640      511        1  0    1   S  0xffff88005a354b38  nscd
0xffff88005a358680      512        1  0    1   S  0xffff88005a358b78  nscd
0xffff88005a35c6c0      513        1  0    0   S  0xffff88005a35cbb8  nscd
0xffff88005a360700      514        1  0    1   S  0xffff88005a360bf8  nscd
0xffff88005a364740      515        1  0    1   S  0xffff88005a364c38  nscd
0xffff88005a368780      516        1  0    1   S  0xffff88005a368c78  nscd
0xffff88005a36c7c0      517        1  0    0   S  0xffff88005a36ccb8  nscd
0xffff88005a370800      518        1  0    0   S  0xffff88005a370cf8  nscd
more> _
```

图 6.10　kdb ps 命令

```
[1]kdb> bt
Stack traceback for pid 1579
0xffff88005a15e5c0     1579      692  1    1   R  0xffff88005a15eab8 *bash
 ffff88005aff3eb8 0000000000000018 0000000000000000 0000000000000000
 0000000000000000 0000000000000000 0000000000000000 0000000000000000
 0000000000000000 0000000000000000 0000000000000000 0000000000000000
Call Trace:
 [<ffffffff81004a18>] dump_trace+0x88/0x310
 [<ffffffff81004d70>] show_stack_log_lvl+0xd0/0x1d0
 [<ffffffff810061bc>] show_stack+0x1c/0x50
 [<ffffffff810e01ab>] kdb_show_stack+0x6b/0x80
 [<ffffffff810e0256>] kdb_bt1.isra.0+0x96/0x100
 [<ffffffff810e062e>] kdb_bt+0x36e/0x460
 [<ffffffff810dda6f>] kdb_parse+0x24f/0x670
 [<ffffffff810de5d4>] kdb_main_loop+0x514/0x750
 [<ffffffff810e114a>] kdb_stub+0x1ba/0x3e0
 [<ffffffff810d7644>] kgdb_cpu_enter+0x314/0x570
 [<ffffffff810d7ae2>] kgdb_handle_exception+0x142/0x1c0
 [<ffffffff810382ac>] __kgdb_notify+0x6c/0xd0
 [<ffffffff81038375>] kgdb_ll_trap+0x35/0x40
 [<ffffffff815b15ad>] do_int3+0x2d/0xf0
 [<ffffffff815b0e1b>] int3+0x2b/0x40
 [<ffffffff810d6dfb>] kgdb_breakpoint+0xb/0x20
 [<ffffffff81389ac0>] __handle_sysrq+0x90/0x160
more> _
```

图 6.11　kdb bt 命令

```
[1]kdb> btp 598
Stack traceback for pid 598
0xffff8800367fa140      598        1  0    0   S  0xffff8800367fa638  kdm
 ffff88005a783948 0000000000000086 0000000000013900 ffff88005a783fd8
 ffff88005a783fd8 0000000000013900 ffff8800367fa140 0000000000000000
 00000000fffffffc 0000000000020000 000000000000000d 000000000000000d
Call Trace:
 [<ffffffff815ad7bd>] schedule_hrtimeout_range_clock+0x13d/0x160
 [<ffffffff811983c4>] poll_schedule_timeout+0x54/0xb0
 [<ffffffff81198d31>] do_select+0x6e1/0x7c0
 [<ffffffff81198f9f>] core_sys_select+0x18f/0x2b0
 [<ffffffff81199165>] SyS_select+0xa5/0xf0
 [<ffffffff815b782d>] system_call_fastpath+0x1a/0x1f
 [<00007ffd5b6b48f3>] 0x7ffd5b6b48f2
[1]kdb>
```

图 6.12 kdb btp 命令

小结

使用 crash 的离线分析和使用 kdb 的在线分析之间的本质区别是，当使用后者时，你可能没有多花时间和犯错误的余地，因为任何潜在的错误都可能使问题进一步复杂化，并删除原始问题的所有痕迹及其症状。然而，在某些情况下，当尝试找到一个难以捉摸而复杂的内核相关问题的原因时，它可能是唯一的方法。

结论

本章包含了研究过程中最复杂的部分，从 Kdump 实用程序的设置开始，然后是深入的内核崩溃分析，最后是 kdb 工具的简要概述。内核崩溃是你可以在单个主机上执行的最后几步故障排除的步骤之一。之后，我们退后一步，观察全局，试图勾画出我们的问题在数据中心级别的规模中是如何表现的。接下来的几章将侧重于把我们的技能和理解扩展为一种完整的整体态势感知方法。

参考文献

Anderson, D., 2008. Crash. Available at: http://people.redhat.com/anderson/ (accessed May 2015).

Anderson, D., n.d. White Paper: the RedHat crash utility. Available at: http://people.redhat.com/anderson/crash_whitepaper/ (accessed May 2015)

core(5) – Linux man page, n.d. Available at: http://linux.die.net/man/5/core (accessed May 2015)

Crash version 4.0.8-11 announcement, n.d. Available at: http://www.mail-archive.com/crash-utility@redhat.com/msg01699.html (accessed May 2015)

CScope, n.d. Available at: http://cscope.sourceforge.net/ (accessed May 2015)

GNU GRUB, n.d. Available at: http://www.gnu.org/software/grub/ (accessed May 2015)

Kdump, n.d. Available at: http://lse.sourceforge.net/kdump/ (accessed May 2015)

Linux kernel oopses, n.d. Available at: http://www.kerneloops.org/ (accessed May 2015)

Linux raid, n.d. Available at: https://raid.wiki.kernel.org/index.php/Linux_Raid (accessed May 2015)

LKCD, n.d. Available at: http://lkcd.sourceforge.net/ (accessed May 2015)

objdump(1) – Linux man page, n.d. Available at: http://linux.die.net/man/1/objdump (accessed May 2015)

Oops tracing, n.d. Available at: https://www.kernel.org/doc/Documentation/oops-tracing.txt (accessed May 2015)

Shell builtin commands, n.d. Available at: http://www.gnu.org/software/bash/manual/html_node/Shell-Builtin-Commands.html (accessed May 2015)

The Linux kernel archives, n.d. Available at: https://www.kernel.org/ (accessed May 2015)

Wessel, J., 2010. Using kgdb, kdb and the kernel debugger internals. Available at: https://www.kernel.org/pub/linux/kernel/people/jwessel/kdb/ (accessed May 2015)

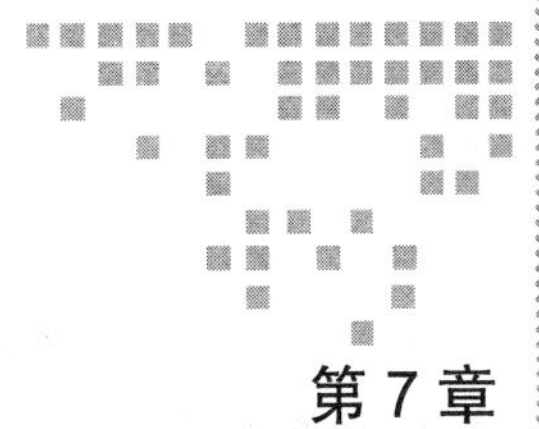

第 7 章 Chapter 7

问题的解决方案

到目前为止，在前面的章节中，我们已经了解了一系列技术和技巧，可以帮助解决关键任务、高性能计算环境中的问题。我们从基本的顶层开始研究，沿着堆栈向下一路到内核。现在，我们将放大，并以有意义的方式封装我们的研究。

如果没有高度有条理和有效的事后策略，包括适当收集和分析数据并同时保持商业首要目标和环境关键性，则很难得出成功的运行数据中心的方式。我们现在将采取一个层次化方法来隔离问题，实施修复，最重要的是，以一个有形且可衡量的解决方案收尾。

如何处理收集到的数据

系统故障排除需要大量数据采集。日志、报告、bug 错误、崩溃转储——所有这些都会找到一个方法存储到你的硬盘上。问题是，如何处理你从问题解决和积累的证据中吸取的经验教训？

文档

对于工程师和高级系统管理员，关于必须记录他们辛苦的工作、直觉、多年的经验、预感以及思考的方式的这一想法，通常是一个困难的任务。它被认为是不必要的，低于他们的技能级别，不利于他们的工作，特别是在问题解决后。

从某种意义上说，他们是对的。最自然的问题解决者不是好的项目经理，他们厌恶工作的非技术部分。一旦解决问题的悬念和刺激消失，扫尾过程是艰巨而痛苦的。这是为什么大多数问题故事仍然没有记录，为什么它们经常再次浮出水面的主要原因之一。在大公司中，由于部门、角色和职能的复杂性和重叠性增加，问题更加严重。

然而，如果使用得当，良好的文档将是解决方案的优秀来源。如果你仔细想想，互联网是一个很好的例子。大多数人将他们选择的搜索引擎作为一个信息门户。无论什么困扰你，搜索引擎都是一个很好的机会，你会借此想出一些提示和技巧，以帮助你面对任何模糊和复杂的事情。不幸的是，内部网站和本地数据库通常用处不大。它们充斥着过时的信息、多种格式、各种后端技术、不一致的表示层，并没有简单的方法来真正搜索内容，这些使得公司内部资源成为虚拟的废物箱而没有真正的用处。

反弹效应

所有大公司的人都很清楚这个问题。为了解决这个问题，需要定期举行大型活动，以协调部门和企业集团的知识，并获得对信息的控制。再次，不幸的是，问题以相同的低效率暴力方法出现，从而导致文档被忽略或不被很好地使用。

大型门户网站被创建，鼓励用户遵循任何一种流行的 IT 实践将他们的工作记录到系统中。这导致了更多的冲突，包括混乱、更多来自拒绝被公式化的技术员工的阻力，以及不可能创建一个递进的模板来代替研究思维解决问题。在技术方面，差距仍然存在，数据中心问题及其修复始终此起彼伏。

有效的文档

如果你不考虑这种情况的基本回环性质，你可以尝试将文档作为另一个数据中心问题。你如何保证它将以灵活的方式解决并产生长期效果？

到目前为止，没有人真正破解使信息实现其潜力的秘密，就像它在外部世界（互联网）中一样。然而，我们相信，通过遵循少数不寻常的实践，你可以尝试渐近地接近理想状态。

首先，聘请一个技术文档工程师，一个熟练且可能热衷于编写包含流程信息的详细文档的人。那个人随后可以与工程师和问题解决者合作，并将他们的知识记录到纸上。

其次，要决定信息应该去哪里。由于我们知道 Intranet 网站不容易搜索或索引，我们必须将它们从方程中排除。任何尝试创建一个漂亮的新网站（将成为“所有网站之母”的网站）可能不免会失败，就像之前的同一个高尚想法的 1000 次迭代一样。你可能会被强大的内容管理系统所迷惑，如 Drupal、WordPress 及其他，虽然它们在外部世界创造奇迹，但不能在内部网或本地数据库生存，出于同样的原因所有其他数据库也不能。

答案听起来可能不合常理，但想法是把知识放在公共领域。大多数公司会避开这种做法，担心披露技术和商业秘密，但如果足够谨慎和仔细，这可能是一种非常强大的管理信息的方式。它将被存储在与互联网上所有其他数据相同的维度中，从而易于访问。利用可靠的公共服务和 bug 系统是意义非凡的。

注意，没有必要使用非黑即白的方法。内网资源可以继续存在，甚至蓬勃发展。除此之外，你还可以保留问题解决实践的公开记录，让所有人都能使用。应用程序跟踪、内核调试或组件搜索的想法是通用的方法，我们总是可以应用和尝试，而不用考虑是这个或那个公司特定的知识产权。

一些大型IT企业有一个健康的做法，即与世界分享他们的方法。这也有助于将他们定位为行业领袖，而不会影响其业务的完整性。

数据的杂乱

研究和问题分析可能经常导致大量原始数据的积累。通常，一旦数据被收集，它就永远不会消失。它变得有些神圣、令人敬畏甚至恐惧，但很少被投入到任何伟大的实际用途。

你可以将数据收集当作某种公司层面的强迫症。将指标创建起来，然后记录成日志，用于专门的目的。例如，这种做法对于信息安全团队是众所周知的，他们在数据收集领域处于领先地位。不幸的是，积压的日志很少在解决问题的过程中产生有意义的结果。

智力推断

处理大量数据的方法之一不是首先创建它们。有时，似乎需要收集一切，但有可能通过过去的经验和一些技能来缩小信息。你解决问题的历史往往包括几个典型的、代表性的场景，这些场景将围绕一个或两个关键参数，而你的系统多半对所有其他人是不可知的。

让我们考虑下面的例子。在具有一千台服务器的数据中心中，CPU指标每分钟都会报告给中央数据库。当某些阈值超标时，会发出警报。此刻，系统管理员应采取纠正措施将CPU活动恢复到阈值以下。这是CPU数据采样多年的方式，这种做法仍然存在。

然而，你观察到CPU负载与客户遇到的实际问题几乎很少甚至没有相关性。在预测服务器可能偏离其预期行为的情况下，你发现总内存使用情况要准确得多。大多数时候，没有采取任何行动。在最好的情况下，监控团队可以将阈值提高到更高的水平，这样可以减少噪声，并希望增加的负载最终与问题相关。或者他们可能完全忽略CPU警报。

然而，聪明的做法是删除CPU指标，因为它没有产生有用的结果。当然，放手不管的想法听起来可怕，大多数人实施起来会犹豫，以防万一出现一些可怕情况，而他们需要对所造成的损害负责。

执行分析和管理数据的正确方法是缩小采样参数的数量，并修剪具有平坦或随机响应的参数。有时，有必要收集一切，但是没有对统计学的深入了解，很少有人会知道如何解释这些结果。有几个有用的工业方法可以帮助系统管理员更有效地管理他们的数据，稍后我们将会讨论。

内务管理

随着时间的推移，数据收集在规模和范围上都会趋于增长。每当发现并解决具有看似影响很大的新问题时，指标和警报规则将被添加以避免未来问题的再次出现。大多数时候，新添加的规则没有过期日期，永远运行。一段时间，几个月或几年后，原来发现的问题和技术变得无关紧要，处理这个问题的技术团队已经转移到新的工作角色，但数据规则仍然存在，笼罩在模棱两可、害怕破坏传统、实践以及事物的整体流程。

你应该考虑以一定的周期复查生产环境，并修剪旧的和不必要的数据收集器和监控伪指令，尤其是那些与当前现实不再相关的。你还应该寻求问题的相关性，如果没有找到，则首先要坚决地删除引入的机制以发现这些起初的相关性。再次，你应该参考统计方法和工具来帮助你做出正确的决定。

如果我们回到早期的 CPU 示例，删除 CPU 监视器以及记录的数据是管理环境过程中正确而合乎逻辑的方式。这也会减少数据的总量，从而为生产设置提供更好更有效的态势感知。

有意义的保留

你可以假定数据保留和内务管理是一样的。这不是真的。在你决定一个特定的指标值得记录和保持后，有意义的保留将有助于减少杂乱和内务管理的需要。此外，你将只保留真正需要的数据，而不是收集几乎不能存储的大量信息，更不用说处理任何一种时效性的和智能的响应。

当你开始研究一个问题时，收集大量的数据确实是有意义的，特别是如果你不是真正确定问题的起源，或者如果你甚至不完全知道问题可能是什么。但是，稍后，在获得统计信心以后，你应该将收集范围缩小到相关数据。

数据保留的一个很好的例子总是与信息安全相关。安全团队的一种常见做法是，将数据中心里每个单一服务器上的本地系统日志报告到远程集中式数据库，其中所谓智能的商业智能引擎将解析日志条目并检测异常。

然而，这种数据收集通常在头脑中尚没有精确目标的情况下进行，把一切事情都当作潜在可疑的。这导致大量的存储和 CPU 周期被使用，并且检测通常基于松散生成的模式，没有任何真正的统计意义。

最终的结果是一个庞大的数据库，保存成周数月的日志，而没有采取任何行动。有时，处理数据的引擎根本无法跟上，或者缺少实际的技术，日志正在等待将来的数据进行解析和分析。这种急剧的需求导致安全公司成为一个繁荣的行业，他们开发专门设计的工具，用于在接近实时的时间周期过滤大量的数据。

数据保留可能由法律要求强制执行，在这种情况下，你能做的事情很少。但是，如果没有限制如何保存数据，你应该考虑更务实的方法。你可以评估一下，关于新问题多长时间你才使用一次旧的保存的数据，或者事后多长时间你才访问一次陈旧的日志。这样你可以很好地估计，保留的信息到底有多大用处，以及你是否应该把它放在第一位。

此外，你还应该考虑系统上信息的自然周期。例如，系统日志可以每周轮转一次，保留五个副本，之后它们被完全清除。这意味着，基于这些特定系统日志，你的数据生命周期大约为 5 周，结果是，问题分析生命周期也大约为 5 周。如果你在该时间范围内尚未解决问题，或对解决方案没有采取任何操作，则可能很少或没有机会只使用此数据池找到并修复问题。

这并不意味着你应该完全忽略在日志、报告和警报中找到的有用信息。但这正是知识共享和文档所做的。你可以将数据减少到少量关键信息、提示和技巧，这些可以帮助减少将问题捆绑在一起的机会，而无需最初的原始数据。使用统计和正确的行业方法将帮助你猜测正确的数据并减少开销。

如果没有人读它，它一文不值

数据大量积累的第二个方面是它的可读性。即使你确实只对重要的信息保留一个精简的数据库，但如果数据没有以任何有意义的方式使用，它仍然可能是一个巨大的时间和空间的浪费。

让我们检查系统进程记账。在 Linux 上，它被记录在 /var/account/pacct 下并定期轮转。有时，系统管理员将解析 pacct 日志，以尝试了解特定主机在特定时间可能发生的情况。然而，大多数时候，日志将被完全彻底忽略。那么为什么不把它们丢掉呢？

你可能会听到一个经典的反驳是“但它也没什么坏处”或“它只需要微量的 CPU 运行这项服务”或“我们一直这样做，我们需要这些数据，以防万一发生什么”。

尽管“只是为了以防万一”是一种谨慎的态度，但这里你可能需要更大胆的方法。负面影响可能确实很低，但积极的影响可能甚至更低。虽然它没坏处，但它肯定没有帮助。

一个很好的例子是，你每天记录大量的数据（有数百万条记录），并且保存了多个压缩日志，等待在关键时刻，可能有人会屈尊查看这些信息。问问自己访问这些数据的频率，以及什么时候它对识别关键问题有用。如果答案是每年一次，那么你可能不需要这一切。即使数据没有保留很长时间，并且你没有大量后台日志积压来占用数据库和文件服务器，但你仍然在处理不需要的信息。

使用一个粗略的类比，数据收集和你把“阿森纳的 T 恤”放在衣柜里没有什么不同。如果你从来不穿它们中的一些，你可能会把它们丢掉。这里同样，如果你或一些商业智能引擎没有充分利用收集到的字节信息，你可以安全地停止收集它们，并为你的组织节约一些资源浪费。

最佳实践

如果你需要解决一个问题，并且有权限定义测试条件，那么你可能需要考虑几种收集和分析数据的方便方法。我们将从一个困难的例子开始，说明这个问题，然后提出一个实用的解决方法。

你的监控团队正在为所谓的“失控”进程积极扫描服务器，以确保不会浪费进程资源，尤其是那些已经超过所需时间的。事实上，失控或怀疑失控是指一个进程拥有了超过预期配额的时间。重点是“预期”这个词，因为整个过程是完全根据经验的。

该团队报告在环境中看到大量的失控，主要是客户进程。这些进程超过默认阈值的操作没有定义。他们希望去掉这些进程，或至少能够配置智能阈值，但他们不知道如何做，因为没有人可以告诉他们这些进程的确切运行时间，包括客户自己。你将如何解决这个问题？请花一点时间完全理解信息。

没有单一的方法来解决这个问题，但最常见的是任意提高阈值。一个蛮力的方法将是逐个采样客户，试图从他们那里收集一些有意义的数据。我们下面提出的是折中解决方案。

这个想法是将阈值配置为零，然后以 2 的幂来增加阈值，每次测量环境中失控进程的总数，直到没有更多剩余的。然后，对每个受影响的进程，使用其名称和参数作为标识符重复此过程。在大型环境中，可以使用此方法在几个小时或几天内完成数据收集。采样数据如表 7.1 所示。

表 7.1　采样数据集突出数据分析最佳实践的重要性

运行时间阈值 [分钟]	失控的数量	运行时间阈值 [分钟]	失控的数量
0	1000	64	793
1	998	128	688
2	996	256	576
4	994	512	481
8	991	1024	79
16	987	2048	2
32	892		

在这里我们有什么？收集的数据为我们提供了几个信息向量。首先，我们了解任务运行时间的分布。理想情况下，你想要具有窄分布的正态分布，因为这将表明你的任务都以可预测的方式运行，并且不同主机之间几乎没有噪声和变化。另一方面，如果你遇到一种情况——标准差大于平均运行时间，你可能会发现有几个单独的任务组应该重新标记为单个任务而不是单个类别，或者环境噪声太大以至于完全偏离结果。在这种情况下，你将不得不考虑不再使用运行时间作为可靠的指标，而是另外考虑一个不同的。我们可以在图 7.1 中看到这个实验的分布图。为了简洁，坐标轴以对数换算。

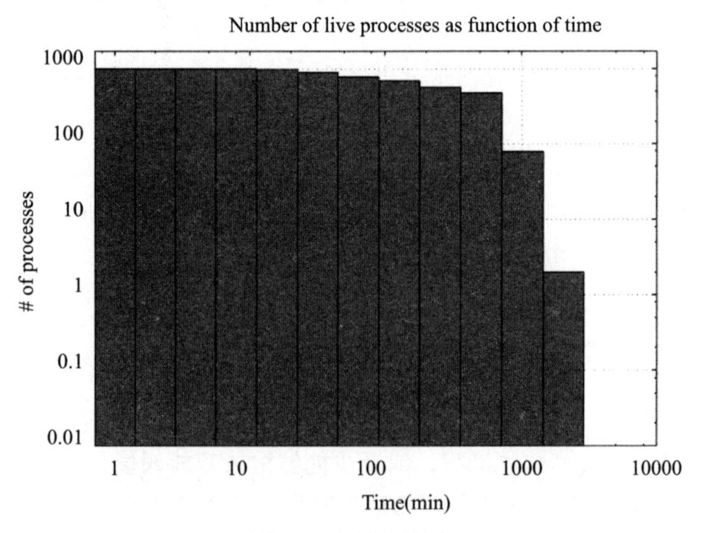

图 7.1　进程失控图

此外，二进制阈值增加方法还允许你确定 50% 的进程完成运行的点。你可以考虑把这一点作为特定任务的半程时间。如果你的进程具有正态分布[⊖]，那么你将对大约总数量 68% 的截止点感兴趣。

然后，你可以配置监视器在阈值发出警报，阈值可以设为线性分布半程时间的两倍或者在平均值基础上高出两倍的标准差。这被认为是一种可接受的、明智的方式，用来创建智能而高精确的阈值，以一种有意义的方式描述失控。你将很确定，任何剩余的进程经历了一个真正的问题，它应该单独进行研究。

实验设计

实验设计（DoE）是应用统计学的一个分支，涉及规划、实施、分析和解释受控测试，以评估控制一个参数或者一组参数的因素。

它不同于传统的 X → Y 方法，传统方法允许有效分析一组实验，同时改变几个因子级别。在标准实验中，一个因子的级别改变，而其他因子保持恒定，并测量响应（Design of Experiments（DOE），n.d.）。这种方法也称为一次单因素（OFAT）型，可能是非常耗时的，因为它可能涉及大量参数改变，并且当因素之间存在相互影响时则不能提供有价值的信息。

我们没有太深入于统计（这超出了本书的范围），最简单最全面执行 DoE 的方法是全因素设计，它研究每个组合因素的响应和这些因素在不同级别下的响应。还可以引入阻断和随机化以缩小复杂实验的范围。

如果你希望进行全因素实验，需要熟悉以下术语：

- 因素（输入）：它们可以被分类为可控或不可控变量。在高性能计算环境中，可控变量通常是可量化的元素，例如网络带宽、正在运行的进程数、内存使用量及其他。还有取决于环境设置的因素，例如延迟、总体路由器利用率、远程文件服务器的响应时间以及类似因素，在尝试运行实验和分析问题时，这些因素不在系统管理员的控制之内。
- 级别：研究中每个因素的设置。通常，最简单的实验包括两个级别：低级和高级。例如，你可能想测试一下具有低磁盘利用率（例如，没有操作或者慢速读写）和高磁盘利用率的系统行为。在这种情况下，你假定两个级别之间的线性响应。如果你认为可能存在非线性行为，则可能需要测试其他中间点。
- 响应：实验可以有一个或多个输出，它们将根据具体情况而有所不同。在某些情况下，你可能想要测量进程的总运行时间，或者你可能对写入存储的字节数感兴趣。你可能还想知道其他更详细的细节。大多数时候，数据中心中的问题解决主要围绕通过或失败的评价标准和运行时图。

分析可以手动执行，并辅以一些统计理解。然而，更容易的方法是，使用各种电子表

⊖ 如上所示，对运行进程的数量进行测量并不能精确地生成分布函数。相反，你应该创建固定大小的分组，并测量在指定窗口内完成其运行时的进程总数。

格软件中提供的统计数据分析包。

再一次，不会深入研究统计数据，我们将只是简单地接触实验设计完成后的基础分析。你将感兴趣方差分析（ANOVA）的分析，或更具体地 F-ratio，它在大多数统计软件中作为函数提供。

F-ratio（*F*-Ratio The Statistics Glossary, n.d.）是组间方差与组内方差的比，即已解释的方差与未解释的方差的比率。*F*-ratio 用于测试两个方差是否相等，计算如下：

$$F=\frac{\text{已解释的方差}}{\text{未解释的方差}}$$

就其本身而言，数字不会告诉我们太多。然而，我们需要考虑每个样本的自由度及其各自的方差。然后，手动计算或查阅 F- 分布表（F-Distribution Tables，n.d.）。如果该值大于表中所示的预期临界数，则可以认为结果有意义。但是，你还需要置信度来确定你的测试假设是否为真。

实际上，我们也对 P-Value 感兴趣，P-Value 是获得测试统计量的概率，至少与实际观察到的极限值相当。由于没有测试条件是完美的，所以总是使用一个确定的显著性级别，并且通常在大多数情况下将其设置为 0.05。换句话说，由于噪声（随机机会），*F*-ratio 模型可能以 5% 的概率发生。

当运行 DoE 时，你可以分析单个因素及其相互作用，然后过滤掉那些 $P>0.05$ 的，将实验范围缩小到重要参数。

你可能对以下研究感兴趣（Ljubuncic，nd），它说明了内存大小（RAM）的影响，在启动时软件防火墙和病毒防护是否使用，以及第三方反恶意软件程序的扫描时间性能如何。该研究展示了在信息技术世界中的全因素实验，它具有三个输入、两个级别和两个响应。总体思想是高度适用于数据中心和高性能计算环境。

统计工程

统计工程是另一套方法和工具，可以帮助你尝试去发现和理解那些在看似随机的系统中的可量化的潜在规则，这些规则可以被控制和更改。像实验设计一样，它依靠统计思维和工具来实现其目标。应用科学的这一分支也可以说是覆盖实验设计，但由于后者可以单独使用并获得良好的结果，为了清楚起见，我们将两者分开。

一般来说，统计工程非常适合 IT 环境，这通常是因为计算设置不允许冗长详尽的实验来涵盖所有角度和可能性。特别是在生产环境中，你将被迫基于一小部分参数进行快速的看似直观的决策。统计工程可以帮助你缩小对问题的研究，并指出影响系统的最重要的向量。

实际上，在大多数公司中，统计数据缩小为以下两种现象：人们查看其数据点的图，然后使用 Microsoft Office Excel 绘制趋势线。如果偏转角指向人造的地平线以上，则称为正趋势，如果角度为负，则为负趋势。

这种方法很容易实现和理解。不幸的是，它掩盖了数据中心中存在的复杂现实——数百和数千个系统和系统组件在它们之间进行交互。反过来，对大多数问题的原因和结果几乎没有真正的理解，导致大量收集每个可能的数据向量，并希望其中一些将呈现线性的、易于预测的行为。

一个完全相反的方法是，使用真正的统计数据来尝试分析问题和找到根本原因。通常，工程师和系统管理员只是试图通过研究症状和猜测原因来解决问题。然后，他们跟进，提出他们认为可能解决这个问题的改变。有时，他们可能建议几个改变，因为可能会涉及几个潜在原因。无论如何，基本的方法是，该问题源自系统如何设计或使用的缺陷。这是解决问题的经典方法，它可以简称为 X → Y 方法。

统计工程识别出的事实是，可能存在多个输入影响任何一个输出。总体思想是搜索统计上显著的关系，而不是检查系统的所有可能的排列（这可能在技术上或实际上是不可行的）。这样做的一种方式是通过实验设计，我们上面刚刚研究过。一般来说，统计工程是一种 Y → X 方法。

解决这类问题是违反直觉的，因为你从来不推测输出变化的可能来源，直到找到一个明确的因果关系。寻找关系开始于所谓的 Red X 范式（Shainin，2012）。简而言之，总是存在一种关系，其对变化的贡献比其他关系更强。

当在数据中心解决问题时，了解哪些因素对输出最有帮助将显著减少你在尝试调整系统上的努力，不至于没有任何显著提高或者运行非常长时间的测试以确认已知关系。

让我们考虑下面的例子。在数据中心的高存储量机器（1 TB 及以上）的特殊池中，客户执行特殊的计算工作，他们认为这些工作对他们的项目至关重要。技术定义是“关键路径作业”，你希望它们尽可能快地运行。你被指定为专家团队的成员，工作是优化系统，以便实现最短的周转时间。使事情更复杂的是，用于这些任务的服务器不相同，并且它们具有不同的存储解决方案、CPU 模型和其他参数。

你的第一步是对关键路径作业进行概要分析，以基本了解它们的行为方式。在最初几次运行后，你可能会认为它们是 CPU 受限或内存受限，或者可能存在限制性能的其他因素。大多数时候，你的结果将基于执行任务的实际时间。为了这个练习，让我们假设作业主要是 CPU 密集型。

此刻，你可能决定开始调整系统以获得最好的结果，因为你已经对于什么可以改进有一个基本的预感。输入内核和系统可调参数。

其中一个选项是改变 CPU 调度程序（SUSE Linux Enterprise Server 11 SP3 System Analysis and Tuning Guide，n.d.），例如从 noop 更改为 cfq。另一个有价值的可调参数是 sched_compat_yield，可在你操作系统的特定内核上使用。它启用旧 0（1）调度程序的积极产出行为。阅读手册页，你会发现应该期望依赖于 sched_yield（ ）syscall 行为的应用程序，在值设置为 1 而不是默认值 0 时执行得更好。

然后，由于你知道客户任务涉及运行多个线程和核心之间的大量迁移，你还需要考虑更改 sched_migration_cost。此可调参数是任务上一次执行后的时间量，它在迁移决策中被认为是“缓存热”任务。“热”任务不太可能迁移，因此增加此变量可减少任务迁移。默认值为 500 000 纳秒。

如果 CPU 空闲时间高于预期，当有可运行进程时，减小此值可能有所帮助。如果任务在 CPU 或节点之间频繁反弹，增加它可能有助于落到高效的点上。

还值得考虑的是 sched_latency_ns。此可调参数确定 CPU 受限任务的目标抢占延迟。增加此变量增加了 CPU 受限任务的时间片。任务的时间片是其在调度周期的加权公平共享。任务的权重取决于任务的优先级和调度策略。时间片随着负载的增加而变小。此外，该值还指定最大时间量，在此期间一个睡眠任务被认为是运行，以进行权利计算。增加此变量可增加唤醒任务在被抢占之前可能消耗的时间量，从而增加 CPU 受限任务的调度程序延迟。默认值为 20 000 000 纳秒。

最后，我们有 sched_wakeup_granularity_ns，它控制唤醒抢占粒度。增加此变量可减少唤醒抢占，减少对受计算量限制的任务的干扰。降低它可以提高唤醒延迟和延迟关键任务的吞吐量，特别是当短工作周期的负载组件必须与受 CPU 限制的组件竞争时。默认值为 5 000 000 纳秒。

出于这种考虑，你可以开始分析。你认为以下哪些参数会产生最好的结果？事实上，这是一个经验丰富的系统管理员或工程师将面临的问题，结果很可能是令人困惑的，难以理解和解释。它是可行的，因为我们在后面将看到相同用例的示例。

但也许这个问题应该从不同的角度分析。首先，尝试确定哪些组件实际上导致任务运行时的最大变化，而不管它们似乎是 CPU 受限的事实。

没有像样的统计学知识，你可能很难将以下内容联系起来：三个版本的 CPU，两种类型的磁盘存储（SAS 与 SSD），1 Gbps 与 10 Gbps 网络，本地和 NFS 工作区，四种不同的内存总线大小和总 RAM 大小，以及客户应用程序的不同版本。

全测试集将包括至少 96 个排列组合以覆盖所有测试条件，而且这不能在生产环境中以任何实际期望来完成。此外，你不可能重复测试集至少 20 次，以获得所需的 95% 置信度。

简单的答案是使用统计工程来帮助你。运行少量测试，保持所有参数固定，每次只更改一个。最明显的选择是客户应用程序，因为它只需要运行一个不同的二进制文件。然而，这与直觉相反，作为 IT 系统专家你解决问题的方法也是一样的。

这个例子说明了我们必须应对的现实生活情景，我们通过使用统计工程学到了一些宝贵的经验教训。所有硬件组件的影响远小于应用程序版本的选择，即使看起来可能不明显——通过把实际时间看作 CPU 模型或主频、内存的选择、存储和网络的函数。但变化显示了一个鲜明的 Red X 指向应用程序版本，使得 CPU 调整成为一个高贵却错位的努力。事实上，我们后来证明，CPU 调整确实产生了微小的改进，但是与内部应用逻辑所带来的随机性相比，这改进只是微不足道的。

没有统计工程，我们找到最重要的 X 的任务将更加困难。此外，我们能够在测试中展示价值，没有完全覆盖且没有多次重复的测试场景以获得所需的信心。

如 Shainin 论文中所强调的，如果发现和控制 Red X 是系统或过程改进的关键，则以 $Y=f(x)$ 的形式的数学模型是不必要的。事实上，这是徒劳的。太多的时间被花费来重新确认那些已知和可控的关系。

组件搜寻

在排除系统问题时，有时可能会遇到一种情况，你必须在两个不同的设置中研究问题的表现形式。例如，服务器 A 可能正在运行一款已使用两年的 8 核的旧处理器，它拥有 64 GB 内存和版本相对陈旧的操作系统；而服务器 B 可能是一款最新型号的 12 核处理器，拥有 128 GB 内存和更新的操作系统。然而，你可能会发现，在看似较差的硬件 / 软件组合上，会得到更好的结果。

当整个测试选项池相对有限时，你可能没有运行实验的全因素设计或使用统计工程的特权。在这种情况下，你可能需要考虑组件搜索，这是统计工程方法的一个子集。

一般的想法是在所谓好的和坏的系统之间交换部件。通常，该方法适用于具有数千个组件的机械系统，但它也可以用于软件和硬件领域。在上面阐述的例子中，部件的简单交换将是在服务器 A 上安装较新版本的操作系统，反之亦然，然后重新测试应用程序行为。如果性能提高，你将确定问题是在软件而不是底层硬件。如果它证明操作系统没有故障，你可以专注于尝试了解哪些硬件组件可能导致应用程序行为的降低。

成对比较

尝试在两个可用选项中选择优选解决方案的另一个有趣的方法是成对比较。这种分析可以帮助你找到多个选项相对于彼此的重要性。来自数据中心世界的一个典型场景可能是，根据客户工具的性能选择最佳的缓存解决方案。你可能本能地想要运行 $N\times M$ 个测试的排列，然后比较结果。问题是，你如何解释结果并选择更好的解决方案？

在这种情况下，成对比较有所帮助。基本思想是，同时检查任何两个参数——称它们为 A 和 B——并检查 A 比 B 更好的次数，B 比 A 更好的次数，以及当它们被捆绑时。

二进制比较的总数是 $N(N-1)/2$，你只需要求和 A 或 B 占优的结果次数。最后，具有最高分数的解决方案可以被认为是最好的。

小结

文档是数据中心健康和解决问题的重要组成部分。它可以反复不断地为你节省分析或解释相同问题和解决方案所需的时间，同时提高整个组织的技术水平。尽管没有什么捷径来解决如何影响知识共享，但是使用公共服务有助于减少内容管理系统的冗余，以及数据、程序和技能的整体可见性的缺乏。

此外，整齐而有效的数据管理可以归结为三个基本的事情：

- 确定哪些参数首先接受检查和监控，使用经过验证的统计方法来缩小范围。在短期内，你可以使用方法来精确地定位问题解决。从长远来看，使用方法来确定策略，来管理计算环境中的数据。

- 根据现有监控统计信息，定期清理数据收集。不要害怕去掉遗留的机制或那些对你环境的稳定性和效率没有附加价值的机制。
- 以有意义的方式保留数据，反映你的问题解决能力。如果你有这么多的数据，它变得不可读，或没有人费心去分析它，你可以提交数据策略，以精益减肥的方式来反映现实。

搜索引擎、邮件列表以及供应商支持

让我们假设你有良好的文档在手，你练习行业方法使问题解决更有效，并且没有不必要的数据混乱数据库。到目前为止还好，但你遇到并尝试修复的大多数问题不是孤立的、内部事件。在大多数情况下，根本的问题在于环境中使用的硬件和软件。

不要开火，也不要忘记

发现问题后的后续步骤与研究本身一样重要。如果你在操作系统中发现了一个新的错误，知道它在那将不会使你的系统更加稳定或者引入控制到你的环境中。你必须积极与组织之外的人接洽，以便适当关闭你所面临的问题。

供应商参与和行业影响

你能做的最重要的事情之一是与供应商接洽。通常，在大多数公司，将有一个外部实体负责在你的数据中心部署产品和解决方案，无论它有多大。这对于家庭用户和 SOHO 企业以及大型公司都是如此，其规模和重要性相应地匹配。当问题出现时，并且你相信你知道它们如何表现，你应该与上层实体接洽来完全解决。

有些人远离这种沟通，因为它可能令人沮丧和耗时。你可能会被重定向到一级技术支持人员，他将开始询问愚蠢的问题，或者你可能会被要求收集大量的调试数据，然后将其发送给供应商。你甚至可能会被要求开一个 BugZilla 账户。

即使你已经与第一个联系人建立了联系，你仍然可能会发现自己陷入更多的电子邮件、缓慢的回应、回避的答案以及更愚蠢的问题中，解决过程可能需要几个星期或甚至几个月。无论如何，你不应放弃，而是应该跟进，直到必要的更改已经由供应商确认，并作为错误修复、改进或某种补丁公开发布。

我们想给你一个个人的例子——来自内核崩溃世界的。几年前，当我们开始在遍布数十个数据中心的全球环境中部署全自动化内核崩溃解决方案时，我们的内核崩溃月发生率相对较高，约为 6%。而在大型设置中，这可以轻易地转换成每月数百个内核崩溃，从而导致生产力的巨大损失。更重要的是，在同构环境中，即使一个内核崩溃 bug 的存在也构成了巨大的风险，因为它在理论上可以影响整个安装基础。这种情况不能被控制，需要持续的供应商参与。

回到我们的故事，除了内部研究和缓解之外，我们几乎是很虔诚地向供应商报告每一个单独的崩溃事件。我们将确保供应商跟进正确的内核补丁。

大约项目周期的 18 个月里，我们将事故发生率从每月几百个主机崩溃减少到只有极少数（如果不完全是零的话）。在那段时间里，我们向供应商报告了 70 多个独特的内核崩溃异常，其中大部分已被推送到上游。

我们不仅积极影响自己的环境，使其脱离不可控制的阶段并成为完全可以控制的，我们还证明了对行业和市场的重大影响。虽然我们在这个领域做的工作可能没有得到政府的财力，但它清楚地说明了跟进问题的至关重要性，特别是在大公司。记住，你可能处于这样的位置：你独特的高需求的设置为其他人无法检测和发现的错误及问题提供了前所未有的测试场所，并且你有行业领导的责任去关注它们。

有人已经看到它

硬币的另一面是有许多大公司做很多辛苦的工作，并一直报告问题。这意味着有一个很好的机会，有人可能已经看到你面临的问题。在某些情况下，你将处于技术的最前沿，为其他人撰写这些文章和操作指南。在其他情况下，你会向其他人学习。如果你碰巧使用传统技术和操作系统，业界可能已经有很多与它们相关问题的经验，而互联网会知道关于它的一些信息。

当试图解决问题时，如果你有某种错误跟踪，可以考虑在线搜索——当然要去掉机密的公司信息。你很有可能会想出问题的提示或线索，甚至完整的解决方案。反过来，这有助于缩小问题的范围，甚至可以加快供应商提供的修复。

机密性

当信息离开组织的虚拟空间，你总是可能不小心暴露机密数据。涉及供应商、公共论坛和邮件列表以及供应商的一部分外部接口，你应该做一次适当的裁剪，以保证重要信息不外泄。

与供应商和书面支持的合同通常会有某种不公开协议（NDA）。事实上，任何好的支持合同都应该包括它。在别处，你将不得不采取不同程度的自我审查，因为没有法律屏障来防止数据泄露。

没有理由陷入困境，但如果你决定寻求公司以外的帮助，你应该从报告中删除任何绝对值和基准，而是坚持用百分比和比较。你还应该屏蔽主机名和 IP 地址，以及任何其他敏感的信息。这样，在不对你的业务和知识产权造成任何风险的情况下，你仍然可以获得所需的帮助。

找到根本原因

如果你的问题解决进展顺利，那么你将有一个相对较好的机会，你会发现手头问题的明确的根本原因。虽然我们讨论了需要主动参与和后续行动，但还有其他方面需要考虑。

解决方案存在，但问题解决了吗

如果你的工程和系统工作趋向于某种解决方案，这并不意味着你的工作或责任就此结束。最关键的部分之一是做无聊的部分，即确保一切都点击到位。许多工程师发现从数据中心的福尔摩斯转变到官僚主义是艰难和无聊的，虽然如此但是必要性仍然存在。

也许这听起来微不足道，但通常不是，这部分是不变的。指望有人会处理它的观念是错误的。作为一个问题研究人员，你对问题有最好的可见性和理解，你不能指望运营团队看着你的解决方案直到最后。你需要确保修复问题的技术和业务解决方案已经完全实施。只有这样，你才能重新获得对环境的完全控制，并能够转向其他更激动人心的主题。

测试和验证

在你收到问题的解决方案后，你必须对其进行测试，以确保它解决了原始问题。更重要的是，你必须验证它不会引入任何新的问题退化。测试必须比说“看起来好”然后把它留在那更广泛。你必须运行一系列测试，首先证明启动研究的特定原始问题已经得到修复。再次，你可以使用统计数据来帮助你，避免偏见和意见。

测试应该分阶段进行。你应该首先进行基本的“走”与“不走”检查以验证补丁的完整性。然后，你应该测试一小部分孤立主机，以确保原始功能已经相应改变，并且你的问题不会再发生。之后，该解决方案需要引入某种集成环境或特殊的生产池，在那里将执行实际测试。事实上，对于仅在特殊条件下表现的复杂问题，在你有足够的信心批准解决方案用于标准的生产使用之前，测试可能需要几周时间和数百个主机。同样重要的是，你的监控系统应该能够检查环境的健全性，并报告预期行为及其任何偏差。只是有些东西似乎运行良好的事实并不意味着没有问题，无论是新的或是老的。

如果需要，准备回滚

问题解决的一个非常困难的部分是放弃你的假设，回到起点。有时，看起来好的解决方案可能不会产生充足的结果，或者它们可能引入自己的新 bug。在这些情况下，你必须愿意停止测试，回滚到开始的地方，并以不同的方法重试。

检测和撤销更改的能力将需要一个坚实的监控框架和一个健壮的配置管理系统。没有这些，新的硬件和软件只会成为数据中心停机和不受控制行为的潜在载体。

小结

测试问题的解决方案与找到问题的原因同样重要。在工作中你必须是全面而系统的，并能在新问题出现时灵活地改变方向。在你的环境中，你需要使用监视和配置管理工具来协助解决问题，并协助系统更改的控制引入。

消除问题

让我们探索更详细的解决问题步骤。一般来说，我们讨论了后续步骤，以及如何确保解决方案确实满足你的需求并解决初始问题。然而，大多数情况下，完整的解决方案将要求修补或修复大部分安装基础，特别是在同构数据中心。这意味着修复不会是即插即用的事情，而是一个详细而复杂的操作。

设计解决方案

让我们考虑以下情况。你已经发现一个新的内核错误，导致 12% 的安装基础在过去一个季度经受意外崩溃和重新启动。在与供应商紧密合作之后，你有一个新的内核版本来解决这个问题。事实上，你已经彻底测试和验证了补丁。现在，棘手的部分是确保数据中心中大约 3800 台主机及时获得补丁。更糟的是，它们都在全天候运行重要的计算工作，容量需求是可怕的，并且有大量的基础设施服务器也受到这个特定错误的影响。

处理这个问题肯定不是一个简单的事情，并非“连接到这些主机中的每一个，并启动几个软件包的快速安装，然后重新启动”即可。你必须考虑整体业务需求，确保仔细地阶段性修复，还需要考虑计算主干（这需要单独处理）。

一些公司将选择完全关机，其中整个容量脱机，并进行必要的修补。其他公司可能选择滚动升级，在某给定时间在较小的主机子集上工作。无论哪种方式，你必须仔细计划；否则，你的解决方案可能会变得与要消除的问题一样严重。

操作限制

数据中心的灰色区域现实将决定你在实施解决方案方面有多少自由。即使每个人都完全承认这个问题，他们可能不能做很多。有时，可能需要几个月的时间才能修补整个受影响的安装基础，并且在过程中会出现很多碎片，并使用几个内核或应用程序版本。

然而，不应将这些情况视为系统管理地狱，而应将其视为机会。如果你知道类似的问题会在几个月后再次突然出现，而你将不得不重做一遍，且只是对一些其他问题的不同补丁，那么你可能想要考虑一个更具战略意义的路径。考虑测试和实施技术，它们允许你在环境中进行更加无缝地更改。

对于内核升级，可能想要使用某种无需重新启动的修补解决方案。或者，你可以为关键服务使用高可用性工具。虚拟化也可以帮助，以及在用户和硬件之间加入抽象层。在所有情况下，操作限制将塑造你的思维和工作方式，并帮助你做出正确的技术决策。

有时，你会不喜欢，但还是那样做了

在最坏的情况下，无论你决定什么，你都必须在较小的不幸之间进行选择。最终的结果并不理想。你将无法及时部署解决方案，无法部署在所有主机上，或两者兼具。缺口将留下，你的环境的很大一部分将失去控制。你可能倾向于放下整件事，但重要的是实现必要性和最小化影响。毕竟，系统管理员的工作主要是关于损害控制，这应该是你改善环境的主要驱动力。

定义真正成功的标准并不等于“再也没有人看到这个问题了”

这是全球所有数据中心和计算环境的黄金陷阱。如果你看过传奇的英国电视剧《Yes, Prime Minister》，你会很清楚行政团队对成功标准概念的恐惧。但是，它是整个拼图中最重要的一块。

如果项目和问题没有明确的定义如何管理和解决，那么任何东西和所有一切都可以构

成成功。你正有一些指标的许多警报？没有问题，提高阈值，然后问题解决了！或者你的客户已经停止抱怨？很好，问题不再有了——它自己消失了！

错了。物理定律要求在系统发生变化之前需要对系统进行干涉。数据中心也不例外，即使哲学家可能不同意，但问题正在发生时而没有人看到并不会否定它们的存在。

这就是为什么在执行任何类型的变更之前，有明确的、更重要的、可量化的成功标准是关键的。因此，你将能够监控关键因素，这些因素以客观的方式控制你的设置并测量结果。否则，你能够将任何东西解释为成功，并使用它来证明你的工作。同样重要的是，拥有健壮的方法和明确的目标可能会暴露你对环境理解上的差距，以及你在预测和回应问题及变化上能力的不足，这可能与时常出现的实际操作问题一样严重。幸运的是，理解到“你可能缺乏理解”，将允许你在进行到额外的潜在无效的测试和调整之前，退出并提出问题解决过程中的根本缺点。

小结

在大环境中消除问题通常与环境的复杂性成比例。它从一个适当的计划开始，具有明确的目标。你必须考虑操作限制，并在你提出的想法和现实不匹配的地方运用一些灵活性。

希望你将使用行业最佳实践来创建受控设置，你可以在其中衡量你的成功。在这里，我们再次看到监控组件的重要性，它将是你开发和维护态势感知的工具，并能够以及时而智能的方式应对问题。我们将很快讨论这个关键组件。

实现和跟踪

如果你确定可以很好地控制环境，你有一个很好的方法来测量变化如何以及在哪里响应，并且你以为你想要继续解决一个问题，那么你需要在设置中实现它。这可能是几个主机的一个小配置单元，或一个具有成千上万服务器的庞大数据中心。这时候，除了你尝试修复的实际技术问题之外，环境的复杂性还会带来更多的挑战。

如果你存根脚趾，头什么时候登记这个

你知道你的解决方案可以工作。你验证它，测试它，并使用真实的统计信息来备份数据。你还进行了广泛的测试，并逐步分阶段将解决方案应用到环境中。然而，问题并不总是配合你的最好意图，并且将解决方案大规模发布到复杂环境中可能有非线性效应。一个新的负面的副作用可能由针对一个具体问题的解决方案导致的。在这种情况下，你什么时候会知道，在你的空间里，你正面对一个新鲜的不受控制的载体？

查看、掌握和响应问题的能力是任何计算环境的巨大挑战之一，并且随着规模越大，它将变得越复杂。有时候，怪异、奇特、晦涩而罕见的现象只会在你将解决方案部署到成千上万的主机上时才困扰你，你会发现在测试阶段从未见过它们。这可能发生在事后几个月。此外，将新问题与用于旧问题的修复相关联起来，可能需要很多时间。

能够衡量上述所有的能力，可能是你的环境如何坚固和巧妙的最好指标。如果你不能

快速且轻松地连接起所有的点，那么你永远不会真正完全控制你的设置，任何变化和不利影响之后将被怀疑。你可能会采取防御模式，减慢上线或把它们冻结在一块，使问题持续存在，并增强问题分化。你需要努力工作，以避免这些情况。

7×24 小时全天候环境下的困难

规模和范围将只是你业务挑战的一小部分。你很可能会受到客户需求的限制，这就是为什么你的环境存在并运行在第一位的原因。支付硬件和软件账单的人可能需要你的数据中心的某些部分始终运行，并且他们可能永远不会停机用于修补和修复。其他人在自己预期的时间里将会乐意接受它们，这可能是一年后（一旦他们的关键项目完成）。其他人会拒绝它们，因为这是容易的方法。

除此以外，如果你经常遇到来自解决方案的敦促，或者如果你对问题反应不够快速，那么你也将饱受过度防御之苦，这将进一步扼杀你的灵活性和创新。有了这个艰巨的使命宣言，你将必须设计正确的方法，使一切向前发展。

这里也没有捷径的解决方案。但是，严格的方法和彻底的测试将大大有助于你的案件听证。让数字说话是缓解恐惧、减少摩擦和反对的最好方式，并让你的解决方案向前发展。行业标准是解决方案的一部分。分阶段测试和部署是另外的一部分。

监控是必需的

第三个组件是监视部分，它远不止检查你的一个具体更改是否对环境有任何影响。监控作为一个整体，包括工具、代理、收集器、分析器和人员的复杂集合，是管理数据中心而不求助于直觉和猜测的唯一明智的方式。你需要知道发生了什么，不能给予曲解。当问题是相关的，你必须能够这样做，而不是几天或几个月后。再次，像到目前为止所概述的一切，这个组件也必须基于智能方法、数学和事实。

结论

问题解决形成了一个具有多层工具和实践的完整原则。它开始于以实用、有用的方式组织你的数据，然后与供应商和行业进行内部和外部的接洽。它跟随问题的解决——一个复杂的周期，包括测试、验证和分阶段实施。有几个关键组件将帮助你一路做出正确的决定。

- ❑ 行业方法：你需要它们，因为你的直觉可能是错误的，以及在需要时你不用奢侈地手动测试每个组件。
- ❑ 配置管理：此层将允许你以受控的方式进行更改，并了解安装过程中所发生的事情。你将能够跟踪并安排引入技术、错误修复和修补程序，并能从问题到解决方案有一个明确路径。
- ❑ 集成环境：为了尽可能减少对安装基础和客户的潜在负面影响，你需要以非常全面的方式测试提出的解决方案。你将从“走”与“不走”的决定开始，然后在一个大型沙盒环境中进行更严格的回归测试、完全执行和其他检查，以尽可能接近地模拟真实设置。只有在你对验证数据中心中的所有不同元素的测试感到满意后，你才允许将更改传播到客户空间。

- 监控：上述所有都需要非常好的监控组件。态势感知是决定你的环境长期成功的关键因素。假设一种防御模式扼杀任何健康的风险和创新，或者你会发展和维持它，或者你将总是挣扎在控制的边缘。

考虑到这一点，我们将在第 8 章继续讨论，其中详细阐述了建立稳健有效的监控环境的考虑因素、方法和工具。

参考文献

Design of Experiments (DOE), n.d. Retrieved from: <http://asq.org/learn-about-quality/data-collection-analysis-tools/overview/design-of-experiments.html> (accessed April 2015)

F-Ratio The Statistics Glossary, n.d. Retrieved from: <http://www.stats.gla.ac.uk/glossary/?q=node/168> (accessed April 2015)

F-Distribution Tables, n.d. Retrieved from: <http://www.socr.ucla.edu/applets.dir/f_table.html> (accessed April 2015)

Ljubuncic, I., n.d. Design of Experiment. Retrieved from: <http://www.dedoimedo.com/computers/Design-of-Experiment-www.dedoimedo.com-latex.pdf> (accessed April 2015)

Shainin, R.D., 2012. Statistical engineering – six decades of improved process and systems performance. Retrieved from: <https://shainin.com/library/statistical_engineering> (accessed April 2015)

SUSE Linux Enterprise Server 11 SP3 System Analysis and Tuning Guide, n.d. Retrieved from: <https://www.suse.com/documentation/sles11/singlehtml/book_sle_tuning/book_sle_tuning.html#cha.tuning.taskscheduler> (accessed April 2015)

第 8 章 Chapter 8

监控和预防

目前，我们的工作一直专注于研究问题并且遵循行业解决问题的最佳实践。在一个大型的计算环境中，以正确的方式使用数据、避免草率假设并以结构化方式分析问题及其症状，是很重要的。解决问题的下一个步骤是确保我们能在数据中发现规律，将它们关联到产生数据的源代码，并试图在第一时间阻止问题出现。这种做法的常用词是监控，但它远远不止于此。

监控什么数据

任何系统管理员都会问自己的一个大问题是：对任意给定的问题或案例，数据的哪些子集真的很重要？有时，这很容易，你可以根据典型的事件和数据阈值做简单的猜测及相关性分析。在很多情况下，你还可以使用完善的监控规则，尽量避免服务中断或客户中断，即使没有完全了解后台发生的所有精细机制。但最常见的是，正如我们在第 7 章中所看到的，监控更多是关于反复实验的，很少有精确的数学。然而，如果能够以某种方式完全理解环境中的事件和模式的原因及影响，那么我们可以主动控制它，于是监控变得更像是提醒我们发生了变化，而不是系统告诉我们出错了。

过多的数据比没有数据更糟

我们已经看到，无法在合理的时间和数量内处理数据常常导致系统管理员和工程师用猜测、不完整的解决方案、经验估计和其他妥协来代偿，使得监控工具成为问题的一部分，而不是中立的观察者。

这通常发生在随着企业发展、从内部系统积累更多信息的情况下。出于自然的倾向储存数据，有时有明文规定，而那么多有用的数据，却没有人能够理解它，数据中心环境很快就不知所措。最终结果是数据被忽视，阈值升高，事件被忽略。最后，监控变得毫无用处。

这是一个有争议的观点，但是如果你不了解数据的用途，而是将它存储在某个地方，然后搜索分析它的方法，那么不收集数据更有意义。总是可以找到数据向量和环境事件之间的相关性，但相关性并不意味着因果关系。不幸的是，具有分析性思维的人通常急于寻找模式，并在他们使用的数据中建立这些类型的链接，随着时间的推移，报告度量的质量有显著的偏差。最值得注意的是，问题的症状一旦报告，它与实际根本原因之间的联系消失。太多的数据只会滋生漠不关心。

没有数据，就没有偏见，解决问题的工作人员将在思考时面临挑战：什么可能导致了他们看到的问题。可以说，这总是发生在某个地方某个时候，从那开始，半自动和自动监控解决方案被开发和调整。然而，可以创建稳固和相对简单的解决方案，连接起这一范围的两端。

Y 到 X 将定义你所需要的监控

统计工程是创建正确监控解决方案的关键。实际的软件工具不太重要。我们正在研究因果关系之间的数学联系，为此，我们要使用 Y → X 方法。

实际上，这意味着让工程师、开发人员、系统管理员和解决方案架构师建议所有可能导致负面结果的变量，并建议他们认为可能指示问题的阈值。在数以千计甚至数以百万计的硬件和软件组合排列的环境中，运行经典实验（其中单个参数以线性或指数增量改变）然后测量结果是不可能的。这是为什么监控解决方案（曾经被假定为被动方式）应该是主动的（反应的）主要原因，只是因为经典方法不能提供关键参数及其值的必要可见性。

相反，使用统计工程方法，仅需要少量运行，基本上每个选定参数运行一次，然后观察测量结果的最高变化。以这种方式，问题复杂度是 $o(n)$ 而不是 $o(n!)$。这是创建鲁棒监控公式的第一步。

不要害怕改变

在监控解决方案已经运行一段时间之后，它将变得与其监控的环境一样关键和脆弱，并且大部分系统支持人员可能发现难以引入改变，尤其当原来的架构师和开发人员不再参与该项目时。如果监控规则崩溃怎么办？如果阈值错了怎么办？

数据中心可能看起来是成吨塑料和金属堆砌的大型建筑，但它们是活的东西，成千上万的变化一直在发生。引入新的硬件平台，安装或更新软件，最重要的是，客户工具和应用程序经常变化，而支持团队并不总是意识到这些变化。环境保持不变的假设必须经常进行检查和审核，当旧的监视器不再有用时，必须将其移除。

一般来说，有几个非常简单的标准可以帮助确定监控工具及其规则是否仍然对企业有效和有用。即：

- 在过去的一周或者一个月或者一年，监视器是否有警报？如果没有，也许没有警报的理由，环境处在一种活跃的全天候状态。此外，如果它是由于很久之前的一次性问题引入的，那就必须加以审查，如有必要应更新。最后，如果监视器放在可能每年发生一次或更小频率的潜在大问题的地方，则监视不是识别问题的正确方式。活动的监控应关注日常数据样本，并且问题症状需要正确转换为可用的数据视图。
- 监视器是否频繁警告？尽管有警报，环境或其中一部分是否仍在运行？事实上，如果你因为它太嘈杂而需要调整监视器，并且你的整体设置工作正常，那么该工具没有尽到它的职责。这同样适用于忽略和抑制警报、频繁更改或阈值，以及活动集中在监视本身而不是导致监视器触发的实际源。
- 你是否遇到与某个域相关的灾难，而相关监视器无法捕获？如果是这样，监视器需要被停用或更新以反映现实。
- 你理解监视器在做什么吗？以及为什么做？如果你很难回答这两个问题，那么旧系统可能无法反映现实情况，我们应该挑战它们并测试其有效性。大型的经典的企业环境经常因其向后兼容解决方案的长尾效应而饱受指责，包括监控工具和解决方案，它们从未被妥善管理和刷新，进而导致巨大的工具和数据开销。

如何监控和分析趋势

监控的另一个重要方面是能够发现系统行为的偏好，我们可以称之为趋势。当提到监控时，趋势通常表示由于未知的原因导致的可接受模式的偏离，管理者经常使用它们来支持业务决策，即使并不总是理解原因。

在技术上，即使环境的名义行为（通过监控系统定义和希望检查的）也可以被称为趋势，但是最常见的是，该词将仅用于从规范中脱颖而出的数据，这里的数据通常是指图形。不幸的是，在大多数情况下，图中显示一组数据点，具有负 a 系数的近似线性函数（$y = ax + b$）将被简单地归类为负趋势，而具有正系数的相应地归类为正趋势。

糟糕的数据分析最终会导致糟糕的业务决策。从长远来看，数据中心设置将运行在预感和膝跳反射响应的直觉反应上，从而导致容量规划过度或不足，突发容量的突然需求无法提供，资源严重短缺，无法足够快地做出反应，以及许多其他问题。在这个意义上，监控也是帮助正确塑造业务的工具。再次，一个经典的和过度简化的数据分析方法不会削减它。

设置你关心的监控

减少环境噪声也意味着以保守的方式分析趋势。这意味着将监视的数据减少到提供实际价值的最小功能集。换句话说，监视少量的“黄金”参数，当它们偏离既定（和良好测试的）阈值时，它们对环境具有真实的和高度可测量的影响。

我们已经看到了放手是多么困难，但有时，它是弥合杂乱和缺乏数学能力（通常称为大数据）之间差距的唯一方法。从小数据开始，然后随着你知识和专业技能的构建来扩展。专注于特定事件和指标——那些已知导致你的服务或客户严重中断的，同时积极去解决问题。

一般来说，当问题出现时，最好是问题出现之前的一段时间，监视器会在那里帮助你。但它们也是你如何管理数据中心的晴雨表。如果监视器不断地警告相同的问题，并且这些问题未从源上得到解决，那么你可能有一个更大的问题。理论上，你应该只有一个警报，并且在收到警报时，问题应该系统地解决。这将允许你保留最小的监视集，并专注于最关键的数据。

监控不等于报告

让我们回到趋势。因为它们对 IT 文化非常重要，趋势已经成为信息的同义词，而不是其中的一个方面。此外，趋势通常应该从信息资源建立，而不是可动作的指标。不幸的是，监控工具通常用于报告非关键性的后问题指标，然后对其进行汇总和分解以创建趋势，用于数据中心资源的管理和增长。许多组织不区分监控和报告，他们经常混淆不同的数据类型。

随着环境复杂性的增长，这种现象变得更加严重，并且管理层面临更多的压力来试图掌握混乱，这种混乱已经超出了大多数工程师使用日常工具进行的评估。然而，系统和解决方案架构师应该保持警惕，并记住几个核心点：

- 问题解决是关于通过分析症状找出问题表现的根源。有时，可能有一个数学模型。如果问题无法预测或建模，则可以使用监控系统在出现问题时提醒，以缓减和缩短其影响。如果问题可以完全解决，那么监控不是真正需要的。相反，一个报告工具应该建立起来衡量和加快组织实施解决方案的能力。
- 监控系统旨在警示系统预期行为的异常，无论是单个主机上的个别参数、机器的整体运行状况，还是硬件或软件的整个池和组，甚至是逻辑资源。报告系统应该用于跟踪合规性，并提供数据中心如何在各种业务维度上变化的数学估计。在大多数公司，通常不可能分离这两种机制，但理解它们并相应地分类不同的指标是很重要的。

不监控随机指标

无法从一端到另一端正常解决问题可能产生绝望的情况：为了监控而监控数据。如果我们可以引用英国 20 世纪 80 年代著名的政治讽刺片《 Yes, Prime Minister 》，则监控很像行政事务部，它的目的可能是产生活动（BBC，1986-1988）。不一定是有用的活动，但绝对要很大数量的。

随机指标这一说法不一定意味着人们仔细检查一长串潜在的硬件和软件短语，并一时兴起地标记出来。相反，它意味着有时人们会疯狂地寻求解决方案，希望找到一些可以解释为什么在没有预警的情况下系统失败的原因，以及为什么没有人能够捕获这个问题。

从纯数学角度来看，如果存在可以应用于问题的方程或模型，则可以测量和预测。一些系统行为可能看起来没有可辨别的模式，但这并不意味着它们是随机的，它可能仅意味着它们在观察到的问题中不起任何作用，或者相互作用比预期复杂得多。例如，代码中的错误绝对违背了在硬件或软件级别上实现的数学预测模型。但是bug是可以修复的，因此，在创建监控规则时它们不应被考虑。

这强调了统计工程和仔细执行实验设计的重要性，因为它们不仅有助于以一致和准确的方式解决问题，还阐明了应该考虑的重要指标。一般来说，在可疑问题来源与其表现之间，没有明确联系的任何内容都不应该包括在监控中。

定义数学趋势

这可能是最棘手的部分，因为很少在IT领域工作的工程师非常精通如何真正定义数据。但是，在理解环境和如何回应问题时它是基本的。

我们必须假设大多数组织机构的监控系统已经到位，改变它们是一项非常艰巨和长期的任务，有时是完全不可能的。我们还必须假设现成的产品正在使用，有时仅对其配置进行最低限度的调整。在监控团队中工作的大多数人不是统计学家或数学家，也不是开发和工程团队的同侪。所有这些因素结合在一起，让一个探索、急于解决问题的系统管理员或解决方案架构师面临着挑战，他必须管理污染的、有偏差的、可能是无用的数据，这些数据通常已经被高度加工成业务中所谓的趋势。这听起来像一个失败的战斗，但有一些希望。

即使图表上的数据点已经是通过几个收集工具和电子表格采样和传递的原始数据的平均值，仍然可以导出关于生成数据的系统的有趣且有用的事实。过于简单的正向和负向趋势术语是相当无意义的，我们应该从词典中剔除它们。

现在，我们有一些数据，这些数据可能代表在某一时刻环境状态的时间报告，用于其资源的特定子集，或者它可能是监视系统捕获的历史视图。任何一个都将帮助我们追溯到问题的路径，并理解我们是否把精力集中在错误的努力上。

在声称偏离既定的规范之前，我们首先需要弄清楚规范是否是我们所期望的。让我们考虑下面的例子。你有一个客户在1000个相同的服务器池中运行计算密集的回归集。客户对每个任务的运行时间感兴趣，他们想知道服务器配置或调度策略中的某些更改是否可能影响总体执行时间。

即使为了分析客户工作的临时目的，建立一个监视器看起来也是一件谨慎的事情。随着时间的推移，执行这些任务变成了例行公事，并且监视器就位，有时对定义的异常触发警报，对此，系统工程师和客户都采取各种行动。阈值主要是使用Excel定义的，利用一些数据透视表和平均值。这是事情的通常做法。

然而，这种方法存在一个大问题。大多数人假设他们的数据具有正态分布。事实上这在大多数情况下可能是真的，但它对于数据中心不一定正确。

当系统管理员和工程师尝试对其数据集应用一些基本统计信息时，问题更加复杂。他们试图帮忙，但这些数字都错了。例如，你可能希望在测试结果与平均值相差一个标准偏差时报警。这听起来像一个很酷的想法，但考虑下面的例子，如图 8.1 所示。

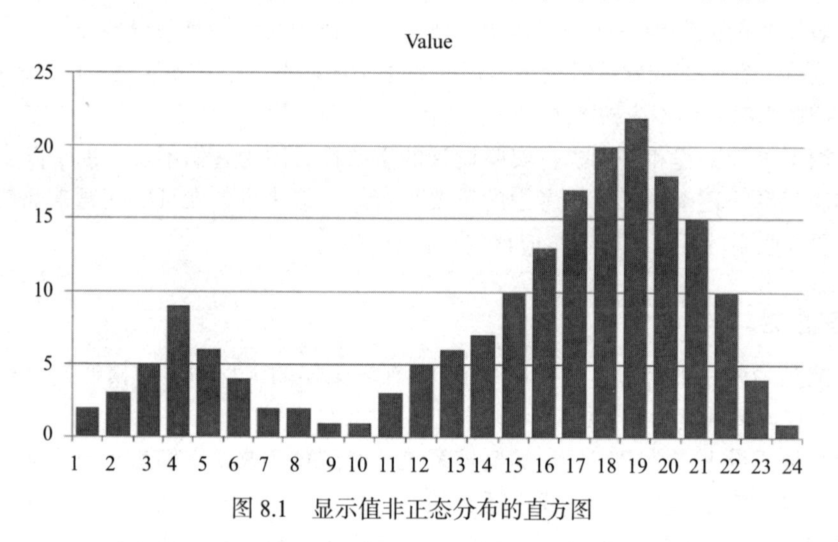

图 8.1　显示值非正态分布的直方图

我们有一个 24 桶数据的图表，相应数量的测试样本刚好放入每个桶。让我们假设这些是客户回归分析流的数字，*x* 轴是以分钟为单位的运行时间。我们可以看到，在集合中有数据点的两种截然不同群体。

然而，如果不看图，我们可能假设有单一的集合，这样的话，集合的平均运行时间是 15.4 分钟，标准偏差大约 6.5 分钟。这意味着所有运行时间 1 ～ 8 分钟以及大于 22 分钟的结果将被标记为错误，而我们可能需要采取一些措施。

但是，如果我们将数据分成两个单独的组，1 ～ 10 分和 11 ～ 24 分钟，会发生什么？在这种情况下，平均运行时间分别为 4.6 分钟和 17.9 分钟，标准偏差为 2.5 分钟和 6.8 分钟。当我们考虑第二种情况时，用于分析结果的标准改变，我们将标记不同的数据点用于进一步检查。

采样也起着关键作用。如果我们每 2 分钟就收集一次结果会怎么样？或者每 5 秒？我们会欠采样或是过采样？此外，所有这些结果是否属于同一组，以及它们是在相同的测试条件下收集的吗？回到趋势，了解我们正在处理哪种数据是至关重要的。不同分布的数据点可能呈现类似的线性近似和趋势，即使它们的拟合可能完全错误。例如，Anscombe 的四分数据清楚地展示了数据检查和理解的重要性，在任何模型配置和使用之前，以及在 IT 监控、发警报的情况下。我们从图 8.2 可以看到。

另一个经典错误是，在数据点之间没有历史相关性时，创建线图和连接点。它们有助于可视化随时间的演变，并允许人类观察者看到系统的行为，但是如果任何两点之间没有历史，这种表示可能是误导。这也提出了一个问题，我们应该如何决定该从集合中过滤出哪些数据点？

当我们考虑异常值以及如何将它们与有意义的数据分离时，事情变得更加复杂。有许多方法可用，比如 Grubb's Test、Pierce's Test、Dixon's Q Test（Dixon's Q Test，n.d.）等，这些方法使我们的工作进一步复杂化。

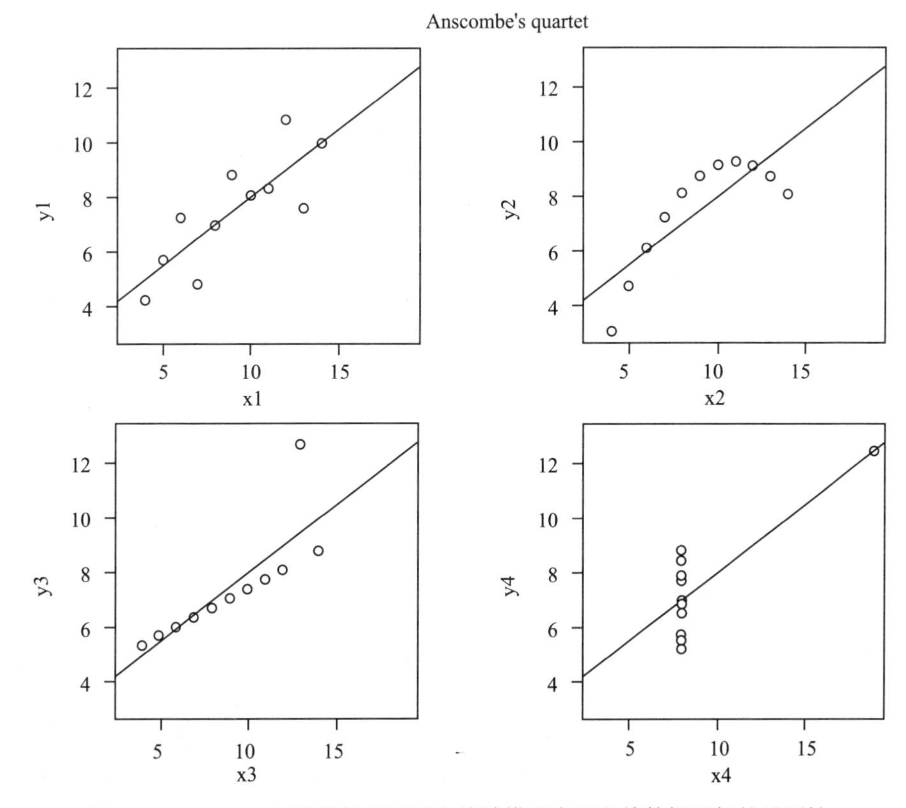

图 8.2 Anscombe 四分数据展示了在统计模型应用之前数据理解的重要性

所有这一切都强调了，在创建监控解决方案时根据数学做出深思熟虑决定的重要性。否则，大多数工具和它们相应的警报将围绕很难理解的链接和错误。

如何应对趋势

让我们把这个称为前摄故障趋势。如果你在环境中设置了监视，并且正在查看异常的趋势图，那么你将尝试根据过去的信息预测未来。在大型关键任务设置中，这变得更加重要。例如，仅增加 1% 的功率利用似乎可以忽略不计，但实际的数量和成本可能是巨大的。能够辨别一个小的变化，并在它成为一个确定的现象之前做出反应是至关重要的。

这同样适用于响应周期可能较长的所有更改。引入新硬件可能需要很长时间，特别是需要在数据中心配置额外的机架、新主机的物理安装、网络基础设施设置等。在软件级别上，操作系统的问题可能会导致客户大量停机，或减缓项目。

理想情况下，我们希望有一种简单可靠的方法来识别趋势，以便我们能够相应地进行计划和准备。我们需要一种机制，如果必要，该机制的预测窗口长于监控参数更改所需的时间。

当它来得太晚

监控很容易设置。然而，良好的监控是非常棘手的，它常常躲避大多数公司。这有许多原因，缺乏适当的数学和解决问题的文化是主要问题之一。还有一些原因是制度上的。典型的 IT 组织的监控工具设置如下：

- 不同部门负责数据中心设施（电源，冷却）、骨干网（网络）和操作（硬件，软件）。
- 在软件堆栈中，操作系统和服务通常被视为后端工具，它们与面向客户的系统分开监视，客户的系统包括应用程序以及有时是商业智能工具。
- 监控规则是历史性的（根据过去的经验）。
- 监控倾向于尽快关闭事件。
- 监控倾向于运营效率。
- 大多数监视器都会提醒 IT 人员关于不能被很好理解的且尚未系统地从环境中根除的问题。
- 数据的量化超过现有设施以有意义和及时的方式处理数据的能力。
- 随着时间的推移，碎片会不断发展，监控基础设施遗留的尾部超出了关键部分。
- 公司通常寻求软件解决方案来弥补他们对环境中发生事情缺乏的真正了解；也就是说，他们将购买业务分析程序和服务，并在其主机上安装其他数据收集代理，希望构建新的层次结构和链接，这可能会揭示整个系统的不同组件之间的相关性。

最后，监控工具通常用于在出现严重错误时发出警报，例如关键服务中断、主机崩溃或者其他类似的问题。它们也很好地用在超过阈值时发出警报，其中内存、磁盘和处理器使用率是最常用且经常被高估的指标。但它们不善于帮助预防问题。

监控概念中没有任何固有的规定应该对系统的哪些部分进行审查。但是，假设有机会选择的话，一个监视器可以告诉你主机将在 30 秒内遭受内核恐慌，而另一个仅仅在问题出现之后报告，在这二者之间，你会不喜欢第一个在你的环境中实现？

在软件世界中，这样的监控是非常棘手的，但这并不意味着它们是不可能的。不幸的是，知识真空里最好充满额外的监视器，这导致大多数公司有专门的操作中心一周全天 24 小时工作，只是为了出现问题时最大限度地减少损害。这是有点徒劳无用的事。组织机构假设他们无法解决根本原因，他们只是照看灾难的症状，或者至少接近（基于以前的失败），并尝试一旦问题发生就做出反应。

这通常是一个典型的 IT 设置的现象，它追逐其尾部，并且很少甚至没有预测能力。这也是一个很好的指示：监控部分在该事实之后已经建立，而不是原始解决方案不可分割的一部分。在过去的某些时候，数据的数量超过了支撑团队管理的能力，为此脚本和服务发挥作用，以协助完成支撑团队不能承载的工作。

内务管理

我们回到太多信息的问题。在数字和图形中找到模式是一种自然的人类反应。不幸的是，我们都时间有限，不能专注于环境中出现的所有参数和趋势。词组“大数据”强调组织在试图破译数据中心发生的问题时面临的挑战。

历史行为、对原因效应缺乏深刻理解、专业技术不足、解决问题和测试方法知识少，以及看似随机数据的洪流，这些因素的组合对大多数 IT 部门构成了一个不可逾越的障碍，无论他们是处理纯系统管理或是 HPC 工程。对于大多数公司，在任何给定的时间，这将是现实。总会有重大的遗留导致现有的情况。大多数企业选择继续传统方式，投入更多的钱在工具上，雇用更多的一级和二级支持人员，与问题死磕，在成本和客户满意度分数之间玩杂耍。

我们的方法是不同的，监控 / 趋势是自上而下的系统方法中解决问题的另一层。全面处理问题的正确方法包括数据驱动决策、实验设计、统计工程和结果的仔细检查。通过监控，相同的原则适用其中。不提供有用信息的数据向量需要从方程式中除去。在这种情况下，它意味着停止对随机或不相关的环境段的监视操作。

趋势有时反映了组织中的惯性。但往往并不是，它们没有给出任何可能帮助推动业务或防止错误的真正有用的、主动的准则，经常，趋势用得太晚，而直觉是主要的决定因素。事实上，在过去四十年的大部分时间，这个信息过载和信息的循环使 IT 部门一直处于忙碌状态。

预防是解决问题的关键

一个更便宜和更有效的方法是，找到环境中每个“ bug”的根本原因。这很容易说，但它强调严格解决问题的必要性。如果在排除系统问题时使用系统化的方法，你将能够显著提高对问题存在位置的理解并解决问题。它归结为两个主要领域：

- 代码中的错误。
- 性能相关的问题。

如果有任何软件错误可以预见，那也是很少的——但故障可以深入分析，并提供代码修复。这对于应用程序以及操作系统都是如此。我们已经学会了如何跟踪软件执行，收集内存核，并分析它们。

可以这么说，性能问题可能没有直接的根本原因；它们可能是资源规划不足、超额预订现有硬件、不当使用和其他问题导致的。再次，如果你使用在前几章中看到的相同系统化的自上而下方法来解决这些问题，那么你可以找到性能问题的原因并解决它们。这可以是内核可调参数的优化，软件配置，客户工具应该何时以及如何运行等。

最后，你将能够在环境中找到平衡状态并掌握它的行为。bug 永远不会被完全根除，这仍然是一个挑战，在这种情况下，收集和分析取证数据的自动化解决方案将是处理它们最有用的方法。

然而，当涉及性能问题时，一旦了解了系统行为，你就可以模拟构建一个公式，一旦你有公式，你就有了预测。一旦你可以预测可能的问题（基本上是趋势），那么你可以防止它们。正如我们之前提到的，必然，这意味着只关注核心参数——那些实际影响任何你所测量信息的结果。

配置审核

监控不一定必须围绕实时脉冲检查或系统参数。它还应该涉及环境拓扑。换句话说，如果你的数据中心发生更改，你希望能够登记它，然后了解或预测它会如何影响你的系统。例如，当你的客户在其主机上引入新内核时，他们是否会受到影响？他们的应用程序或工具需要任何修改吗？

为什么审核有用

能够知道你的系统配置如何变化是建立必要的态势感知的关键。这是使你完全控制环境的另一个步骤。最初，我们专注于彻底检查和解决问题，从简单的工具开始，深入应用程序跟踪，然后处理内核崩溃、分析和调整。接下来，我们将监控定义为解决问题的数学扩展；如果我们不能定义想要监视的参数和它们的预期结果之间的关系，那么我们不需要它们。

拼图中的下一块是审核我们所拥有的。数据中心有时承载数百个不同的平台，可能是成千上万的软件排列。我们不能总是考虑所有的，我们可能不能奢望运行任意类型测试来确定它们的确切行为，或者测试来确定对它们可能运行的每一个应用程序流的影响。问题解决将使我们能够理解很多，但不是全部。很多时候，我们测试问题的条件也会改变，在理论上，我们可能不得不从头开始重做所有的辛苦工作。

审核在一定程度上可以帮我们缓解这种情况。我们可以决定具体的配置是我们的黄金标准，或至少是可预测的设置，从而我们可以控制并了解软件行为和性能的结果。只要我们能保持这些配置，这应该很好。如果有偏离，那么我们的假设可能不再有效——这意味着，我们的监视器可能会引发误报。

在可以保持配置之前，我们需要知道它们可能会更改。这就是为什么我们要使用审核机制来监视系统配置和文件的变化、内核启动参数、BIOS 配置、分区计划和文件系统格式、挂载选项以及其他可能影响我们客户的核心设置。

创建最小审核设置，实际上是问题解决中非常重要的一步。这意味着你已将问题的范围缩小到可量化的、可测量的值。你现在还可以相应地设置监视器。

控制环境的变化

问你自己、问你的同事和你的老板他们对本小节标题的看法。答案是什么？写下来。现在，让我们考虑一下它不是什么。控制环境并不意味着了解所有小部件以及它们在任何给定时间做什么。它也不是关于基本的ITIL（ITIL，n.d.）服务管理基础。最后，控制环境中的更改不是要在报告、电子表格甚至监视器中反映这些更改。

控制意味着一件非常简单的事情。这意味着你不会对改变作出反应，变化不会让你感到惊讶，而如果它们发生在你的意识周期之外（这可能是审核或监控系统），变化的不利影响是最小的、短暂的，然后恢复常态。环境中变化的控制即，如果整个数据中心堆栈中的关键部分之一受到影响，你将知道会发生什么。不相关的参数甚至不被考虑。

在大多数情况下，对数据中心环境的完全数学理解将很难获得。但是，作为折中方案，你可以使用某些模型和工具来帮助管理环境的核心组件。你将有办法知道什么时候事情发生了变化，然后把它们放回正确的顺序和形状。这可以是一个完全自动化的过程，事实上，它应该是这样的。作为一个概念，变化的控制是后问题解决阶段的一个基本要素。现在你知道什么是错的，并确保它再也不会发生。如果发生了，你可以快速撤销更改。我们将在下一章中更多地了解如何控制环境。

安全方面

能够知道你的系统是否以及何时更改也有安全隐患。如果你正在处理或托管客户数据，那么你的环境的完整性与任何性能问题或软件错误一样重要。有许多方法来处理安全，但我们可以把它作为使命的另一个方面。需要理解的是，我们需要隔离核心参数，然后设置一个审核，以便知道何时可能已偏离已知的安全设置。

在经典的IT设置中，第三方安全工具用于执行大范围的环境扫描、审核和日志记录，以寻找数据流中不合乎常规的行为和模式，并隔离可疑行为。但往往并不是，这很像监控，把工具放在适当的位置——只是在那里，所有通过堆栈的组件没有真正的可见性。有时，安全软件的使用可能受法律、法规或合规性的约束，但这并不意味着它不能通过分析理解来完成。

系统数据收集工具

我们用于故障排除的一些工具也可用于监控和审核。例如，SAR是一种多功能实用工具，可以执行这两个功能，以及用于现场故障排除。Linux内置的审核机制（System Auditing，n.d.）提供了一种跟踪文件系统对象更改的方法，它可以用作安全机制。

大多数发行版中提供的日志记录工具在某种程度上也可用作数据收集工具，尽管它们在耦合到商业智能系统时最为有用，因为对原始日志的分析可能是一个缓慢、冗长且通常是误导的过程。事实上，由于 Linux 设计的模块化性质，有许多可用于监视功能的工具，包括特定实用工具用于网络利用率和性能、I/O 活动、硬件配置等。大多数业务场所强调基础架构监控工具，它们提供更全面的指标，或者至少它们将来自多个源的数据组合成组合视图。最流行的主流开源软件包括以下：

- Nagios（Nagios，n.d.），一个全面的监控套件，能够聚合网络数据、系统资源指标和环境探针收集的信息。它提供远程脚本和监视、服务检查、事件处理、日志轮换以及可视化。该功能可以使用插件进行扩展，该工具依赖于文本文件进行数据存储而不是数据库。
- Zabbix（Zabbix：The enterprise class monitoring solution for everyone，n.d.）是一种监控应用程序，可以在基于代理或无代理模式下使用，能够跟踪网络服务、服务器和网络硬件的状态。它使用数据库后端进行数据存储，并提供基于 Web 的界面和报告工具。

定制工具

然而，许多大型组织有自己的自定义监控工具。这出于各种各样的原因，包括一个重要的遗留尾部（它可能跨越更广泛（和更旧的）产品、操作系统和应用程序版本），以及可能模糊的产品类型（通常支持典型的现成产品标准监控解决方案）。此外，希望从上到下控制业务、通常非自主发明的原则以及在高性能环境中的专业需求都增加了他们复杂性的层次。

在大多数情况下，工程师、系统管理员和支持专家将继承具有自己监控规则的设置，并且他们需要适应在这种情况下工作，从而经常处于不利地位。最大的问题是，如何在不太理想的条件下，即可见性有限和工具不足的情况下，管理监控部分？

由于预算、时间和风险限制，从头开始是不可能的。另一种方法是使用现有的工具箱作为起点，然后使用我们在这里讨论的方法论，一次一个系统层来构建。每个新问题都将是了解你的业务运行的一个机会，从内到外，然后开发正确而有意义的指标。随着时间的推移，你将优化环境。自定义工具不一定好或坏，但它们反映了设置的复杂性及其理解。监控解决方案越复杂，组织缺乏深入的战略性知识的可能性就越小。在那种情况下，逃避与那些泛滥的无意义警报、难以琢磨的数字、突发故障的处理（firefighting）无休止斗争的唯一机会是，坚持严格的制度、循序渐进的步骤来排除故障，以及严格的统计驱动测试。

商业支持

硬币的另一面是商业支持的股票产品，有时小改动是针对大型企业量身定做的。一般来说，商业支持是一把双刃剑。它提供结构，有一个名称，带有责任。价格是因果关系的核心理解，它是通过被委托给没有足够环境知识的第三方组织及其支撑结构暴露的。不变的是，将第三方供应商产品放入你的数据中心，并希望它们像广告得那样进行工作，最终几乎总是会失败。如果这些工具中的一些可以完美适合每一个场景，那么一段时间后，很少甚至没有必要来解决问题。

那么可以做什么呢？答案是，商业支持的软件可以并且应该在满足要求的地方使用，但是必须伴随着内部专业知识，特别是在大型、复杂、高性能计算环境中。如果一个组织不能充分和完全掌握它正在使用的产品，它们将成为另一个谜题、另一个问题、在更大的方程中的另一个未知因素。

购买软件是更大问题的一个容易的答案。它创造了活动、决策的假象，但它可能与其目标解决的原始问题一样有问题。此外，很多时候，软件购买（特别是监控和商业智能系统）是基于成本而不是科学数据。而且，这些系统被买来试图帮助企业解决围绕其自己数据的谜团，而这只是使问题更大。

大公司确实希望得到商业支持，这完全是可以接受的。但同时，当涉及问题解决时，监控工具不能替代核心知识；相反，它们补充它。IT 组织如何管理其软件的过程是其理解本身程度的良好指示。在更大的规模上，这是另一个可以通过系统化的、循序渐进的方法解决的问题。

结论

监控环境不是关于软件的，这就是为什么我们在本章中没有讨论任何相关内容。软件可以并且将反映你的业务决策，但它不能代替艰苦的工作、彻底的问题解决以及环境的系统剖析，以确保你可以管理和控制确定性的且非意外的模型。

减少信息过载的最直接的方法是，减少我们几乎本能地囤积和保留的数据量，以避免“办公室数学”的经典缺陷，并专注于由因果关系驱动的统计方法。然后，审核和控制变化可以帮助控制和稳定环境，使你能够专注于主动管理数据中心。最后，同样重要的是，你可以使用商业软件，但重要的是要记住，就其本身而言，它不会也不能真正取代人们的专业知识和对业务内部的理解。

参考文献

Dixon's Q test, n.d. Available at: <http://en.wikipedia.org/wiki/Q_test> (accessed April 2015)
ITIL, n.d. Available at: <http://en.wikipedia.org/wiki/ITIL> (accessed April 2015)
Nagios, n.d. Available at: <http://www.nagios.org/> (accessed April 2015)
System auditing, n.d. Available at: <https://access.redhat.com/documentation/en-US/Red_Hat_Enterprise_Linux/6/html/Security_Guide/chap-system_auditing.html> (accessed April 2015)
Zabbix: the enterprise class monitoring solution for everyone, n.d. Available at: <http://www.zabbix.com/> (accessed April 2015)
The BBC, 1986–1988. Yes, Prime Minister. Available at: <http://www.bbc.co.uk/comedy/yesprimeminister/>

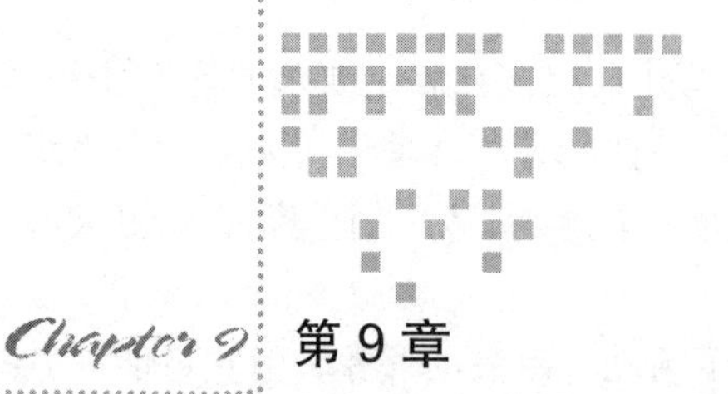

Chapter 9 第9章

让你的环境更安全、更健壮

在ITIL世界里，在环境中出现的意想不到的问题通常分为两类：问题和突发事件。前者可以被认为是需要更深入的研究和分析的场景，通常以一场大的变化结束，而后者通常是从正常状态的意外偏离。有时，意外演变成故障。

虽然有分类，但两种类型的问题都需要适当的处理和解决。解决问题的关键是，提供可以由环境中的技术人员使用的可量化的且重复的工具、指标和方法，以减轻和控制问题。到目前为止，我们已经学会了如何识别问题，如何解决它们，以及如何监控它们。但是控制又是怎么样的呢?

版本控制

在小型企业和初创公司中，解决问题往往始于也终于技术人员，有时还有专门的解决方案。但是，随着逐渐扩张并变成庞大的、任务关键的场景——涵盖数据中心、成千上万的主机和价值数百万美元的商业逻辑，一个与以往不同的方法变得很必要了。

在更大规模上来说，问题解决是一个需要过程的事情，而不是靠技能或软件。问题及其解决方案转化为抽象定义，由IT服务管理（ITSM）的工作方式封装。监控起着重要的作用，但变化控制也起着重要作用。实际上，ITSM框架的变更管理（CM）服务规定，为了成功，IT部门需要确保使用标准化的方法和程序来有效和快速地处理所有变更，以控制IT基础架构以及任何相关事故对服务的影响。在软件方面体现在版本控制工具中。

为什么需要版本控制

如果你是一个软件开发人员，你可能会自然地就开发了自己的版本控制方法。你经常保存更改，并将它们保存在不同的文件：code1.c、code2.c、code3.c 等。对于系统管理员和工程师来说，严格的内务管理的需求往往取决于工作量、紧急程度和优先级，这些内容都围绕着更迫切的问题。实际上，在所谓的“救火”模式（即突发故障处理，它随着 IT 组织从 SOHO 快速扩展到大数据中心而成为事实上的操作模式）中，没有时间进行任何战略思考和规划。具有反应性、防御性的方式才落在实地符合现实。

但是，开发人员对待编码工作室的方式同样适用于数据中心。数据中心是大型生态系统，需要捕获变化，以便负责人能够看到他们的环境如何变化的短暂历史，发现“坏”变化，并收集它们。这可通过使用版本控制软件（有时也称为版本修订或源代码控制）来完成。

Subversion、Git 及相关软件

有许多版本控制平台可用。最流行的包括 Subversion（Apache Subversion，n.d.）和 Git（Git，n.d.）。基本原理很简单：用户 check in 和 check out 所有对中心存储库的软件更改，以便可以完全跟踪源码的分支和流、配置文件以及整个环境的其他核心部分，并在必要时进行复原。

修订控制还具有其他额外的优点，如在版本从推出到生产之前测试更改的能力、比较工作的能力以及跟踪负责软件特定更改的人员的能力。

简单回滚

让我们简单地考虑一个场景。你的一位工程师负责优化公司的 Apache Web 服务器。他勤勉地保留了所有对主配置文件 httpd.conf 所做的修改，使用版本控制存储。工程师休假了，几天后，你的客户抱怨他们的一台服务器性能不佳。

此刻，经典场景是解决问题需要将配置设置与没有性能问题的其他服务器进行比较，尝试了解配置文件中的任何可能的更改是否导致服务中断，以及找出如何尽快缓解这个问题的方法。

通过版本控制，解决方案可能更容易更快。系统管理员仍然可能需要做很多工作直到他们可以隔离问题，但是，从版本控制存储库中拉一个旧的配置文件进行回滚可能是一个比较简单的事情。如果有适当的文档，甚至可能知道做出每个更改的原因是什么。

然而，尽管有明显的管理优势，版本控制仍然不能帮助我们保持一个整洁和统一的环境，因为数据中心部署仍然可能存在很大的差异，生产服务器上可能有几十种软件配置，没有简单的方法来分析和比较它们。此外，主机上可能也会引入其他未知的更改，这可能使事情进一步复杂化。

配置管理

ITSM CM 服务的第二个关键部分是配置管理。配置管理软件弥补了统一环境管理的缺

失部分，而不依赖于人为因素来实现必要的平衡。

配置管理软件通常在客户端－服务器模型中工作。代理部署在目标平台上。它作为后台服务运行，并偶尔轮询中心存储库，将其控制下的软件与存储在远程服务器上的主模板进行比较。新策略被下载到平台上并执行。如果检测到任何与模板不匹配的更改，它们就会被占领，从而有效地使平台按照策略规定的方式运行。

对于来自 Windows 世界的人，最接近的类比是组策略管理，尽管配置管理工具也广泛适用于 Windows（包括 Microsoft 本机工具）。在运行 Linux 的大型高性能计算环境中，有许多第三方工具可用，有的还具有商业支持。

变懒：自动化

配置管理还有助于自动部署。想象一下，你有 1000 台服务器，所有这些服务器都需要以相同的方式配置。在小公司，你可以雇佣一些系统管理员，然后他们手工安装和设置这些机器，有时使用自己的脚本来简化和加速这个过程。但是，让人工参与任何配置的巨大风险是，途经的每一步都是犯错和偏离基准的时机。

时间和金钱是至关重要的，在大型部署情况下，公司不能承受暴力克服数字问题的奢侈。配置管理成为理想的替代品，因为它提供了自动化所需的所有好处，减少了错误的风险——虽然一旦错误发生往往具有更大的范围。典型的部署如下：

- 服务器被手动放置在数据中心内。
- 安装通过网络初始化（使用 PXE 引导），并将安装镜像下载到主机上。在大多数情况下，将使用自动安装配置，因此在安装过程中不需要人工输入。例如，使用预设值初始化分区表，创建默认用户和组，等等。
- 下一步是部署软件，这是使用配置管理完成的。根据选择的软件，代理从中央服务器提取安装包、配置或模块。
- 然后它解析应部署软件包的规则（策略），这里是配置管理软件的一个很大的优点。例如，配置可能规定所有标记为 Web 服务器的服务器应安装 Apache，或者具有 1 TB 大小的磁盘的服务器可能需要额外的分区和安装点。细粒度规则可用于创建和提供大量不同的场景和需求。
- 代理将继续运行，并且通常每小时重新联系一下主服务器。新的和更改的软件包将下载，并与磁盘上的现有内容进行比较。任何自定义的调整将被覆盖，有效地将服务器更改恢复到已知和预期的基准。

配置管理通常用于不需要重新启动或服务中断的可逆更改。但是，它也可以用于固件更新、BIOS/UEFI 更新、虚拟化或 Linux 容器，以及许多其他用例。自动化有助于配置，并且还使得服务器构建和数据中心设置具有确定性和可预测性。

大环境下的熵

使用配置管理是尝试最小化变化的一个很好的工具，以便数据中心操作按照设计的方式运行。然而，总是会出现新的问题，似乎无法通过现有的规则和政策来解决，或者它们可能以一种你不会立即理解的方式出现。这并不意味着你的设置被破坏，它只强调你可以使用配置管理来帮助分析你的环境。

由于配置管理软件允许快速大规模部署，你可以以受控方式来测试更改。你可以首先在测试服务器上部署新配置，然后是接近保修日期的计算机、批处理服务器，只是到最后才轮到影响基础架构的那批主机。你还可以通过功能、位置和许多其他因素错开部署，所有这些因素都允许你在数据中心规模上运行一系列实验设计。在许多情况下，为了能够通过这种工作取得成功，你将需要一个目录服务，例如管理环境的 NIS（Network Information Service，n.d.）或 LDAP（K. Zeilenga，2006）。

通过配置管理，你将能够跟踪影响环境的关键元素，验证假设，然后更改设置并相应地调整监视器。这样，整个系统变成具有输入和反馈的闭合圆环，而保持可见性和控制。

掌控混乱

有时，配置管理将帮助你以间接的方式检测问题。这有点类似于我们对宇宙中暗物质（Dark matter，n.d.）的理解。我们利用星系的引力透镜，通过观察暗物质附近的其他物体的速度和旋转在质能方程中的不一致来了解它。在数据中心，如果你认识到，尽管有严格的内核可调参数和系统参数的配置管理，但你仍然观察到操作系统和应用程序存在重大的、意想不到的问题，那么你会知道你可能做错了事。

在复杂的设置中，配置管理将更多的是关于不做什么，不检查什么——即什么不在那，而不是你覆盖的部分，而最大的整体实用性将是在整个环境中推动标准化，这从实际技术角度和管理参与的角度来说都是一个较受欢迎的步骤。

如果你尝试在数据中心实现非常高的一致性，当问题发生时，它不会是一个非常需要研究的问题；你只需搜索配置中的更改，并确保任何“离群的”服务器都要与模板对齐。解决超出规范的预期界限的问题可能是有趣且具有挑战性的，但它终归不会对整体环境的健康和稳定产生任何有意义的贡献。尽管具有诱惑力，这种工作应该被压制，以余出系统管理时间，用于其他已知的直接地影响业务关键部分的更有效的任务。

配置管理软件

有许多可用程序有自己独特的优势和能力。你对正确工具的决定将围绕定价、部署规模、操作系统版本和风格、你想控制的更改类型以及公司可用的功能设置等。举几个例子来说，如果想在这个领域开始第一次的高层次探索，有几个流行的工具你可能需要考虑：

- Chef（Chef，n.d.）旨在将基础结构作为代码处理。业务逻辑被翻译为配置，这些配置被部署在目标系统上，称为节点。然后客户端定期轮询服务器端并拉取最新的更新，保持环境标准化。该软件还提供与分析工具的集成，并配有自己的管理控制台。

- CFEngine（CFEngine，n.d.）是一种配置管理和自动化框架，适用于最多 50 000 个节点的网络。在这里，必要的逻辑都封装在包中，然后基于类进行分发和执行。
- Puppet（Puppet，n.d.）提供了一种类似的方法，使用描述性语言来定义配置清单，用于目标系统。与其他两个工具非常相似，它提供了与云解决方案、Linux 容器和其他技术的集成，具有可扩展性和跨平台可操作性。

环境中引入变化的正确方法

即使你拥有了所有的正确工具和方法，你仍然需要在更改生产环境时小心谨慎。基本上，每一个变化都是一个时机，从一个完善的、清楚的、可理解的状态转变为未知的、迫使你运用专业知识解决问题的时机。能够保持一个稳定和可预测的工作安排可能是对你解决问题技能的最大的证明，因为你可能永远都不会有这种练习，或次数很少。

一次一个变化

如果你必须在数据中心中引入新的软件或配置，最好的方法是确保所有其他组件在更改之前特别是之后保持不变。企业和组织常常将所有的事情堆积在一起，以节省时间和成本，因为停机和维护会适得其反，从而在出现问题时使问题变得非常复杂。最糟糕的是，一些问题由组件之间的交互产生，并且需要很长时间来排除和隔离它们，而通常相关的问题将会很简单直接或者根本不存在。更糟糕的是，即使你计划好，并且你有一个变更控制板，并且你遵循 ITIL 公共框架来引导，你仍然不能解释有人可能在环境初始化中造成的随机和突然的变化。如果你可以确保矩阵中只有一个自由维度，那么监控部署、跟踪更改、识别问题以及（最重要的是）在必要时回滚都将更加容易。

现在，这么做对于大型数据中心可能是不切实际的，但在这种情况下，你需要将复杂系统视为单个组件。如果你必须执行涉及 10 个不同网络和路由器的更改，则整个链变成一个统一体。潜在问题的范围和复杂性将增加，但必须考虑所有因素，确保你能够为最坏的情况做好准备。

在变化之后可承受巨大的、突然中断的能力是一个重要的指标，表明你的环境准备得有多好。在某些情况下，它还将反映你的备份和修复能力以及灾难恢复（DR）能力。如果运行一个关键任务的高性能计算设置，那么你必须考虑整个可能发生的灾难来规划更改，以应对整个过程中的任何类型的问题。

此外，这种能力也是你的操作准备性的指标。你可以使用版本控制和配置管理工具部署大量的自动化的卓越的监控，但它通常只会实际覆盖你的环境的一个子集：Linux 而不是 Windows；存储设备和网络构件都有自己的供应商锁定的操作系统，可能不允许使用第三方工具；你的实用程序可能会依赖数据中心的某些特定部分，总是保持使用状态。

如果你考虑所有这些因素，将它们组合成一个单一的功能实体，然后致力于如何在失败后尽快恢复和修复服务，你将创建一个强大的生态系统，可以承受计划内外的变化。Git 和 Puppet 等工具将帮助你在发现操作差异时推动标准化，良好的监控工具将会提醒你标准和合规性的缺乏。

再次，回到我们前面讨论的，监控和变更控制软件应该用作白名单工具。它们只应跟踪已知基准，并在事件偏离阈值时发出警报。你不应尝试解决常规以外的问题，因为它们的数量实际上是无限的，并且总是会“击败”你的工作量和知识，而有限的明确建立好规则的子集是可以进行维护和控制的。因此，卓越的运营变为一个环形，如图 9.1 所示。

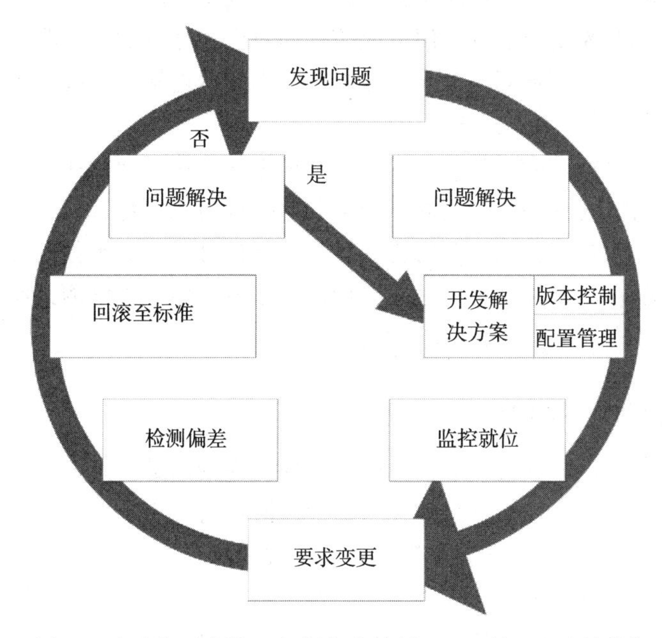

图 9.1　问题解决周期，包括版本控制、配置管理和监控就位

不要急着冲到截止时间

系统管理员和工程师的一个巨大的敌人是项目时间表。真实地或乐观地说，它的存在定义了事情应该什么时候做，有时，你将面对时间被迫做出艰难的决定，即使一些技术仍然是缺失的。很多时候，没有经过必要的努力和测试的变更将导致意想不到的、也经常是负面的结果。

如果你不确定自己是否已经准备充分，或者仍然有尚未覆盖的零部件，则不应进行任何更改。

最糟糕的情况是，起先你可能没有注意到任何错误，问题可能只在初始变化后很长时间才浮现出来，这样就使恢复更困难。

理解影响

让我们假设你需要在 Linux 机器上部署一个新的 sysctl.conf 文件。经过较长时间的精细工作，你的工程团队决定改变六个设置以反映客户的需求，并为你的主机提供一些性能改进。具体来说，环境中的大多数工作负载都需要大量的网络吞吐量，你需要能够以最小的延迟并行执行多个线程。

最后，你已经彻底研究和定义了通过或失败的标准，你很好地意识到这一变化可能涉及的所有任何影响。你现在要部署 sysctl.conf 文件，并且你已经严格遵循所有最佳做法。旧版本保存在版本控制中，你的配置管理团队已准备好部署新包或配置。

此刻，你的信心通常会胜过犹豫不决，有时也能赢得更改审批委员会的无知或无聊的成员，于是你会为你的改变而前进。但你应该问问自己：你真的完全明白，这种变化将在所有级别上如何影响整个环境吗？ Linux 主机上的小型本地修复看起来不够权威，不足以保证让其他领域的专家广泛参与进来。

但是，如果你与同事讨论更改，你或许会发现你的工作可能存在一些差距。或者你可以自己考虑一下。增加的网络负载会影响交换和路由设备吗？是否会有任何瓶颈？如果要提高执行的并行性，你是否有该任务所需的足够的软件许可？如果你的客户想更频繁地使用额外的数据，你的存储系统是否为这任务做足了配备？你是否已测试所有客户流程，以确保配置更改不会对他们产生负面影响？

没报告问题意味着什么都没有

部署你的新更改后，你自己要准备好应对任何潜在的问题。足够幸运的话，可能一个问题也没有，在这种情况下，你将简单地与监控团队保持联系，然后回到其他更有趣的工作中。然而，在现实中，你可能只是忽略了可能出现的新问题。

组织中经常会有积极的偏见，渴望搞定一切。当人们期望一个变化能够使每个人的生活更美好时，他们希望变化能成功。这意味着负面影响可能被忽略或错过。或者，你的更改可能产生新症状，而你的监控软件可能未配备处理新症状的机制。你可能没有预料到它们，或者它们可能影响另一个域。

常识和经验将推动你如何以及什么时候在你的环境中结束工作。一个明确的部署方法也有所帮助。有一些好的、通用的做法总是有用的，例如在周末前或一天快要结束的时候避免任何配置更改，以缓慢、交错的方式部署更改，与客户持续沟通，以及有效监控相关的、众所周知的关键环境参数。然而，如果你没有必要的态势感知——感知原始问题的范围或者更改的原因和结果以及期望如何测量它，那么你在这最后一步将会很吃力。

连锁反应

在大型复杂的设置中，如高性能计算数据中心，很容易偏离正常、平和的行为到混乱状态。人为错误、配置问题和错误警报常常引发无头案，以至于一个不良行为导致另一个，使情况复杂化。匆忙而没有事实依据的决定将会使问题的理解变得模糊，你可能发现自己只是想让每个人在真正的问题解决之前一起忙活而已。

再次，重要的是坚持严格的纪律，坚持已经建立起来的、可以帮助我们减少损害的策略。技术头脑的人可能倾向于以鄙视的方式对待 ITIL 框架，但是良好而有效的事件管理和问题管理可以帮助我们减少不必要的工作量，并将能量集中在需要的地方。然而，即使在多重压力下，重要的还是不要忽视问题解决的适当技术和工具。

结论

我们用技术工具开始解决问题，但是用方法和过程来完成它。以前，我们学习了如何通过诸如统计工程和实验设计等概念处理数据，讨论了监控及其陷阱，在本章中，我们了解了环境变化和控制环境的后续过程。

我们的“卖点”工具是版本控制和配置管理软件。同样重要的是，我们确保保持一个仔细的、系统化的方法来把改变引入到环境中，重点关注关键组件和态势感知，就像我们起先处理问题一样。

参考文献

Apache subversion, n.d. Available at: https://subversion.apache.org/ (accessed April 2015)
CFEngine, n.d. Available at: http://cfengine.com/ (accessed April 2015)
Chef, n.d. Available at: https://www.chef.io/chef/ (accessed April 2015)
Dark matter, n.d. Available at: http://en.wikipedia.org/wiki/Dark_matter (accessed April 2015)
Git, n.d. Available at: http://git-scm.com/ (accessed April 2015)
K. Zeilenga, E., 2006. RFC 4510: lightweight directory access protocol (LDAP). Available at: http://tools.ietf.org/html/rfc4510 (accessed April 2015)
Network Information Service, n.d. Available at: http://en.wikipedia.org/wiki/Network_Information_Service (accessed April 2015)
Puppet, n.d. Available at: https://puppetlabs.com/ (accessed April 2015)

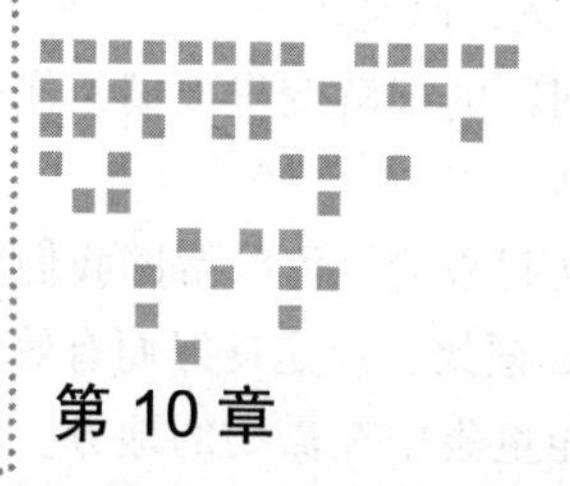

Chapter 10 第10章

微调系统性能

到目前为止，我们主要将注意力放在通过使用各种技术工具并遵循严格的解决方法解决环境中的各种问题。掌握高性能计算领域的下一个逻辑步骤是优化和改善过程，使设置更健壮，同时精简工作负载以便它们更快更高效地运行。现在将通过几个实际的例子说明，重点强调的情况是本没有专门的技术问题，但最终却演化成了紧迫的问题。因此在合适的时候做出必要的调整，调整环境与需求相匹配，将提供必要的操作灵活性，从而避免之后不得不工作在“救火”模式。

日志大小与日志轮转

日志是极其有价值并且重要的。但是如果我们让它们无限制地增加，这一优势将消失，虽然它们可以提供对环境的扫描和理解。一般来说，如果日志解析和分析需要消耗大量的系统资源且干扰正常的工作流程，那么它其实已经变得毫无意义。

系统日志会一直增长

系统管理员和安全专家在某种程度上是多疑的。他们喜欢尽可能保留数据，即使这些数据已经不再是必要的或有用的。第7章曾提到过数据的杂乱和内务管理。实际上，为此我们想要避免囤积信息，也避免保留那些超出某一日期没有目标的日志。例如，来自启动周期的服务器消息可能是非常重要的，但那些存了三四次的重启消息却显然没有更多的价值可言，除了那些探测趋势的消息或者BI系统收集的统计信息。但是对于那些情况，可能只要保留约简的数据库的条目。在你环境中的系统上，没有理由要存那些古老的数据日志。

Linux 系统自身有一套整洁的日志轮换机制，它允许当日志文件和存档达到一定大小时自动地进行关闭和存档。这个机制被贴切地称为 logrotate（logrotate（8），n.d.）。默认情况下，此服务是配置日常运行的，在 /etc/cron.daily 内。进程读取此配置文件，存储在 /etc/logrotate.conf 中，如果发现当前的日志大小已经达到了相匹配的最大标准，就将这些日志压缩到一个具有增量式文件编号的档案文件中。通常，最多会保留 5 个档案文件，在这之后将永久删除。一个日志轮转配置示例看起来如下：

```
# see "man logrotate" for details

# rotate log files weekly

weekly


# keep 5 weeks worth of backlogs

rotate 5


# create new (empty) log files after rotating old ones

create


# uncomment this if you want your log files compressed

compress


# uncomment these to switch compression to bzip2

#compresscmd /usr/bin/bzip2

#uncompresscmd /usr/bin/bunzip2


# RPM packages drop log rotation information into this directory

include /etc/logrotate.d


# system-specific logs may also be configured here.
```

每个任务的配置存储在 /etc/logrotate.d 目录。例如，对于进程统计（很容易变成系统的负累），尤其是在一个忙主机上，每秒有大量的任务生成。

```
#cat acct

/var/account/pacct {

    size=+200M

    missingok

    create 640 root root

    postrotate

     /etc/init.d/acct force-reload >/dev/null 2>&1

    endscript

}
```

慢点，倒带

如果可以借用好莱坞流行电影的引用方式，这种轮转日志是一种良好的习惯，但它将你的注意力转到了什么时候保留旧东西。我们确实想保持分区干净整洁，但也不想扔掉所有东西。有时存档的信息可能会非常有用，长期保留旧的日志文件可能服务于某种目的。

一个往往被忽视的实践是定期分析：环境中的系统管理员和工程师多久访问一次存档的数据，多久使用一次这些数据来解决问题。如果你有能力运行这类相关性，你将高效地得到系统数据应该保留时长的最佳时间窗口。例如，你可能保持日志 3 个月，但是发现以最近 20 个关键环境问题为窗口看，技术人员一般只使用上周的数据。在这种情况下，可以配置一个更激进的日志更新策略，来匹配对可用信息的预期和使用。

确定消息的内容

确实可以改进的另一方面是系统消息写入的方式。这出于两条原因：（1）信息的量，（2）将有用信息从无用信息中剥离出来的能力。真正的窍门就是分析当前环境，决定最小（或最大）有用的子集，从而提供给你所需要的日志来维持态势感知和系统效能。

更快一些

第 3 章谈论了若干种系统的日志，这些讨论在研究的初始步骤和问题解决上帮助我们。下一步是确定哪些信息首先记录日志，并允许快速记录，从而在不减缓系统的情况下将大量的有用信息写入磁盘。

一种加速日志记录的方法是，使用异步方式写入次重要的信息。对于Linux系统的syslog例程来说，对于每个定义在/etc/syslog.conf文件中的伪指令，通过在日志名称上追加一个负号来实现这项功能。例如，

```
kern.*                  -/var/log/kernellog;
cron.*                  -/var/log/cron;
*.info;mail.none;       -/var/log/messages;
mail.*                  -/var/log/maillog;
*.emerg                 *
*.alert                 root
```

有用信息与垃圾

使用这个小标题需要一定的勇气。你会愿意从环境垃圾中调用数据吗？但是有时，为了改善你的工作方法，这种态度却是必要的。与生活中的一切事物一样，系统数据同样服从Sturgeon定律（Gunn，1995），去粗取精是关键。这样不但可以减轻收集和处理这些数据所涉及的计算负担，而且使你可以集中精力到真正的问题上。但是，最初接受这项事实的倾向已经是重要的一步。

确保你记录了所需要的信息

当然，说起来容易做起来难。目前有两种方法来映射环境所必须记录的日志。你开始可以选择记录一切信息，然后再缩小，在变化中间停顿，来观察是否有人抱怨。你也可以从最小的子集开始，然后不断地根据需求扩展，希望你的计划和技术可以很好地扩展，足以应对未来的挑战。

第一种方法是首选，因为它涉及较少的风险，并允许人们定义信息的主题。第二种方法需要前瞻性思维和战略眼光，这也意味着你可能需要应付没有正确资源的新的数据向量，这在你特别需要某种日志时常会发生。

最佳方式往往介于两者之间。也就是说，关键是评估你应对问题的最大能力（即，总是记录所有的东西），来构建强健的系统应对数据洪流。例如，如果在环境中有100台服务器，则可以构建数据日志例程来匹配你配置的大小。然而3年后，你可能会经历一个巨大的商业繁荣，此时环境可能正在运行10 000台服务器，而你存储在一个缓慢的本地磁盘中的单一数据库可能要苦苦挣扎了。你将经历性能和服务的降级，扩展几乎已经成为一件不可能的事情（如果有的话）。

成本是一部分原因。使用100台日志服务器作为预见性设计（以应对十年之后的需求），可能有些过头了。但是解决方案需要考虑这一可能性，并允许无缝透明地渐进转变，以容

纳更大量的数据。

因此，最平衡的方法往往是建立一个大而灵活的环境，并能够无限地增长，然后构建符合现有要求的最小集，在此基础上慢慢扩展。

文件系统调优

用于工作区和系统分区的文件系统优化（例如 /tmp、/var、/work 以及其他），有时可以提高机器的性能，加快机器执行的任务效率，或者至少，对于某些特定的目标应用程序或使用案例可以减少负载。尽管往往更希望获得硬件的改善，但在某些情况下，或许不太可能引入平台变化，你将不得不将自己限制在软件修改和安装选项的层面。

一般来说，大多数用于 Linux 的常见文件系统有多种高级安装选项，它有时可以帮助缩短访问时间和提高短突发读写吞吐量。持续的操作最终会被 I/O 总线和块设备的性能所限制。

Ext3/4 文件系统

我们不可能深入考虑每一个选项，也不应该认为有一个黄金标准可以匹配所有的工作负载和使用情况。然而，熟知技术可以做什么，可以在一定的情况下帮助你。文件系统格式和挂载选项也可用于测试操作系统，因为你可能在 I/O 堆栈中使用看似相同的设置来获得不同的性能。

此时，你可以简单地读取主页面并测试各种标记和值。然而，文件系统优化也提供了一个很好的机会，来考虑在你的环境中运行的典型或预期的工作负载情况。实际上，通过检查文件系统可以做些什么并与你的任务相关联，你可能会找到正确的优化公式。盲目调整文件系统选项可能不会产生任何有意义的结果。因此，简单地分析一些更常见的设置。

- -T：此格式选项指定系统将如何使用。可用的使用类型列表可以在 /etc/mk2fs.conf 下找到。例如，-T 消息会将默认的 inode 块大小从 128 字节更改为 4 KB，因为它是针对新闻组或邮件服务器为典型的大量小文件操作进行调整的。
- Extent：将数据块的位置存储在 inode 中的扩展方案应该比间接块方案更有效，特别是在使用大文件时。同样，如果你希望拥有包含大量对象的目录树，那么使用 dir_index 选项可以加快查找速度。

安装选项是更受欢迎的选择，因为它们允许文件系统优化的非破坏性方式，而不是格式化。此外，在大型高性能计算环境中使用的标准操作系统通常会使用企业供应商提供的默认选项。事实上，在大多数情况下，默认值对于广泛的用例将是足够高效的。

对于 Ext3/4 文件系统，需要考虑几个有用的挂载选项。数据和元数据提交可能是最有益的设置，系统管理员和工程师可以更改来测试和提高其文件系统性能。有三个主要选项可用：data = journal、data = ordered 和 data = writeback。

- data = journal：在写入主文件系统之前，将数据提交到日志中。
- data = ordered：在把元数据提交到日志之前，强制数据直接输出到主文件系统。
- data = writeback：此挂载选项允许在写入实际数据后将日志记录数据提交到文件系统，这可能会提高性能。缺点是崩溃后可能会有一些文件系统数据损坏，所以最好的选择是使用有备用电池的存储。
- commit = XXX：此选项将日志记录数据提交中默认的 5 秒延迟更改为用户指定的值。更大的值将潜在地提高性能，同时也增加了在突然停电或系统崩溃的情况下数据丢失的风险。

还存在许多其他选项，它们超出了本书的范围。但是，作为起点，指定的子集已经足够。考虑不同的排列以及工作负载类型也很重要。

XFS 文件系统

在大多数 Linux 发行版中，XFS 文件系统不是默认选择；然而，它几乎得到了普遍的支持。XFS 旨在通过使用分配组（AG）来实现 I/O 操作的最佳执行，分配组（AG）是使用 XFS 的物理卷的一种细分。这种设计能力提供了 XFS 的可扩展性和带宽，使其成为高负载系统（如数据库、版本控制服务器等）的最佳潜在候选者以及可能的优化。

再次，有两种主要类型的选项，包括格式化和装载。前者是破坏性的，但它们可能会带来性能的提高。此外，由于 XFS 在默认情况下使用较少，因为通常是为特定用途量身定制的，因此即使在标准企业级 Linux 镜像上，也可以设置除默认之外的选项。

- lazy-count：这会更改在超级块（mkfs.xfs（8），n.d.）中记录各种持久计数器的方法。在元数据密集型工作负载下，这些计数器的更新和记录得足够频繁，从而使超级块的更新将成为文件系统中的序列化点。使用 lazy-count = 1，在持久计数器的每次更改时，都不会记录修改或记录超级块。相反，足够的信息保存在文件系统的其他部分，以便能够维护持久计数器值，而无需将它们保留在超级块中。这可以在某些配置上显著提高性能。本质上，其功能类似于 Ext3/4 文件系统使用的写回选项，除了它是在格式化阶段设置的之外。
- size=XXX：该值修改默认的内部日志大小为更高的值。
- agcount=XX：这个值控制分配组的数量。它确定文件系统允许多少并发访问。通常，典型的格式命令将包括以下内容：

```
-f -l internal,lazy-count=1,size=256m -d agcount=16
```

通常，安装选项应与选定的格式选项相关联。完整列表对于本书来说过于冗长和详细，但你可能需要考虑以下内容：

- logbufs = X：此选项增加日志缓冲区数量，用于将日志信息存储到内存中。

- logbsize = X：这个值定义日志缓冲区的大小。
- allocsize = X：在执行延迟分配写入时，此选项设置缓冲的 I/O 结尾文件预分配大小。增加该值可能会在高磁盘负载下有所帮助，特别是如果启用了 lazy-count 选项。

在这一点上，与 Ext3/4 文件系统非常相似，你应该检查格式和装载选项的不同排列，以 x2 为单位递增值，并测量对预期工作负载的影响。

sysfs 文件系统

与 /proc 伪文件系统密切相关的一个文件系统是 sysfs 文件系统，通常装载在 Linux 下的 /sys 下。此文件系统将有关各种内核子系统、硬件设备和相关设备驱动程序的信息，从内核的设备模型导出到用户空间中。一些变量是可写的，如可调参数，允许管理员操纵系统的行为方式。再次，与 /proc 非常类似，/sys 的使用承担了重大的责任，需要对内核内部的细致了解以避免损坏。

层次

/sys 树包括几个子系统（Mochel，2005），即：

```
drwxr-xr-x 12 root root    0 Feb  8 14:22 ./
drwxr-xr-x 27 root root 4096 Feb 19 12:09 ../
drwxr-xr-x  2 root root    0 Feb  8 14:24 block/
drwxr-xr-x 14 root root    0 Feb  8 14:22 bus/
drwxr-xr-x 37 root root    0 Feb  8 14:22 class/
drwxr-xr-x  4 root root    0 Feb 19 12:18 dev/
drwxr-xr-x 16 root root    0 Feb  8 14:22 devices/
drwxr-xr-x  5 root root    0 Feb  8 14:22 firmware/
drwxr-xr-x  3 root root    0 Feb  8 14:22 fs/
drwxr-xr-x  6 root root    0 Feb  8 14:22 kernel/
drwxr-xr-x 84root root    0 Feb  8 14:22 module/
drwxr-xr-x  2 root root    0 Feb  8 14:22 power/
```

对 sysfs 的全面探索超出了本书的范围。然而，系统管理员和工程师应该熟悉一些目录的树结构和目的，因为，作为研究和解决问题的一部分，它们最终将调整和改变可调参数。

block 子系统

该树包含系统上发现的每个枚举块设备的目录。示例将是 SCSI 或 SATA 设备。对于每个设备，可以检查和更改大量的可调参数，包括可以同时处理的最大 I/O 请求数、readahead（Corbet，2010）算法读取的最大页数以及其他信息。然而，最重要的是能够更改用于设备的 I/O 调度器的能力，这可能会影响 I/O 工作负载的处理方式：

```
cat /sys/block/<device>/queue/scheduler

noop deadline [cfq]
```

I/O 调度器（Budilovsky，2013）的选择可能会影响系统在重负载下的响应。这对于 Web 服务器、邮件服务、数据库和类似的服务可能是非常重要的。对于执行 CPU 密集任务的批处理计算主机，差异将是极小的或可忽略的。然而，重要的是了解可用的可调参数，研究它们，然后在运行分析任务或在隔离的设置中进行优化时，应用这些更改。

FS 子系统

这在内核中是一个相对较新的部分，它通常用作控制组（cgroups）（Chapter 1. Introduction to Control Groups（Cgroups），nd）的顶级安装点机制，这允许系统资源的虚拟分区，如 CPU、内存、swap、网络、块 I/O 等。想象一下，你有两个用户，其中一个用户执行的任务是其他用户的两倍。如果没有 cgroups，随着时间的推移，具有更多任务的用户将会按比例地使用比另一个更多的资源。cgroups 允许将资源空间划分为公平或加权的组，并允许系统管理员对每个用户及其任务的每个相关资源的部分进行微调。

内核子系统

这是 /sys 树中最有趣的一部分。通过伪文件系统中这一部分的文件，可以调整系统的内存行为和其他关键部分。在更重要的子目录中，有

- mm：此目录包含与内存管理相关的各种功能强大的可调参数。我们稍后会看到一个很有用的例子。
- security：此文件系统意味着由安全模块使用，比如 AppArmor、SELinux 等。可以更改和操作变量，从而影响安全模块工作的方式。在某些情况下，这可能是有用的，特别是如果你怀疑这些模块可能会影响用户应用程序运行的性能或一致性。
- slab：此目录包含每个缓存的 SLUB 分配器（Corbet，2007）的内部状态快照。可能修改某些文件以改变缓存的行为。

模块子系统

最后，该目录包含加载到内核中的所有模块的清单，每个模块都分隔在其自己的子目录中。lsmod 命令显示的信息反映了这些子目录的内容。但是，带着所有相关风险，也可以更改某些已加载模块的属性，修改其行为。

结合 proc 和 sys

当你结合 /sys 和 /proc 下可调参数的功能时，可以为非常复杂的问题获得解决方案，这可能不会从初始症状中立即显现出来。实际上，举三个例子来强调这些文件系统的有用性。如上所述，两者都需要对 Linux 内部的深入了解，但这种问题在大型高性能计算环境中很常见。

内存管理实例

有人报告，每当一个系统的内存利用率达到 100% 时，会发生奇怪的行为。换句话说，每当运行进程耗尽物理内存容量时，主机开始显示非常高的 %sy 使用率，这会影响实际运行的任务的性能以及交互响应。排除这种问题并不容易，但假设你已经做足了功课，并遵循了上一章的所有建议，你将最终得出结论，该现象与内核处理透明大页面（THP）的方式有关。当所有进程启用该选项时，内存页的碎片整理将导致不必要的系统负载。解决这个问题需要使 THP 的使用不那么严格。这通过在 /sys/kernel/mm 树下更改一对可调参数来影响：

```
echo "advise" > /sys/kernel/mm/transparent_hugepage/defrag

echo "advise" > /sys/kernel/mm/transparent_hugepage/enabled
```

CPU 调度实例

第二个例子带我们进入 CPU 调度领域。第 7 章在某种程度上讨论过这一点。在分析运行了很长时间的客户应用程序后，你会发现很大一部分的系统调用导致超时错误（strace -c）：

```
% time     seconds  usecs/call     calls    errors syscall

------ ----------- ----------- --------- --------- ----------------

65.22 22150.280501          38 583070684 190983354 futex

34.29 11645.525802      154865     75198           nanosleep
```

```
...
100.00 33961.356957          1235739375 192275032 total
```

如果跟踪这个执行过程，就会得到：

```
42909 15:00:58 futex(0x7fffffed11c, 0x189 /* FUTEX_??? */, 1, NULL, 2aaaab9171e0) =
-1 EAGAIN (Resource temporarily unavailable) <0.000004>
```

这种类型的错误表明由父进程产生的子节点之间可能存在竞争条件。此外，检查 /proc 下的每个进程调度统计信息，我们看到

```
#cat /proc/37635/sched
comp_engine.bin (37635, #threads: 3)
-------------------------------------------------------------------
se.exec_start                        :      510725977.671344
se.vruntime                          :       88286931.224305
se.sum_exec_runtime                  :       10678332.196011
se.statistics.wait_start             :              0.000000
se.statistics.sleep_start            :              0.000000
se.statistics.block_start            :              0.000000
se.statistics.sleep_max              :         628031.486623
se.statistics.block_max              :            466.273931
se.statistics.exec_max               :              4.661808
se.statistics.slice_max              :             11.968168
se.statistics.wait_max               :             12.748935
se.statistics.wait_sum               :          29332.184719
se.statistics.wait_count             :               5916002
se.statistics.iowait_sum             :           4288.113797
se.statistics.iowait_count           :                   862
```

```
se.nr_migrations                       :          2388
se.statistics.nr_migrations_cold       :             0
se.statistics.nr_failed_migrations_affine:           0
se.statistics.nr_failed_migrations_running:       9828
se.statistics.nr_failed_migrations_hot:          15042
se.statistics.nr_forced_migrations     :           140
se.statistics.nr_wakeups               :       4966577
se.statistics.nr_wakeups_sync          :         16662
se.statistics.nr_wakeups_migrate       :          2168
se.statistics.nr_wakeups_local         :         22704
se.statistics.nr_wakeups_remote        :       4943873
se.statistics.nr_wakeups_affine        :           214
se.statistics.nr_wakeups_affine_attempts:      4926620
se.statistics.nr_wakeups_passive       :             0
se.statistics.nr_wakeups_idle          :             0
avg_atom                               :      1.805490
avg_per_cpu                            :   4471.663398
nr_switches                            :       5914367
nr_voluntary_switches                  :       4943410
nr_involuntary_switches                :        970957
se.load.weight                         :          1024
policy                                 :             0
prio                                   :           120
clock-delta                            :           176
```

从输出中，可以获知在 CPU 核心之间存在大量失败的热迁移（se.statistics.nr_failed_migrations_hot），以及与自愿切换比较而言数量相对较多的非自愿切换（nr_involuntary_ switches)。

这是一个尝试的好机会，来使用 /proc 下的 CPU 调度可调参数来提高系统性能和应用程序运行时间。如果查阅在 /proc/sys/kernel 下关于调度可调参数的文档（14.4 Completely Fair Scheduler，n.d.)，就会得到：

- sched_compat_yield：此参数启用旧 0（1）调度程序的积极收益行为。例如，使用同步的 Java 应用程序在此值设置为 1 时普遍执行得更好。只有在观察到性能下降时，才建议更改它。默认值为 0。
- sched_migration_cost：此可调参数指定上次执行后任务在迁移决策中被视为"缓存热"的时间。"热"任务不太可能被迁移，因此增加此变量可以减少任务迁移。默认值为 500 000（ns)。在有可运行进程时，如果 CPU 空闲时间高于预期，那么我们应该尝试减少这个值。如果任务经常在 CPU 或节点之间颠簸，我们会尝试增加它。
- sched_latency_ns：此参数定义 CPU 密集任务的目标抢占延迟。增加此变量会增加 CPU 密集任务的时间片。任务的时间片是其调度期间的加权公平份额。任务的权值取决于任务的 nice 水平和调度策略。SCHED_OTHER 任务的最小任务权重为 15，对应为 nice 19。最大任务权重为 88761，对应为 nice -20。随着负载的增加，时间片变小。

此值还指定了认为休眠任务正在运行以进行权利计算的最长时间。增加此变量增加了唤醒任务在被抢占之前可能消耗的时间量，从而增加了 CPU 密集任务的调度器延迟。默认值为 20 000 000（ns)。

- sched_wakeup_granularity_ns：同样，我们需要考虑唤醒抢占粒度。增加此变量减少了唤醒抢占，减少了计算密集型任务的干扰。降低它可以提高延迟敏感型任务的唤醒延迟和吞吐量，特别是当短占空比负载组件必须与 CPU 密集型组件竞争时。默认值为 5 000 000（ns)。

此刻，我们应该运行某种实验设计，并多次运行来执行上述可调参数的不同排列。由于不可能"猜出"正确的数字，所以最简单的测试方式是通过将参数增加 2 倍或减少 1/2，重新运行应用程序并测试是否存在 futex 错误在数量上的变化，以及对性能的整体影响。

网络优化实例

我们的第三种情况是最复杂的。你正在面对的情况如下。你的一个客户最近将其 SQL Server 迁移到新的操作系统版本，作为标准环境刷新的一部分。使事情变得更糟糕的是，他们还决定从虚拟机转移到具有重要计算资源的专用物理主机。

不幸的是，你的客户正在打电话，抱怨新服务器的性能不佳，并将其归咎于现代操作系统上。SQL 服务器不能很好地处理工作负载，并且连接超时。服务器似乎也是过载的，它从来没有完成任务发送的洪流。

解决这个问题可能是非常困难的（即使没有人为因素)，因为它还涵盖了超出内核本身和应用领域的许多变化。但是，它可能是系统优化中的宝贵教训。如果应用迄今为止所学到的一切，我们希望尽可能减少研究对象的变化，然后一次测试一个变化。第一步是了解工作流程。

在我们的示例中，客户应用程序以非常短的时间（几秒钟）触发大约 1500 个连接到 SQL 服务器，取出小块数据，然后将每个数据片段传递到在服务器本身上运行的单独的脚本，开展处理，然后同时写日志到远程和存储在本地硬盘上的文件中。

此刻，好的和坏的系统之间的比较是强制性的，包括操作系统和应用程序栈。对于前者，这意味着比较 /proc 下的值。对于后者，这意味着比较 SQL 服务器配置，并确保它们是相同的——或者至少成比例，因为一些设置与服务器资源相关，例如内存大小、CPU 内核数等。

即使没有访问实际的硬件和软件，我们仍然可以提出重要的问题，以确定研究中下一个突出的问题：

- 虚拟机用多长时间来处理这 1500 个请求？
- 它花费多长时间来处理一个请求？
- 在进程表中的并发请求数是多少？
- 当任务正在运行时，系统的平均负载情况如何？
- SQL 配置如何影响负载和时间，也就是说，如果某些参数减少或增加（最好每次都是 2 倍），整体执行情况如何变化？

另一个重要的线索是连接超时的明显错误，这指出了一个事实：SQL 服务器未配置为处理预期的连接吞吐量。对于相同的设置，该问题并不表现在虚拟机上，这可能表明数据库请求在虚拟机上的处理速度相对慢，从而避免了瓶颈。

考虑到所有这些参数，下一步是分析服务器工作负载。在我们的示例中，每个连接触发一个在现有之前运行大约 4 ～ 5 秒的脚本。总的来说，这给了我们很好的提示：服务器的总吞吐量如何，然后我们如何调整它。一些选项包括如下：

- 增加最大应用负载以上的连接的数量。
- 更改或增加 SQL 服务器的 I/O 表缓存大小。
- 物理调整也可能包括开启超线程，然后将 SQL 线程并发度匹配到 CPU 线程数。

但是，在这个阶段，我们更感兴趣可以从 /proc 和 /sys 空间中获得什么。实际上，由于我们观察到服务器不能很好地处理网络吞吐量，并且连接超时，我们可能会潜在地减少负载。一些想到的选项包括如下：

- Echo 1 > /proc/sys/net/ipv4/tcp_abc：增加拥塞窗口（tcp（7），n.d.）。
- Echo 1 > /proc/sys/net/ipv4/tcp_adv_win_scale：套接字接收缓冲区空间在应用程序和内核之间共享。TCP 将缓冲区的一部分保留为 TCP 窗口，该窗口是向另一端发布的接收窗口的大小。空间的其余部分用作应用程序缓冲区，用于从调度和应用程序延迟隔离网络。tcp_adv_ win_scale 默认值为 2，意味着用于应用程序缓冲区的空间是总数的四分之一。在内核或应用程序本身的情况下，更改该值可以在繁重的工作负载下提高性能。

- Echo 1 >/proc/sys/net/ipv4/tcp_tw_reuse：当从协议的角度来看安全的时候，这个可调参数可以重新使用 TIME_ WAIT 套接字来实现新的连接。
- Echo 1 > /proc/sys/net/ipv4/tcp_tw_recycle：同样，这个变量可以快速回收 TIME_ WAIT 套接字，尽管在某些网络环境中不推荐使用此选项。然而，对于通常不使用网络地址转换（NAT）的大型数据中心，这可能是有用的，跟在我们这个例子里的一样。
- Echo 1 > /proc/sys/net/ipv4/tcp_max_syn_backlog：此参数指定尚未从连接客户端收到确认的排队连接请求的最大数量。如果超过此数字，内核将开始丢弃请求。在大多数现代 Linux 系统中，具有足够的内存，可以安全地增加该值。
- Echo 1 > /proc/sys/net/core/netdev_max_backlog：当一个特定的接口接收数据包可以比内核处理数据包更快时，这个值设置允许排队的最大包数。在我们的场景下，倍增该数字，再测试会有帮助。

结论

有时，Linux 内核调优确实采取了一种黑魔法的形式，主要是因为没有任何一种方法可以保障系统被优化。大多数情况下，应用程序的变化和低效率，以及运行时环境的不精确性，会否定 /proc 和 /sys 下的所有甚至任何更改。也就是说，在某些情况下，优化可能非常有用，并且还可以帮助检测数据中心设置中的问题（如果不一定完全提升系统的性能）。日志处理和文件系统调整还可以提高任务的吞吐量并缩短执行时间。

最后，调优系统的性能主要是关于了解特定的工作负载，如果可能的话，可以调整环境以匹配它们。但通常情况下不总是这样，你将发现哪些调整最好是放任不管而不是被应用。这些结果将使你更好地了解你的系统，并最终导致更好、更强大、更高效的工作设置。

参考文献

14.4 completely fair scheduler, n.d. Available at: https://www.suse.com/documentation/sled11/book_sle_tuning/data/sec_tuning_taskscheduler_cfs.html (accessed March 2015)

Budilovsky, E., 2013. Kernel based mechanisms for high performance I/O. Available at: http://www.tau.ac.il/~stoledo/BudilovskyMScThesis.pdf (accessed March 2015)

Chapter 1. Introduction to control groups (Cgroups), n.d. Available at: https://access.redhat.com/documentation/en-US/Red_Hat_Enterprise_Linux/6/html/Resource_Management_Guide/ch01.html (accessed March 2015)

Corbet, J., 2007. Available at: http://lwn.net/Articles/229984/ (accessed March 2015)
Corbet, J., 2010. Improving readahead. Available at: http://lwn.net/Articles/372384/ (accessed March 2015)
Gunn, J., 1995. Addendum: Sturgeon's law. Available at: http://www.physics.emory.edu/faculty/weeks//misc/slaw.html (accessed March 2015)
logrotate(8), n.d. Available at: http://linux.die.net/man/8/logrotate (accessed March 2015)
mkfs.xfs(8), n.d. Available at: http://linux.die.net/man/8/mkfs.xfs (accessed March 2015)
Mochel, P., 2005. The sysfs filesystem. Available at: https://www.kernel.org/pub/linux/kernel/people/mochel/doc/papers/ols-2005/mochel.pdf (accessed March 2015)
tcp(7), n.d. Available at: http://linux.die.net/man/7/tcp (accessed March 2015)

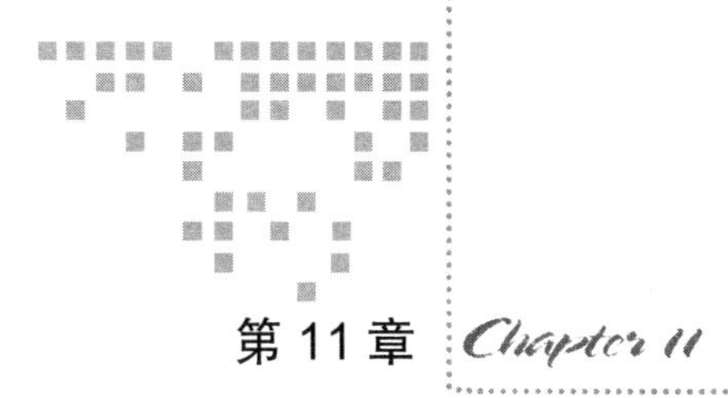

第 11 章 Chapter 11

整合所有的部分

从某种意义上说，我们已经到了旅程的尽头。现在是时候把我们所有的辛勤工作结合起来，制定一个能够经久不息、经得起技术变革的战略。精心设计的灵活政策将有助于你处理各种计划内和计划外的问题，并且在你的组织中实施时不会过时。

自上而下的方法

问题可以通过多种不同的方式解决。许多系统专家是高技术人才，在一个较窄的领域内具有很强的专业知识。而且，许多人都非常专注于他们所爱和所做的东西，这固有地限制了他们的视野。而这是你成为一个很好的问题解决者所需要的视野。

保持简单：从简单开始

自上而下的方法的关键部分是，你尝试从远处看到整个图片（几乎没有细节），寻找可辨别的图案。你观察整个系统，试图了解它的机制，然后只潜心在相关的部分。这种方法不仅可以节省时间，还会产生更有效的效果。

因此，当遇到环境问题时，不要以一切力量、活力和技术技能来“抵御”。首先尝试使用简单的技巧和工具。在第一次就找到修正解决方案需要很多经验和直觉，如果你不确定当前的问题，请退后一步进行基本的初步检查。

首先理解环境

如果想做出有根据的推测——你应该做什么，或者是检查系统的健康状况的简单命令集还是进行更详细的研究，关键之一都是了解你的环境行为。没有理解这一点，你的工作不仅会充斥着错误，甚至可能会造成损害并增强问题。

使事情变得更糟的是，有些人甚至可能会误会这个说法的含义。对于他们来说，了解环境可能就是掌握所有的标题工具、操作系统的风格和编程语言。然而，在现实中，真正的挑战是寻找生态系统不同部分之间的关系。如果你了解数据中心技术及其实施之间的因果关系，你将能够显著改善你的研究工作。

它就像洋葱：分层而且会使你流泪

掌握自己环境的步骤，往往比看起来更困难。当然，你有一堆服务器、集中式存储、具有防火墙的复杂网络基础设施，也许还有几个客户应用程序。但是，微妙的关系往往比这更复杂。

长期的支持和向后兼容性，对于旧技术的依赖，缺乏愿望和预算来推行新的解决方案，以及对突破工作的恐慌，这些常常迫使公司和组织保持可怕的传统现状，堆叠应对黑客和补丁的新方案而不是采取完整的解决方案。即使是高度灵活的环境（从最先进的行业实例开始），也是一种随着时间推移而停滞不前的状态，在自己的使命宣言中陷入僵局。通常，实施新技术来解决相关技术老化的缺点会引入不必要的复杂性，而这只会随时间变得更糟。

当你尝试解决问题时，你的问题解决之道也应该考虑遗留问题，并确保解决方案值得推敲。否则，你只会是在修补同一艘陈旧的漏水船。

“自我消失”的问题会重现，且扩大影响

问题不会自己消失。在最好的情况下，数据中心的未知组件会发生变化，导致问题的表现暂时消失。但这是一个经不起考验的场景。如果你不控制环境，那么你既不知道什么导致问题发生，也不知道按推测看起来问题消失的原因是什么。这意味着问题会重现，而且影响往往会扩大。

在对生态系统获得稳固的态势感知之后，你必须投入时间进行卓越的监控并采取完整的解决方案，以从全局的角度来处理问题，即使这意味着与第三方供应商的长期合作关系，以及原始问题浮出水面之后的后续数月的努力。否则，很有可能你的困境会反复出现。

没有捷径：努力是金科玉律

也许你在牛顿的任何一本书中都不会找到上述的定理，但它与墨菲定律一样。有时，你可能会幸运——你会在第一次把问题搞定，你的数据中心将很快恢复正常运行。有时，你博学的猜测将会如此睿智，以至于你会对自己的直觉感到惊讶。良好的环境知识和强大的监控基础设施肯定会帮助你做出最佳决策。然而，大多数情况下，你将不得不投入大量时间找出问题的根本原因，并设计高效而有用的解决方案。

企业紧迫性、劳动力流失、无聊厌倦等诸多因素都可能会影响你解决问题的程度。你

可能会试着让问题滑落到可接受范围，但最终它们还是会回来。

“没有捷径”并不意味着你不会快速而有效地工作，你应该依靠自动化和脚本化而不是硬碰硬地拼体力。但是，这确实意味着你不会妥协，你不会忽视适当的方法、严格的数据收集和分析，你将会用客观的方法来实践。在实施之前，你还将确保修复程序经过彻底测试。试图在研究中的这些关键部分节省时间，从长远来看只会产生更多的损害和混乱。

使用的方法学

以上所有这些都不会仅仅是靠善意和运气。你需要对此进行彻底和系统的操作，如果采用某些标准和知名的最佳实践来帮助你完成工作，则是最好的。

文档

不管研究的规模和范围如何，在了解做什么和如何做之间保持合理切换，是很好的第一步，也是问题解决实现完美收官的保障。无论你是处理小型的孤立的断电，还是遇到客户影响重大的大问题，如果你可以将问题转化为文字，并在明确的方向上提供业务连续性，那么从长远来看你将帮上组织的大忙。

信息控制是链条中最易变的环节。通常情况下，相同的解决方案总是会时不时地反复重做，只因为人们不了解已有的努力，团队之间没有协调工作，以及人们不情愿把想法写成文字。最后，强大的搜索系统是另一个大挑战，它只能在互联网上有效，而不能在公司内发挥作用。开源知识可能是利用这大量数据的最有用的方式。

一种清晰的方法

在应对关键业务问题时，由于受到财务和官僚体系规则的限制，以及紧张的时间表和无误差要求，你必须使问题解决有效而集中。这意味着从简单的事情开始，之后再转向更复杂的问题，只使用数字来衡量你的以及别人的判断力，并仔细地将你在环境中观察到的因果关系关联起来。

Y 到 X 应该是座右铭

我们回顾第 7 章中的经验教训。近乎泛滥的数据、高度复杂以及搜索能力的缺乏，这些都将迫使你在利用时间和资源方面非常小心。如果某个实验有 170 不同的排列，每个都需要一星期时间，那么这是很容易迷失的。或者，你可能有一个漂亮的电子表格，包括 61 MB 值得测量的数据，但没有人能理解。

虽然你可能在你的领域非常睿智且富于经验，你的每个同伴也都对其主题进行了类似的掌握，但实际上根据输入参数的调整来分析环境变化的影响仍然是不可能的。但是，如果你观察输出，或者是输出的变化，你将能够更轻松地找到影响系统的关键参数。

对于大多数工程师来说，Y 到 X 的方法是违背直觉的，但它是非常有效的。即使现实不允许你运行你想要的所有排列以及你寻求的所有条件，它也可以让你对你的测试有良好的覆盖和足够的信心。

统计工程不受重视

同样，在统计工程分支中，即便不是全部也是大多数可用的工具和方法在行业中严重使用不足。一来，它们违背常规做法。二来，只有少数人具备必要的数学知识来分析差异，并用聚焦的 Y 到 X 方法来解释收集的样本。

投资这个领域会大大利于你的组织。即使在个人层面上，也可以帮助你把解决问题的策略变得更加有效。成对比较和组件搜索还可以帮助你在软件和硬件选择方面做出正确的抉择，而实验测试设计与统计工程相结合，应该为你提供一个稳健的机制来分析数据中心里高度复杂的问题。

数学是强大的，但没人用

然而，这一切都将矛头指向数学。大多数工程师都有一个体面的直觉，一些脚本工具和编程语言的知识，以及对他们的环境的相对较好的了解。不过，他们在数字方面并不擅长。

大多数人可以做出有用的图形和计算，但他们不具备统计计算的必要背景。你的测试池的最小尺寸是多少才能获得正确的置信水平？你需要多少次重复实验？测试需要持续多久？将所有这一切，与紧张的项目经理、烦躁的经理、紧张的业务转移主管、付费却不关心你的小困惑的客户，以及一个 24/7 全天候运行的巨大的全球环境相比起来，你只是其中的一小点点。设身处地想一下——有限的时间大量的项目，你会意识到为什么这么多的问题解决可以归结为运行一堆工具，并希望能够借此获得最好的效果。

逃避数学领域且支持纯粹的系统管理，是非常容易的。每个人都可以理解日志输出、CPU 值等。很少有人可能在看似无关的问题之间形成必要的联系。但是，大多数的答案都隐藏在未开发的数学水域。

使用的工具

即使你了解环境且对自己的统计技能信心十足，你仍然需要精通实际的行业工具。因为你的生态系统允许你所有错误的动机，所以很容易狂热追求以至于做出错误的假设。

使用的工具概述

问题解决发生在许多层面上，因此，你要使用的软件实用程序将是五花八门的。将基本信息工具和日志记录作为第一层。接下来应用程序跟踪和分析。之后，你可能需要在用户空间和内核级别上投入精力逐步调试。走出单一系统，你可以使用环境监控来连接各点，开发解决方案所需的态势感知。

处理问题时，无论工具看起来多么先进和强大，你都必须要避免被它所迷惑。你必须问自己想要获得什么。具体的问题需要一个微妙的方法，有时候，没有哪一个工具会足够好；也许只有通过使用所有这些工具，你才能够解决问题。在其他情况下，可能什么都帮不上忙，因为你有一个固有的支离破碎的工作模式，但重要的是也要从中学习。在这里，这些工具将是用来揭示这些弱点的方法，并帮助你从长远角度战略性地解决问题。

所选工具的优缺点

这给我们带来了相关性和效率的问题。你为解决问题而选择的任何程序都成为问题的一部分。重要的是你要注意这一点，并避免偏见。不要专注于熟悉的软件，要专注于合适的软件。如果缺少这样的工具，获取它，学习如何使用它，并在你的设置中充分利用它。你必须意识到每个选定程序的优点和缺点，以及它们如何应对更大的场景。例如，如果你的软件记录了 10 GB 的数据，则可能不是分析磁盘 I/O 瓶颈的最佳软件。你将不得不考虑时序、信息的可用性和粒度以及侵扰性的水平等所有这一切，而不是单纯的技术能力。

从简单到复杂

与使用数学一样重要，正确的方法和合适的工具是你在故障排除期间智力的逐步应用。直接进入内核并尝试最强大的实用程序是太容易了。但是，通常不是这样的，你会发现大量问题可以通过使用更基本的工具来解决。有些情况下你将需要一个内核分析器或调试器。然而，在大多数情况下，你应该首先检查你的环境，将“坏”系统与“好”系统进行比较，然后从一些简单的故障排除开始。

不要过多涉猎：知识是你的敌人

这个挑战的一个推论是，太多的人会假设最坏的事情，投入过量的时间试图解决问题，并且他们知道得越多，他们越有风险从丰富的过往经验中选择错误的知识点。很少有人有诀窍总是做出正确而明智的猜测，许多人会在圈定解决方案之前有所偏离。

如果你只熟悉少数系统管理工具，你的研究将始终是相关的。但是，如果你是一个非常熟练的问题解决者，那么在释放你的力量之前，你必须练习克制。否则你会因为太容易过分自信而犯错误，因为你看到的画面过于广阔。

逐步进阶的方法

有一件事可以帮助你保持专注，就是使用类似模板的方法来处理问题。你可以称之为处方。但是，你的研究将从明确的指示开始——对你自己——这将有助于你留在正轨上。

不要害怕退步

问题解决包括情感参与的非正式元素。有些人发现研究令人兴奋引人入胜，而他们可能因自己的成功或挫败而变得盲目。如果你意识到你的工作不是把你带到结果高速公路上，你可能要考虑放手，退步，重新评估你的想法和建议。如果你已经花了很长时间尝试解决问题，这可能会特别困难。

有时你只需要缓解问题

尽管你尽了最大的努力，但某些问题及其解决方案仍无法实现，特别是在数据中心等庞大而复杂的设置中。你要找到一个问题的修复程序，只能被迫等待 3 个月以后供应商推出官方补丁，或者你的客户群体允许必要的停机时间用于实施。

在这些情况下，即使你最好的技术技能也不会帮上很多。但是，这是一个极好的机会，来运用组织能力和思考长远目标。如果你可以通过开展基础设施层面的改变来缓解问题，那么你可以通过使其更灵活、更好地抵御将来的问题，从而为你的环境带来好处。

操作约束

如你所熟知的，技术上的限制将是你最不担心的部分。你可能会发现一个优秀且实用的解决方案来应对环境中的重大挑战，只需要了解人员因素、财务考虑，而管理层更看重项目时间表。你将被迫适应并调整你的策略。

钱，钱，钱

作为墨菲定律的一个不言而喻的引理，在为客户提供零停机的灵活解决方案和现状之间，你的客户将始终选择最便宜的选项。很少有人有眼光能看到提出的解决方案的长期利益，特别是因为当前管理层批准变更可能不会获得利益，反之亦然。你的领导可能决定专注于可以轻松上市的短期思路和项目，而不是投资于长期的技术。

这意味着你对存储问题或资源管理的修复可能是才华横溢的，但实施可能需要两年或 2 万美元，而让 IT 员工每周多工作几个小时更容易。再次，从长远来看，你的想法将有所回报，但季度报告将显示短期解决方案的即时节省。

虽然捷径很少奏效，但你需要在不妥协的情况下与他们进行斗争，以达到最佳效果，你必须承认这种态势并采取相应行动。这意味着财务因素将在你如何设计解决方案中发挥关键作用，你必须准备放弃优秀的工具和实践，并选择次优的解决方案。然而，这使得你的能力更多满足业务需求而较少满足理想的工作，从而成为一个更大的挑战。

你的客户永远无法忍受停机

使事情变得更糟的是，你的客户将永远抱怨任何提议的停机时间表，即使它可能有益